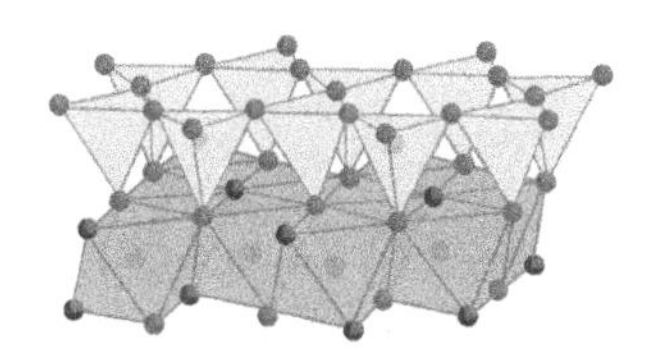

Preparation and Tribological Properties of Serpentine Mineral Material for Friction-reducing and Self-repairing

蛇纹石矿物减摩自修复材料的制备与摩擦学性能

于鹤龙　许　一　张　伟　等著

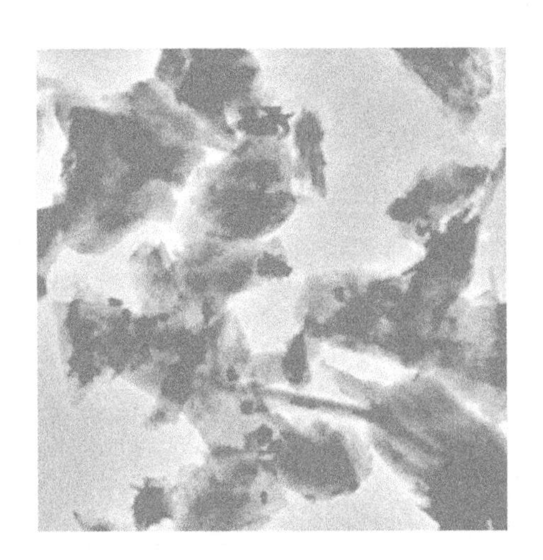

化学工业出版社

·北京·

内容简介

本书全面系统地介绍了以蛇纹石为代表的天然层状硅酸盐矿物减摩自修复材料的摩擦学性能与机理。主要内容包括：天然蛇纹石矿物粉体材料的细化加工、理化性质与表面有机改性，不同摩擦条件下蛇纹石矿物对不同摩擦材料的减摩润滑及自修复行为与机理，天然蛇纹石矿物与人工合成纳米蛇纹石粉体的性能对比，以及矿物减摩自修复材料的工业实际应用。

本书对层状硅酸盐矿物减摩自修复材料的进一步研究和推广应用具有指导意义和参考价值，可供摩擦学、表面工程、材料科学与工程等专业技术领域，以及机械设备运行与管理、润滑节能材料开发与应用等领域的工程技术人员和生产管理人员，高等院校及研究院所开展相关领域研究或教学人员参考使用。

图书在版编目（CIP）数据

蛇纹石矿物减摩自修复材料的制备与摩擦学性能/于鹤龙等著．—北京：化学工业出版社，2022.12
ISBN 978-7-122-42308-5

Ⅰ.①蛇… Ⅱ.①于… Ⅲ.①蛇纹石-矿物-减摩材料-研究 Ⅳ.①TB36

中国版本图书馆CIP数据核字（2022）第183082号

责任编辑：张海丽　　装帧设计：张　辉
责任校对：宋　玮

出版发行：化学工业出版社（北京市东城区青年湖南街13号　邮政编码100011）
印　　装：北京虎彩文化传播有限公司
710mm×1000mm　1/16　印张14½　字数246千字　2023年1月北京第1版第1次印刷

购书咨询：010-64518888　　售后服务：010-64518899
网　　址：http://www.cip.com.cn
凡购买本书，如有缺损质量问题，本社销售中心负责调换。

定　　价：128.00元

序

以蛇纹石、凹凸棒石、海泡石、蒙脱石等为代表的亚稳态层状硅酸盐天然矿物粉体材料具有独特的晶体结构，良好的热稳定性、自润滑特性以及优异的摩擦化学反应活性，将其引入润滑油（脂）、高分子聚合物或金属基复合材料等摩擦学体系，可在摩擦表面热力耦合的作用下形成具有优异减摩润滑性能和良好力学性能的自修复膜，实现对摩擦表面微观损伤原位动态修复的同时，强化表面力学性能，是一种极具潜力的新型磨损自修复材料。相关研究属于摩擦学、表面科学与智能自修复材料领域的前沿交叉热点，符合国家绿色发展与“双碳”目标战略，具有重要的学术价值和工程价值。

针对机械装备磨损严重、能耗高的难题，以及机械减摩自修复领域对高性能矿物功能材料的巨大需求，作者团队在多项国家自然科学基金、国家重点研发计划课题、装备预研领域基金重点项目等国家和国防科研任务的支持下，充分利用亚稳态硅酸盐矿物纳米层状结构的自润滑和自修复特性，围绕蛇纹石矿物减摩自修复材料的基础理论、材料设计、加工制备、性能评价、作用机制和示范应用，系统研究了天然蛇纹石矿物组成-结构-性能之间的关系，突破了矿物减摩自修复材料的制备、矿物表界面活性激发及多因素调控等共性关键技术瓶颈，阐明了层状硅酸盐矿物表界面活性调控及其对机械减摩修复效应的影响机理等关键科学问题。

《蛇纹石矿物减摩自修复材料的制备与摩擦学性能》一书以作者团队关于装备智能自修复材料的最新研究成果为基础，全面系统地介绍了以蛇纹石为代表的层状硅酸盐矿物减摩自修复材料的摩擦学性能与机理。该书对层状硅酸盐矿物减摩自修复材料的进一步研究和推广应用具有指导意义和参考价值，将有助于加深对磨损诱发硅酸盐矿物自修复反应动力学的理解，并将促进仿生自修复/自愈合材料与技术的研究发展与工程应用。

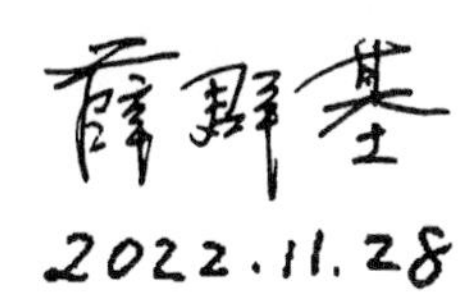

2022.11.28

前 言

摩擦磨损是造成机械设备失效和资源能源消耗的主要原因。一方面，我国机动车保有量巨大，发动机等动力装置因摩擦磨损而导致的油耗和排放大幅升高，加速了能源消耗和环境污染；另一方面，冶金、化工、电力、水利、轨道交通、航空航天、海洋、国防等领域重大装备磨损问题严重、能耗水平居高不下，严重影响机械系统的运行效率、可靠性和使用寿命。合理的润滑是降低摩擦、减少磨损的最有效途径。在全球资源和能源日益短缺，环保压力逐渐增大的背景下，世界各国都在竞相研发集减摩、抗磨和修复功能于一体的新型润滑材料和智能自修复技术，以实现延长设备使用寿命和节能减排的目的。

以蛇纹石为代表的天然层状硅酸盐矿物粉体材料由镁氧八面体层（Octahedral layer）和硅氧四面体层（Tetrahedral layer）以 T—O 或 T—O—T 结构组成，具有独特的亚稳态晶体结构和优异的摩擦表界面反应活性。以润滑油（脂）为载体进入摩擦表界面后，层状硅酸盐矿物可在摩擦机械效应和摩擦热效应作用下发生脱水反应和解理断裂，释放大量的活性含氧基团和陶瓷相颗粒，从而在金属磨损表面形成具有良好减摩润滑性能的颗粒增强氧化物复合自修复膜，实现摩擦损伤原位动态自修复的同时，强化表面力学性能，降低摩擦能耗和污染物排放，延长设备使用寿命。由于储量丰富，细化和提纯工艺简单，以及环境友好性突出，蛇纹石等天然矿物作为新型自修复材料有望成为传统润滑添加剂的替代品，相关研究是当前摩擦学、表面工程和智能自愈材料研究领域的前沿热点之一，涉及节能减排和资源节约，符合国家绿色发展战略，具有重要的学术价值和工程意义。

本书侧重于应用基础研究，内容主要来自作者与所在团队近年来的最新研究成果，并尽可能吸收了本领域同行学者的研究精华。作者希望通过本书向广大读者介绍蛇纹石矿物减摩自修复材料的技术原理、研究现状、摩擦学行为、自修复性能与作用机理，以期更多专家、学者和工程技术人员了解层状硅酸盐矿物自修复材料的特点及应用效果，并推动该材料的深入研究及推广应用，为实现国家“碳达峰”“碳中和”目标贡献力量。

全书共分 6 章，第 1 章介绍了智能自修复材料的概念内涵、蛇纹石矿物的晶体结构特征及摩擦学性能研究进展；第 2 章介绍了蛇纹石矿物粉体的制备工艺、粉体理化性质、表面改性方法，以及粉体细化、改性与分散的一体化处理等有关矿物减摩自修复材料制备方面的内容；第 3 章介绍了不同摩擦条件下蛇纹石矿物自修复材料的性能，包括含蛇纹石矿物粉体在润滑油作用下钢/钢摩擦副在点接触/往复滑动、线接触/旋转滑动、面接触/往复滑动、面接触/旋转滑动等多种运动模式下的摩擦学行为与机理，以及蛇纹石矿物在铁基摩擦表面形成的自修复膜的力学特征与摩擦学性能；第 4 章介绍了蛇纹石矿物减摩自修复材料润滑下，铜合金、铝合金、钛合金和镁合金等不同摩擦材料与钢配副时的摩擦学行为及矿物的减摩自修复机理；第 5 章介绍了水热合成法制备纳米蛇纹石粉体的合成工艺与粉体表面改性过程，合成纳米蛇纹石粉体与天然蛇纹石矿物粉体的摩擦学行为及减摩自修复性能对比，以及两种粉体材料的减摩润滑与自修复作用机理；第 6 章围绕典型机械零部件模拟台架试验或实车考核试验，以机械设备轴承、齿轮箱以及火炮身管等为应用对象，介绍了蛇纹石矿物材料对机械摩擦表面减摩润滑及损伤自修复的实际应用效果。

本书由徐滨士院士指导，于鹤龙负责组织撰写，各章编写人员为：第 1 章，于鹤龙、张伟、白志民、张保森；第 2 章，许一、张保森、于鹤龙、张伟、赵阳；第 3 章，于鹤龙、张保森、许一、王红美；第 4 章，于鹤龙、尹艳丽、吉小超、魏敏、王思捷；第 5 章，许一、高飞、周新远、宋占永、赵海潮；第 6 章，许一、张保森、史佩京、于鹤龙、赵春锋。全书由于鹤龙和尹艳丽统稿。

本书的顺利出版得益于国家自然科学基金项目“硅酸盐矿物/铁基复合涂层的自修复反应活性调控及其摩擦学行为与机理”（52075544）、“软金属/类陶瓷复合自修复膜的摩擦原位制备、主动控制与机理”（51005243）、“亚稳态硅酸盐/金属复合材料的制备及自修复行为与机理研究”（50904072）、“金属基体上原位形成摩擦修复膜的优化设计与机理研究”（50805146），国家重点研发计划课题“重大装备用矿物减摩修复材料制备技术及应用示范”（2017YFB0310703），以及装备预研领域基金重点项目“涂层自修复强化机理研究”（61400040404）等国家和国防项目的资助，在此表示衷心感谢。书中参考了大量国内外文献，谨向相关文献的作者表示衷心的感谢。

由于作者水平有限，对有些试验现象尚未给出深入全面的解释，对此深感遗憾。对于书中的疏漏与不足之处，恳请广大读者和专家提出宝贵意见和建议。

著　者

2022 年 7 月

目 录

第1章 绪论

第2章 蛇纹石矿物粉体的制备与表面改性处理

第3章　不同摩擦条件下蛇纹石矿物自修复材料的性能

第4章 蛇纹石矿物对不同摩擦材料的减摩自修复行为

第5章 纳米蛇纹石的合成及其与天然蛇纹石矿物的性能对比

第6章 蛇纹石矿物减摩自修复材料性能的摩擦学应用考核

第1章
绪论

1.1 智能自修复材料

1.1.1 智能自修复材料概述

磨损、腐蚀、疲劳、蠕变等引发的材料表面或内部微观损伤会引起材料失效，造成重大经济损失，导致设备故障甚至造成灾难性后果[1]。如何改善材料性能，特别是赋予材料损伤自修复功能，使其在服役过程中自动修复微观损伤，从而显著提高机械系统的运行效率、可靠性和使用寿命，是装备先进制造和智能维修领域的迫切亟须和核心难题，也是智能材料领域的研究热点。近年来，受生物体损伤自愈合过程启发而设计开发的自修复材料，为解决上述问题提供了新的解决方案。该领域研究涉及自修复材料设计、自修复体系构筑、自修复性能评价和自修复机理等多个方面，是多学科综合交叉的热点方向。

材料一旦产生缺陷，在无外界作用的情况下材料本身具有自我恢复的能力称为自修复。自修复（self-repairing/self-healing）材料研究始于建筑混凝土领域[2]，美国军方在20世纪80年代中期首先提出了具有自诊断、自修复功能的智能自修复材料的概念，并很快成为各国争相研究的前沿热点和重点方向。但直到2001年，White等[3] 在 *Nature* 发文，将填充双环戊二烯的脲醛树脂微胶囊埋伏到含催化剂的环氧树脂中，利用材料受损后胶囊破裂导致芯材渗入裂纹后的交联聚合，开发了聚合物自修复材料（图1-1），相关研究才逐步引起国际上的广泛关注。2002年，美国NASA提出“将损伤自修复材料列为面向2030年新一代航空和空间材料发展重点”[4]。2004年，我国科技部和中国工程院在国家2020年中长期科技发展规划第三主题《制造业发展科技问题研究》中，将“机

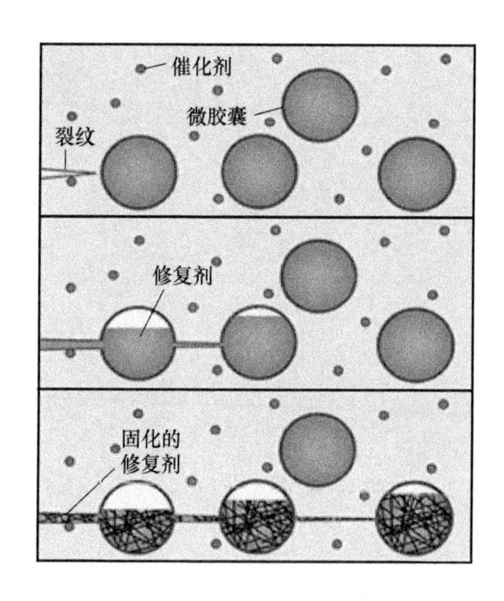

图 1-1 面向聚合物裂纹自愈合的有机微胶囊自修复过程示意图[3]

械装备的自修复与再制造”列为关键技术之一[5]。

经过近 20 年的发展，智能自修复材料已由混凝土、聚合物逐渐扩展至沥青、陶瓷、金属等多个领域，自修复过程针对的损伤形式也涵盖了磨损、腐蚀、断裂等多种失效模式。但总体而言，对磨损自修复技术的研究大多还处于实验室方法和原理的探索阶段，尚有大量工作亟待深入开展。

1.1.2 金属基自修复材料

金属占机电产品材料用量的 90%以上，赋予其损伤自修复功能意义重大。当前，该领域研究主要集中在开发具有裂纹和蠕变损伤修复功能的金属基自修复材料，其自修复损伤的尺度、材料类别划分及作用机理如图 1-2 所示[6]，主要包括：埋植形状记忆合金（SMA）或无机微胶囊的金属基复合材料，利用高扩散系数原子在损伤位置的形核析出的合金，以及利用共晶反应生成液相填补裂纹的亚共晶合金等。但以上研究主要针对疲劳裂纹和高温蠕变等损伤形式，面向磨损自修复的金属材料研究报道极少。

（1）形状记忆合金自修复材料

形状记忆合金自修复材料借助埋植在金属内部的形状记忆合金丝材，在受热后形状复原过程中产生的恢复应力使裂纹闭合，修复损伤。Ghosh[7] 将镍钛形状记忆合金引入 Sn 基体后发现，在形状记忆合金及低熔点基体的综合作用下，

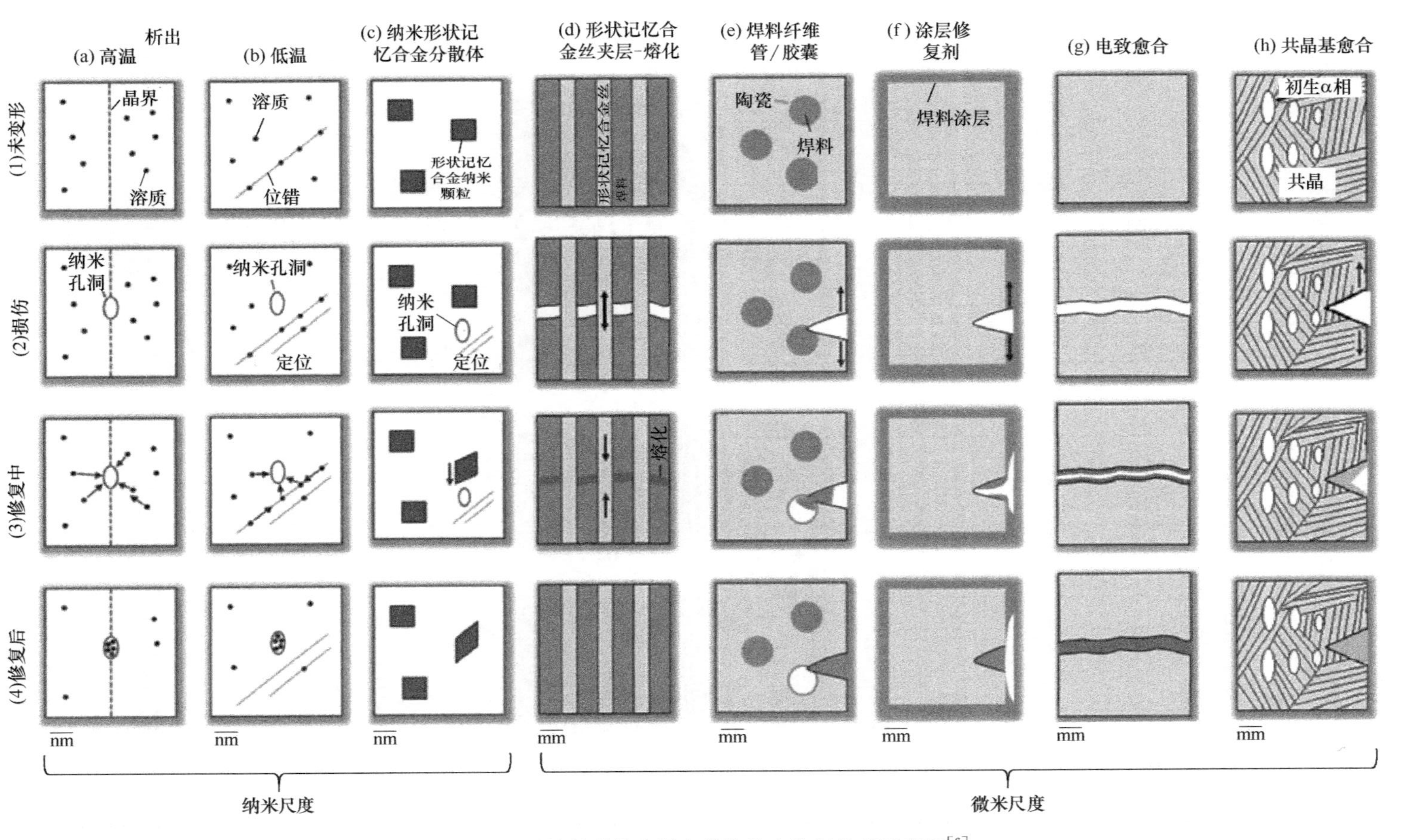

图 1-2 金属材料裂纹和蠕变损伤的自修复机理示意图[6]

断裂试样的损伤区域在169℃条件下静置24h后得到修复，其拉伸强度恢复至断裂前的95%。形状记忆合金自修复材料损伤的修复需要加热等外部因素驱动，才可恢复其原始形貌，但材料的力学性能通常无法完全恢复。

(2) 陶瓷微胶囊自修复材料

陶瓷微胶囊自修复材料的修复机制与外援型聚合物自修复材料相似。在金属内部埋植包覆低熔点焊料的氧化物陶瓷微胶囊或纤维，通过高温加热使液相金属在毛细作用下流动并填充裂纹，从而实现损伤修复。Lucci[8] 等将填充Sn-Bi共晶合金的 Al_2O_3 微胶囊［图1-3 (a)］埋伏在Sn-0.7%Cu合金基体内部，通过将复合材料加热至略高于Sn-Bi合金熔点的温度使其熔化并流出，填充并修复预置裂纹损伤［图1-3 (b)］。通常情况下，由于毛细作用形成的驱动力有限，复合材料基体与凝固后的低熔点焊料界面结合较差，导致修复后材料孔隙率高，裂纹填充不完全。

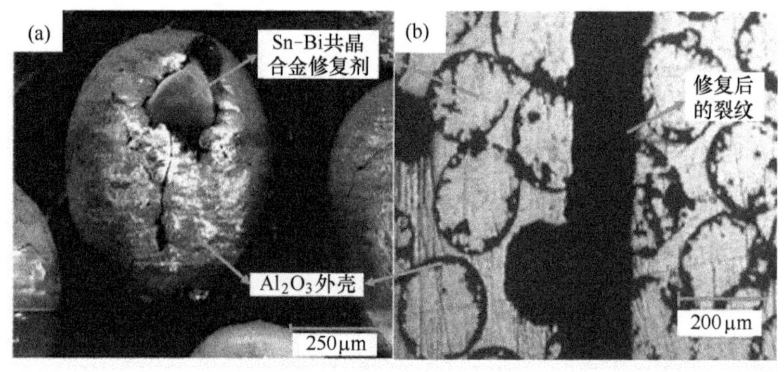

图1-3　陶瓷微胶囊及其自修复材料显微结构的SEM照片[8]

(a) 填充Sn-Bi共晶合金的 Al_2O_3 陶瓷微胶囊；(b) 修复后微胶囊/Sn-0.7%Cu复合材料

(3) 析出相自修复材料

析出相自修复材料通过高温蠕变过程中合金内部大尺寸、高扩散系数原子在损伤位置的形核析出，修复早期微裂纹或空穴。Lumley等[9] 研究表明，Al-Cu-Mg-Ag合金在300MPa和150℃下蠕变500h后发生动态析出，进一步的时效热处理可使材料内部的蠕变损伤及微裂纹得到愈合。通常情况下，析出相自修复材料内部缺陷体积越小，修复相元素含量与热处理温度越高，则损伤修复效果越显著。

(4) 共晶自修复材料

共晶自修复材料利用远离共晶点的合金成分，通过加热后高温冷却过程中初生树枝晶析出后形成的晶间共晶液相填补内部裂纹损伤。Ruzek 以合金内部形成的共晶液相材料为修复相，以固体枝晶相保持组织完整性为基础，研究了共晶自修复过程[6]。为了激活共晶自修复系统，加热温度必须达到共晶熔化并足以流动到裂纹处，确保液态共晶可在枝晶之间流动并修复微观损伤。

1.1.3 磨损自修复材料

磨损自修复材料通常借助摩擦过程中高接触应力、高剪切力和微区闪温等条件，通过物理作用或化学反应过程，对摩擦表面微观损伤进行填充或修补，或形成表面修复膜，从而降低摩擦、减少磨损。

（1）金属基磨损自修复材料

金属基磨损自修复材料利用摩擦过程中金属与外界环境或内部元素之间的化学反应，或借助摩擦接触应力下的材料迁移，实现对磨损表面损伤的修复以及摩擦表面接触状态的优化。Zhai 等[10] 研究了放电等离子烧结（SPS）镍铝青铜(NAB)/Ti_3SiC_2 复合材料的微动磨损性能，发现 Ti_3SiC_2 在摩擦热和剪切应力作用下发生分解并被空气氧化，形成具有润滑功效的 TiO_2。借助 TiO_2、Al_2O_3 和 SiO_2 等反应产物引起的体积膨胀，磨损表面的微裂纹得到一定程度的修复。在此基础上，Zhai 等提出了如图 1-4 所示的镍铝青铜/Ti_3SiC_2 复合材料在微动磨损过程中的裂纹损伤自修复机理。Wu 等[11] 在考察烧结工艺制备的蛇纹石增强铝基复合材料的摩擦学性能时发现，摩擦表面在热力耦合作用下形成了 SiO_2、MgO 和 Al_2O_3 颗粒镶嵌的致密自修复膜，该膜具有良好的抗磨减摩性能。Zhou 等[12] 研究表明，Ti6Al4V/多层石墨烯（MLG)/Ag 复合材料在摩擦对偶球（Si_3N_4）的循环应力作用下，亚表层的 Ag 和 MLG 转移到磨痕表面，改善了材料的力学和摩擦学性能，并对磨损起到了修复补偿作用。

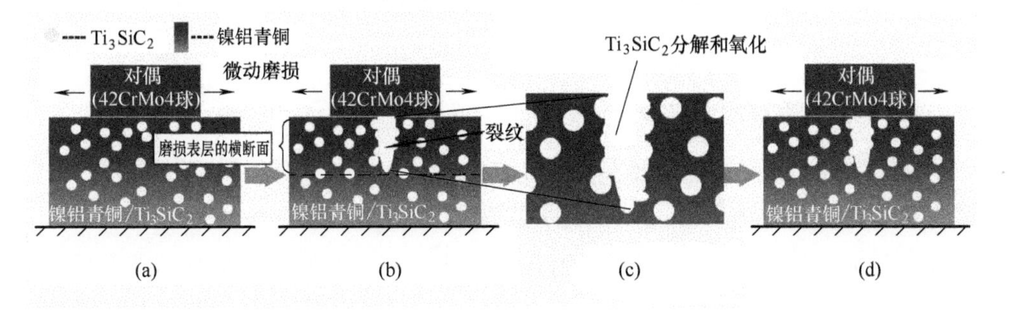

图 1-4 镍铝青铜/Ti_3SiC_2 复合材料在微动磨损过程中的裂纹损伤自修复行为与机理[10]

（2）陶瓷基磨损自修复材料

陶瓷基磨损自修复材料利用高温条件下的氧化反应产物或组分内部元素之间的化学反应产物，修复磨损表面损伤并改善其力学性能。Shirani 等[13] 探索了 $Nb_2O_5+Ag_2O$ 体系的磨损自修复行为与机理，由于摩擦过程中磨损表面形成了具有自润滑作用的 Nb-Ag-O 三元氧化膜，导致材料的高温滑动摩擦因数发生突降，耐磨性大幅提高。此外，Zou 等[14] 研究热压法制备的 ZrB_2-20vol% SiC（ZS）复合材料的摩擦学性能时发现，高速滑动摩擦条件下产生的硼硅酸盐及摩擦转移产物组成的复合表面层能有效降低摩擦，修复裂纹并减小磨损。由图 1-5 所示[15] 的不同滑动速度下摩擦表面形貌的 SEM 照片可以看出，滑动速度越高，摩擦形成的复合表面层覆盖面积越大，材料的摩擦学性能越好。

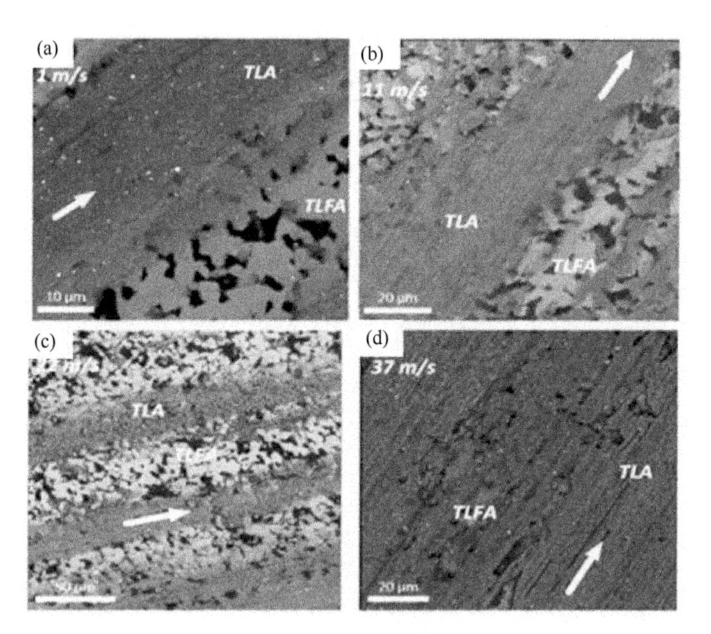

图 1-5 不同滑动速度下 ZrB-SiC 复合陶瓷磨损表面形貌的 SEM 照片[15]

(a) 1m/s；(b) 11m/s；(c) 22m/s；(d) 37m/s

（3）微纳米颗粒自修复添加剂

长期以来，关于磨损自修复的研究主要聚焦在以润滑油（脂）为载体的纳米自修复润滑油添加剂方面，即将氧化物、硫化物、稀土化合物、软金属、先进碳材料（石墨、金刚石、碳纳米管、石墨烯）等合成纳米颗粒添加到润滑介质中，以润滑介质为载体将其输送到机械零部件的摩擦表面，利用纳米材料独特的理化性质，借助摩擦产生的机械或化学效应，使之在热力耦合作用下沉积铺展、填补损伤或与摩擦表面反应形成修复膜，从而在一定程度上降低摩擦、减少磨损，实现对摩擦表面早期微观损伤的原位动态自修复[16]。纳米颗粒作为润滑油添加剂改善摩擦磨损的机理可归纳为滚动球轴承效应、机械抛光效应、填充修复效应和摩擦反应保护膜效应4种作用机制，如图1-6所示[17-19]。

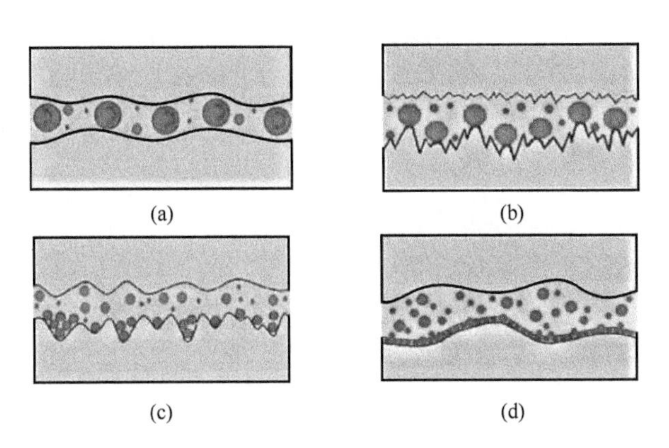

图1-6 微纳米颗粒用作润滑油添加剂的摩擦学作用原理[17-19]
(a) 滚动球轴承效应；(b) 机械抛光效应；(c) 填充修复效应；(d) 摩擦反应保护膜效应

近年来的研究表明，由镁氧八面体层（Octahedral layer）和硅氧四面体层（Tetrahedral layer）以T-O或T-O-T结构组成的层状硅酸盐矿物粉体，如蛇纹石、凹凸棒石、蒙脱石、海泡石、伊利石等，具有独特的亚稳态层状结构和优异的摩擦表界面反应活性，作为润滑油（脂）添加剂可在摩擦机械效应和摩擦热效应作用下发生脱水反应和解理断裂，释放活性氧原子和陶瓷相颗粒，从而在摩擦表面形成具有较好减摩润滑性能的氧化物自修复膜，实现损伤原位自修复的同时，优化表面力学性能[20-22]，从而使天然层状硅酸盐作为独特的矿物减摩自修复材料备受关注。研究表明，层状硅酸盐在摩擦表面形成的自修复膜厚度为几百纳米至几微米，表面纳米硬度可以达到原始摩擦表面的1倍以上[23]，该自修复膜微观形貌及纳米力学行为如图1-7所示[24]。

相比于以人工合成为主要制备方式的各类纳米颗粒，层状硅酸盐天然矿物材料储量丰富、加工制备成本低、理化性质稳定性好、摩擦学性能优异，磨损自修复强化效应显著。除了作为新型润滑油（脂）添加剂之外，层状硅酸盐矿物材料在改善金属基复合材料、聚合物、陶瓷等块体或涂层材料摩擦学性能方面同样作用明显，已成为当前摩擦学、智能自修复技术、新型功能材料等领域的研究热点，应用潜力巨大。

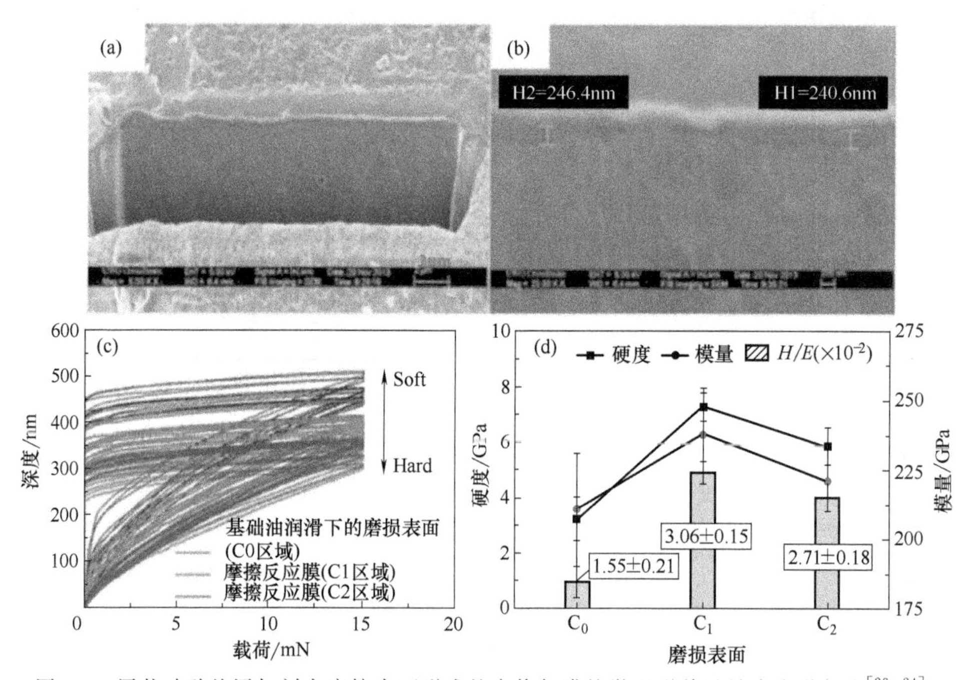

图 1-7 层状硅酸盐添加剂在摩擦表面形成的自修复膜的微观形貌及纳米力学行为[23, 24]

(a)(b)自修复膜截面形貌的 SEM 照片；(c)修复膜的压痕载荷-深度曲线；(d)修复膜的纳米力学性能

1.2 蛇纹石矿物的晶体结构及表面活性基团

1.2.1 层状硅酸盐矿物的结构特征

层状硅酸盐矿物（phyllosilicate mineral）是硅酸盐类矿物按晶体结构特点划分的亚类之一，由特定金属阳离子与层状硅氧骨干 $[Si_4O_{10}]^{4-}$ 构成的络阴离子结合而成。在岩浆岩和变质岩中，层状硅酸盐分布极广，是主要的造岩矿物之一，形成在温度和压力较低、有水等挥发组分参与的条件下，常常是其他造岩矿物（橄榄石，辉石，角闪石，长石）改造后的产物。在外生条件（风化和沉积）作用下，层状硅酸盐矿物分布更广，作为黏土和黏土质岩石的主要组分，具有膨胀、吸附、烧结、遇水分散和离子交换等性能，在建筑、食品、医药、环保、橡胶、塑料、烟草、润滑油、催化剂、化肥与农药等多个领域得到广泛应用。

图 1-8 所示为层状硅酸盐的基本构造单位。层状硅酸盐结构中的每个 Si—

般为四个O所包围，构成［SiO_4］$^{4-}$四面体，［SiO_4］$^{4-}$四面体分布在一个平面内，彼此以三个角顶相连，即每个四面体的三个氧原子（底面氧）与相邻的三个硅氧四面体共用（这种共用氧称为桥氧，为惰性氧），因而形成了［Si_2O_5］$^{2-}$结构，这种［Si_2O_5］$^{2-}$结构的硅氧四面体通过位于同一平面上的桥氧在两度空间内相互连接延伸形成二维无限延展的结构片（sheet），称为四面体层，以字母T［Tetrahedron sheet，如图1-8（a）所示］表示。结构片内位于同一平面内的质点构成结构面（plane），由自由氧离子所形成的结构面呈六边形网格状，多数层状硅酸盐含有氢氧离子（OH^-），且位于六边形网格的中心，于是形成了［(Si_2O_5)（OH)］$^{3-}$结构［图1-8（b)］。T层底面上所有的氧都是桥氧，电荷都已达到平衡。而由于未被共用的硅氧四面体角顶上的氧有剩余的负电荷，与之相配位的其他阳离子，其半径大小必须能适应六边形网格的大小，才能构成晶格并使之稳定。符合上述配位要求的是Mg^{2+}、Fe^{2+}、Al^{3+}、Li^+、Fe^{3+}等特定半径的阳离子，这些阳离子作六次配位，与硅氧四面体层结合后，它们会共用顶角氧原子和氢氧离子（OH^-），由上下两层四面体层的O^{2-}（或者一层四面体层O^{2-}与OH^-），以顶角氧（及OH^-）相对，并相互以最紧密堆积的位置错开叠置，与氧形成配位八面体，彼此共棱相接构成八面体片，以字母O［Octahedron sheet，如图1-8（c）所示］表示。有时，部分硅氧四面体还可以被铝氧四面体所置换。

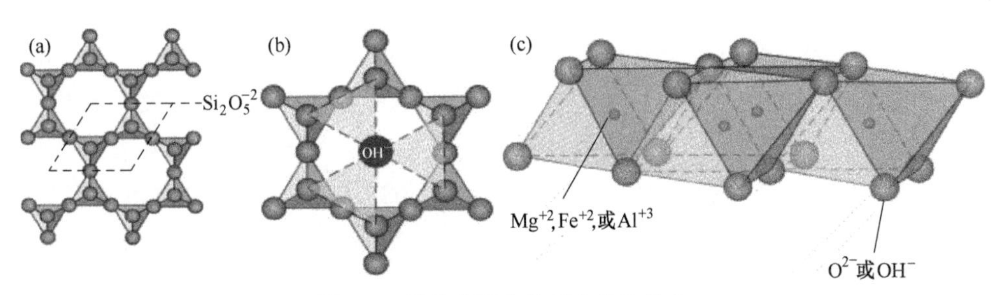

图1-8 层状硅酸盐的基本构造单位

(a) 四面体层；(b) 六元环；(c) 八面体层

根据硅氧骨干形式可将硅酸盐做如下分类：岛状结构硅酸盐、链状结构硅酸盐、层状结构硅酸盐、架状结构硅酸盐[25-27]。层状硅酸盐的晶体结构是由结构单元层（晶层）相互平行叠置而成。晶层包括结构层和层间域（物）两部分，结构层是由硅氧四面体层和镁（或铝）氧八面体层按1∶1或2∶1方式构成（图1-9）。八面体片中的每个八面体，如果是由Me-O_2(OH)$_4$组成，说明结构层仅由一个四面体片T和一个八面体片O所构成，即1∶1型或T-O型，如蛇纹石-高岭石族矿物；如果八面体片中的每个八面体是由 Me-$O_4(OH)_2$ 组成，在每个八面体的上下均有一个指向相反的四面体与之相连，则构成 2∶1 型或 T-O-T 型结构层，如滑石-叶蜡石族、云母族和蒙脱石-皂石族矿物。

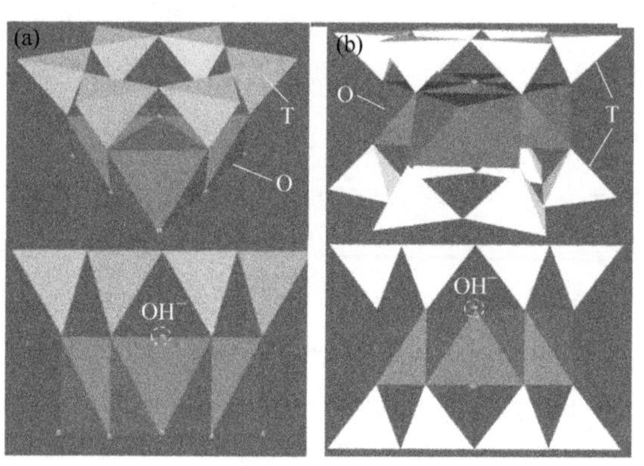

图 1-9　层状硅酸盐矿物的典型层状结构

(a) T-O 型；(b) T-O-T 型

在层状硅酸盐晶体结构中，与自由氧相连的 Mg^{2+} 或 Al^{3+} 等离子配位数为 6，形成［MgO_6］或［AlO_6］八面体，它们之间有两种连接方式：八面体片（O 层）内部如果充填 2 价离子，如 Mg^{2+} 和 Fe^{2+}，则可以全部充满，这时形成的 O 层结构叫三八面体型；如果充填 3 价离子（如 Al^{3+}、Fe^{3+}），则不可以全部充满，只能充填 2/3 的八面体，这时形成的 O 层结构叫二八面体型。图 1-10 所示为典型三八面体结构中 M 离子和 OH^- 的位置示意图。

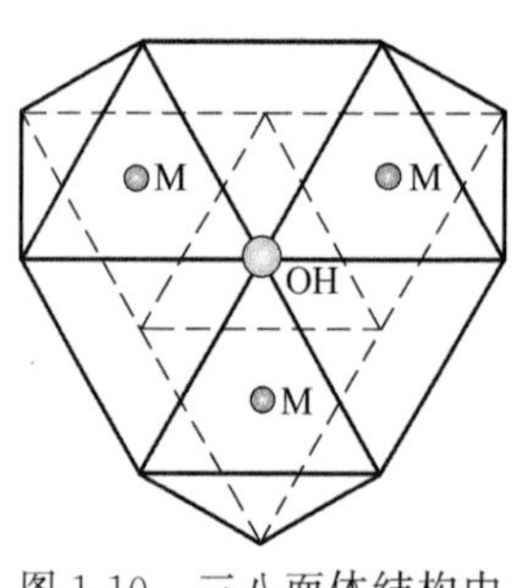

图 1-10　三八面体结构中 M 离子和 OH^- 的位置

结构单元在垂直网片方向周期性地重复叠置均成矿物的空间格架，而在结构单元层之间存在着空隙称层间域。结构层之间为层间域（物），它可以是空的，也可以填充水分子、阳离子、水化阳离子及氢氧化物[25-27]。如果结构单元层内部电荷已达平衡则在层间域中无其他阳离子存在，也很少吸附水分子或有机分子，如高岭石、叶蜡石等矿物的结构；如果结构单元层内部电荷未达平衡，即存在一定的层电荷，如 Na、K、Ca 等充填，还可以吸附一定量的水分子或有机分子，如云母、蒙脱石等矿物的结构。层间域中不同离子的存在或分子吸附，将影响晶格参数和硬度、解理、弹性、挠性、吸附性和离子交换性等矿物理化性质。此外，层状硅酸盐结构具有以下几点共同特征：

① 层状硅氧骨干决定了该亚类矿物均呈片状，层间为分子间力或氢键结合，矿物硬度低，具有平行结构单元层的完全至极完全的底面解理。由于结构堆积不紧密，阳离子的原子量不大，矿物的比重均为中等至偏轻的范围。

② 含有结构水，以 OH^- 形式存在。同时，含有不牢固的层间结合水，除去时不会破坏晶体结构。八面体层中有阳离子交换时，可造成电价不平衡，层间可进入低电价离子（K^+、Na^+ 等）。

③ 八面体片和四面体片内主要是共价键，而 O 片和 T 片之间的连接力主要是离子键，因而矿物在光学性质上表现为玻璃光泽，条痕无色或浅色，透明至半透明，颜色取决于所含阳离子的类型：阳离子为稀有气体型离子者无色或浅色，如滑石和白云母；阳离子为过渡型离子者一般颜色较深，如黑云母。

④ 矿物物理性质的差异与其层间域的结合键类型和强弱密切关系。对于 T-O-T 型矿物，当四面体片中无 Al^{3+} 取代 Si^{4+} 时，其结构单元层之间无任何离子，仅靠微弱的分子键联系，导致矿物硬度相对较低，且解理薄片具有挠性，触感滑腻，如滑石和叶蜡石；当四面体中 Al^{3+} 取代 Si^{4+} 时，为平衡电荷，必然在层间域空隙内充填 K^+ 或 Na^+ 等大半径、低价态的碱金属离子，使其结构单元层之间以弱的离子键结合，结合力介于分子键或氢氧与 T 片层和 O 片层间的离子键之间，导致矿物硬度相对较大，解理薄片具有弹性，如白云母和黑云母。对于 T-O 型矿物，极少出现 Al^{3+} 取代 Si^{4+} 的情况，其结构单元层之间的结合主要靠弱的氢-氧键，结合力强于分子键，表现在矿物性质上是其硬度有所增加，如蛇纹石的硬度明显大于滑石，但解理薄片仍具有挠性。至于高岭石的硬度明显比蛇纹石低，这可能与 Al^{3+} 和 Si^{4+} 的排斥力大，引起结构松弛有关。

1.2.2 蛇纹石矿物的晶体结构

蛇纹石是一种含水的富镁硅酸盐矿物的总称，包含叶蛇纹石、利蛇纹石和纤蛇纹石 3 种典型结构。我国的蛇纹石资源丰富，质地良好，主要矿产地有辽宁岫岩、江苏东海、江西弋阳、河南信阳以及陕西宁强等地。蛇纹石矿物形态为细腻的致密块体，少数为纤维状块体。矿石因色素离子种类不同和含量变化，呈白、黄、绿、黄绿、蓝绿、褐、褐红、暗绿或暗黑等不同颜色。矿物密度为 2.54～2.55g/cm^3，莫氏硬度为 3.92～3.98。

蛇纹石由硅氧四面体层（T）和镁氧八面体层（O）按 1∶1 组成 T-O 型矿物结构，理想化学式为 $Mg_6(Si_4O_{10})(OH)_8$。蛇纹石晶体内部，硅氧四面体排列方向一致，其间通过桥氧连接成六方网层 $[(Si_2O_5)(OH)]^{3-}$，层的尺寸参数约为 0.50nm×0.87nm；镁氧八面体层是由 $Mg\text{-}O_2(OH)_4$ 组成的氢氧镁石层，单个方向每 3 个羟基中有 2 个被硅氧四面体顶角的活性氧替代，层的尺寸参数约为 0.54nm×0.93nm。四面体层与八面体层之间按 1∶1 结合构成蛇纹石的结构单元层，其构成如图 1-11 (a) 所示[28, 29]。由于结构单元层的大小不同，且硅氧四面体层中 O-O 的平移周期与镁氧八面体层中 O(OH)-O(OH) 的平移周期存在差异，造成两种单元层间因尺寸失配而发生弯曲，诱发形成晶粒范围内的微观残余应力。通常，硅酸盐矿物通过 3 种结构方式克服上述的层间不协调：①以半径较小的阳离子如 Al^{3+}、Fe^{3+} 等代替半径较大的 Mg^{2+} 或在四面体片中以半径较大的 Al^{3+}、Fe^{3+} 代替 Si^{4+}，从而形成利蛇纹石结构；②氢氧镁石八面体和硅氧四面体发生交替波状弯曲，形成叶蛇纹石结构［图 1-11 (b)］[30]；③四面体片在内、八面体片在外的结构单元层卷曲导致形成纤蛇纹石结构。相应的晶体构型及晶格参数如表 1-1 所示[31]。

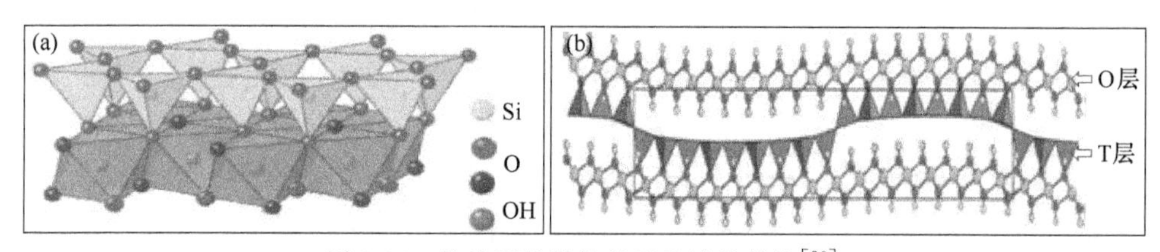

图 1-11 蛇纹石的结构单元及波状结构[30]

(a) 结构单元；(b) 波状结构

表 1-1 蛇纹石矿物类质同象异构体的晶格参数[31]

矿物名称		晶系	a_0/nm	b_0/nm	c_0/nm	β
利蛇纹石		单斜	0.531	0.920	0.731	≈90°
纤蛇纹石	斜纤蛇纹石	单斜	0.534	0.925	1.465	93°10′
	正纤蛇纹石	斜方	0.534	0.920	1.463	90°
	副纤蛇纹石	斜方	0.530	0.924	1.470	90°
叶蛇纹石		单斜	0.530	0.920	0.746	91°24′

从结构单元层的构造不难发现，蛇纹石晶体内主要存在两种相互作用力，即层内结合力和层间结合力。四面体层主要由 Si、O 元素组成，两种原子间通过共价键相连；八体层则主要由 Mg^{2+}、—OH、O^- 和 O^*（端氧）等离子或基团构成，相互间通过离子键和氢键相连。四面体与八面体的层间主要通过氢键或范德华力相连，作用力较弱。这种晶体结构特征使蛇纹石具有良好的层间滑移特性和较弱的结构失稳破坏抗力，为其在摩擦力的作用下

发生结构破坏和化学键断裂，释放出大量的活性基团参与摩擦界面的理化作用提供了内在条件，也是蛇纹石一类的层状硅酸盐矿物表现出优异摩擦学性能的晶体结构基础。

1.2.3　蛇纹石矿物粉体的表面活性基团

由于存在晶内失配应力，蛇纹石矿物的层间作用力较弱，在挤压、剪切、碰撞等多种载荷的作用下，易发生晶体结构破坏和化学键的断裂，产生大量的新鲜解理刻面，其上分布大量的不饱和键或悬挂键，使之具有很高的理化活性和独特的表界面特性。结合前人研究结果、蛇纹石的化学组成和晶体结构特征可知，蛇纹石矿物粉体的表面活性基团主要由不饱和 O—Si—O、Si—O—Si、含镁键类、羟基和氢键等构成[20]。独特的晶体结构赋予了蛇纹石吸附性能强、胶体性、耐热性好、离子交换、流变性、大比表面积和催化性等理化性质，特别是大量表面活性基团，是获得高质量自修复膜并实现摩擦表面强化的关键因素。

（1） O—Si—O 键

O—Si—O 键作为一种共价键，存在于硅氧四面体中，其化学活性主要取决于基团上的氧原子。按照氧原子的功能和空间位置，可以分为桥氧和端氧两种。在机械力的作用下，当桥氧从该基团上脱离后，由于具有一个未偶电子，因而易与周围其他元素结合，表现出很高的化学反应活性。而端氧主要与周围的 Mg^{2+} 相连，其被释放出来后形成离子态的氧，活性虽不及桥氧，但依然具有很强的氧化能力。二者的综合作用，赋予了 O—Si—O 基团很强的化学反应活性。

（2） Si—O—Si 键

Si—O—Si 键同样是存在于硅氧四面体中的一种共价键，其氧原子的两个 p 轨道分别与两个等价 sp3 杂化轨道结合形成两个等价的 σ 键，因而具有悬挂键的特性。该键由于只有 1 个未饱和电子，易与其他原子或基团相互作用而达到一种稳定状态，具有一定的化学活性。但相对而言，其活性强度不及 O—Si—O 键。此外，李学军等分析认为，Si—O—Si 键对卤化物、酸或碱等物质非常敏感，易与之结合造成化学键的断裂，反应式可表示为：

$$\equiv\text{Si-O-Si}\equiv + \text{MX}_n \rightarrow \equiv\text{Si-O-MX}_{n-1} + \equiv\text{Si-X} \tag{1-1}$$

$$\equiv\text{Si-O-Si}\equiv + \text{HA} \rightarrow \equiv\text{Si-A} + \text{H}_2\text{O} \tag{1-2}$$

$$\equiv Si\text{-}O\text{-}Si\equiv + M\text{-}OH \rightarrow \equiv Si\text{-}O\text{-}M + \equiv Si\text{-}OH \tag{1-3}$$

式中，X 为卤素，A 为阴离子，M 为金属离子。Si-O-Si 键中的 Si 不仅可以置换溶液中的金属离子和正络离子，还可吸附 F^- 等阴离子或阴离子团，使其固着于矿物表面[29]。

（3）羟基（OH^-）

羟基是蛇纹石矿物粉体表面的主要活性基团之一，主要存在于氢氧镁石八面体中。理论分析可知，每个八面体单元含有 4 个羟基，其中 1 个存在于八面体层底部，指向硅氧四面体层，称为内羟基；另外 3 个羟基存在于八面体层顶部，称为外羟基。蛇纹石粉体表面因大量的羟基存在而具有很强的化学活性和极性，当溶于水后，羟基会发生电离，使溶液呈现较强的碱性。同时，羟基中的氢原子易与电负性较大的 N、O、F 等原子结合形成共价键，还易与溶液中重金属离子结合形成沉淀物或以离子键的作用力使之固着在粉体表面。

（4）含镁键

在氢氧镁石八面体中，Mg^{2+} 与相邻的原子或基团以离子键相连，当化学键断裂后，主要以 OH-Mg-O 和 OH-Mg-OH 两种形式存在。由于离子键具有无饱和性和方向性的特点，在空间许可的范围内，Mg^{2+} 能够与任何异性离子或基团相结合。蛇纹石中 Mg^{2+} 存在于八面体的中心，与相邻的氧原子和羟基呈六次配位，能够与离子半径相近的 Ni^{2+}、Fe^{3+}、Cr^{3+} 等金属离子发生置换反应，形成类质同象异构体；同时，被置换出来的 Mg^{2+} 还能够与其他的阴离子或基团发生反应，从而沉淀下来或固着于粉体表面。

（5）氢键

由蛇纹石的晶体结构分析可知，其结构单元层间主要靠氢键和范德华力相连。氢键作为一种强极性键，其形成主要与羟基和硅氧四面体的桥氧有关。由于羟基中的氢核几近裸露，半径很小，且无内层电子，易与桥氧结合，形成氢键。大量裸露的氢核还能与其他高电负性原子（如 F、N 等）或有机分子发生作用，因此具有很强的活性。

由以上表面活性基团分析可知，蛇纹石粉体由于结构单元层间结合力弱，易在机械力的作用下发生层间解理和化学键断裂，从而形成大量的—OH、Si—O—Si、O—Si—O、氢键和含镁键等，构成多种表面活性基团，表现出很强的理化活性，是其参与摩擦界面复杂理化作用的先决条件[15]。

1.3 蛇纹石矿物润滑材料的摩擦学性能研究进展

1.3.1 蛇纹石矿物的摩擦学性能研究概述

20世纪60年代开始，地质学家和地球物理学家对蛇纹石矿物的摩擦学行为进行了最初的研究，旨在探索有关含蛇纹石地壳断层的强度和滑动稳定性的信息[32，33]。20世纪80年代，苏联地质工作者在钻探过程中发现，某一地区特定岩层深度作业时的钻具使用寿命是其他岩层的数倍，长期作业后的钻具表面异常光滑、磨损程度极其轻微。经研究后发现，导致钻具延寿的根本原因在于岩层中的叶蛇纹石矿物，其中的羟基硅酸镁成分在摩擦过程中产生了磨损自修复效应[34]。苏联科学家在这一发现基础上，成功开发了金属磨损自修复材料，并将其应用于军工领域[35]。金属磨损自修复矿物材料突破了传统的润滑添加剂设计理念，将粒径为0.1～10μm的多组分复合硅酸盐矿物粉体分散至润滑介质中，通过复杂的机械力、摩擦化学和摩擦电化学作用，在摩擦表面形成具有超润滑抗磨性能的功能保护层，不但可以提高摩擦表面的抗磨减摩性能，还能实现对摩擦损伤的原位自修复和强化，有利于降低机械设备摩擦振动，减少噪声，节能减排[36-39]。

20世纪90年代，尽管金属磨损自修复材料相关研究成果已在国外军工和民用领域获得了良好应用，但限于技术保密的原因，关于该类材料组分、制备工艺、性能研究和作用机理等方面的研究报道较少，仅有少量的专利可查。国内自20世纪90年代末从俄罗斯、乌克兰引进层状硅酸盐矿物自修复材料以来，逐步开展了以蛇纹石矿物为代表的层状硅酸盐矿物粉体制备及表面改性处理、摩擦学性能评价、减摩自修复机理以及工程应用等研究工作，掀起并引领了国际上关于该类材料研究的热潮，使其逐渐成为表面工程与摩擦学研究领域的前沿热点之一。

图1-12为关于蛇纹石矿物在减摩润滑及自修复领域开展摩擦学性能研究的主要内容框图[23]。应用于摩擦学领域的蛇纹石矿物以天然叶蛇纹石矿物为主，矿物原石经机械破碎、研磨/球磨及提纯处理后得到不同粒径尺度的超细粉体矿物材料，按平均粒径可分为微米（1～20μm）、亚微米（100nm～1μm）和纳米（<100nm）三种尺度。通过与不同类型的润滑油混合形成悬浮液，与基础润滑脂混合制成复合润滑脂，或与金属/非金属原料混合制成复合材料等方式得到含

硅酸盐矿物的减摩自修复材料，并利用四球、球盘、销盘、柱盘、环块、止推垫圈等各类摩擦磨损试验机或机械设备动力装置、传动系统的实车考核试验评价其摩擦学性能，在摩擦表面表征分析的基础上，研究揭示矿物的减摩润滑及磨损自修复机理。

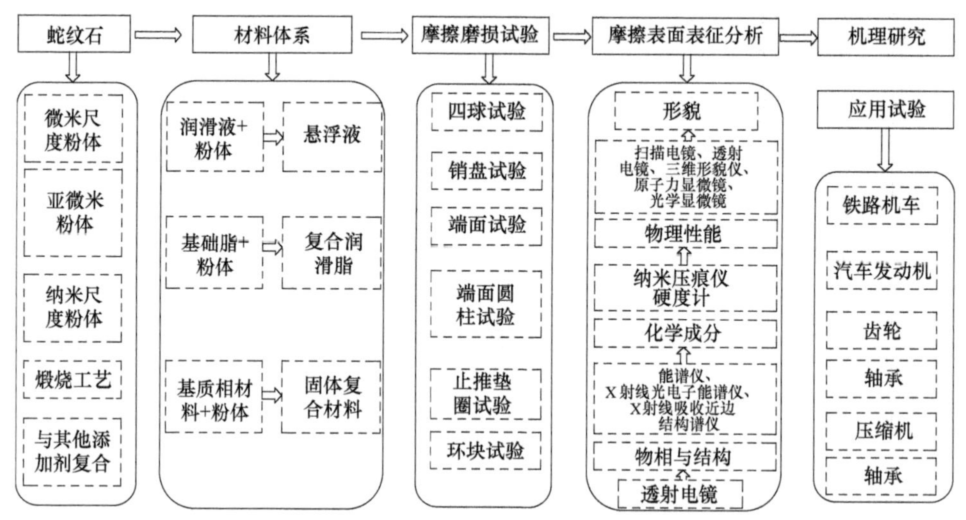

图 1-12 减摩润滑及自修复领域蛇纹石矿物摩擦学性能研究的主要内容[23]

1.3.2 含蛇纹石矿物润滑油（脂）的摩擦学性能研究

借助表面有机改性提高蛇纹石矿物粉体与有机介质的相溶性，并将其添加到各种型号的润滑油或润滑脂中，借助不同接触形式、运动模式的摩擦磨损试验机评价含蛇纹石矿物润滑介质的减摩润滑及自修复性能，是蛇纹石矿物摩擦学研究领域关注的热点，在相关研究中占比最大。根据现有文献[23]，添加到润滑油脂中的蛇纹石矿物粉体粒径通常小于 3μm，大多数粒径小于 1μm；蛇纹石矿物粉体添加的质量分数通常小于 10%，大多数低于 2%。添加蛇纹石矿物粉体后，润滑油的摩擦因数较添加前降低 9.7%～89.5%，材料磨损体积、磨损量或磨损率降低 11.6%～82%，润滑油温度降低 35.6%～44.3%。研究表明，添加平均粒径小于 2μm 的蛇纹石矿物可以显著降低润滑油的摩擦因数；而平均粒径大于 5μm 后，蛇纹石矿物改善油品减摩性能的效果不显著，甚至引起摩擦因数升高。通常情况下，蛇纹石矿物粉体的平均粒径越小，其降低摩擦、减小磨损的效果越好。

蛇纹石作为一种层状硅酸盐矿物，在高温、高压的作用下，易发生层间断裂、晶间解理和羟基脱除反应，导致晶体结构失稳破坏，释放出大量细小的二次粒子、活性氧或自由水。蛇纹石脱水后形成的具有高理化活性的二次产物是构成摩擦界面物理吸附、沉积或摩擦化学反应的主要组分。随着温度的升高，蛇纹石的剪切强度显著下降，层状结构及单元层在机械负载的作用下易发生层间断裂和晶体破坏。基于蛇纹石矿物在高温下的脱水反应和相变特性，文献［41-43］评估了经不同温度热处理后蛇纹石粉体的摩擦学性能。结果表明，300～600℃热处理在提高粉体活性的同时，保持蛇纹石的层状结构，增强粉体对摩擦表面的吸附能力并促进摩擦表面不导电自修复膜的形成（图1-13），导致热处理后蛇纹石矿物粉体的减摩润滑性能与未热处理粉体持平或略有提升；而600～800℃热处理后，蛇纹石矿物发生部分脱水反应，失去羟基水，层间滑动能力变差，导致粉体的减摩润滑性能下降；当热处理温度超过800℃后，蛇纹石矿物发生完全脱水反应，形成高硬度、高密度的镁橄榄石和顽火辉石，引起摩擦因数增加，磨损加剧，粉体性能急剧劣化。

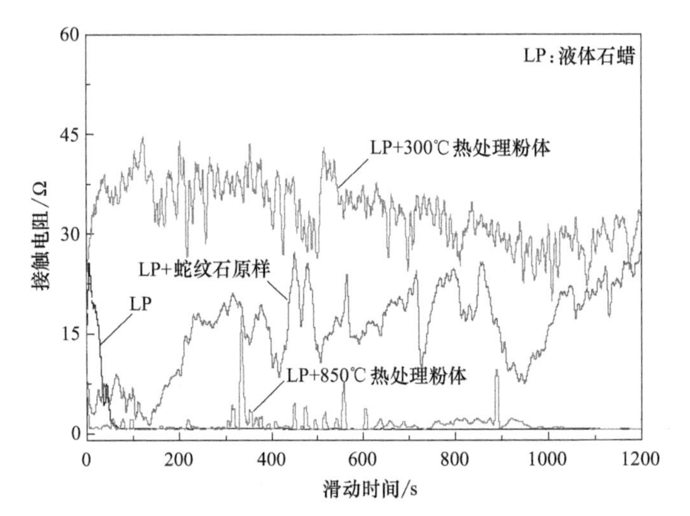

图1-13 含不同温度热处理后蛇纹石矿物润滑油作用下摩擦表面接触电阻随时间变化的关系曲线[41]

（注：摩擦过程中，摩擦接触电阻升高，意味着摩擦表面有不导电的自修复膜形成）

蛇纹石与传统抗磨剂或无机纳米颗粒混合添加至润滑油中，会产生一定的协同增效作用，进一步改善蛇纹石矿物粉体的减摩润滑性能[44]。通常认为[45-50]，添加Cu、Ni等纳米金属颗粒有利于通过与蛇纹石矿物粉体之间的离子交换作用，促进摩擦表面自修复膜的形成[51]；La、Ce等氧化物稀土主要起催化剂作用，促进蛇纹石矿物与金属表面的摩擦化学反应。二烷基二硫代磷酸锌

(ZDDP)[52] 和油溶性有机钼[53] 等抗磨剂则会在摩擦副表面分解并发生摩擦化学反应，与蛇纹石矿物形成的自修复膜协同作用，显著降低摩擦，减少磨损。

传统润滑脂以矿物油或合成油作为基础油，采用金属皂或其他有机/无机固体颗粒（如黏土、二氧化硅、炭黑和聚四氟乙烯）作为增稠剂。近年来，研究人员在传统润滑脂中添加 0.5%～3.0%的蛇纹石矿物粉体，以评估其对润滑脂摩擦学性能的影响[54-58]。结果表明，含蛇纹石矿物润滑脂具有较高的承载能力，且抗磨性能明显提高。例如，与未添加蛇纹石矿物润滑脂相比，添加 1%蛇纹石矿物润滑脂的最大无卡咬负荷提高了 7.1%～13%，烧结负荷提高 12.8%～25.7%，磨斑的平均直径降低 19.1%～20.5%[54]。蛇纹石矿物通过以下两个方面改善润滑脂的承载能力并实现减摩抗磨：一方面强化润滑脂中稠化剂的结构骨架功能，提高了磨合阶段基础油在结构骨架中的吸附和保持力；另一方面，在摩擦表面形成保护膜（或称为摩擦反应膜、自修复膜）[54]。

除蛇纹石矿物的含量、热处理温度及其与纳米颗粒复配等因素外，摩擦学测试过程中的载荷、滑动速度、时间以及摩擦副材质等会影响热力耦合作用下蛇纹石矿物与摩擦表面的相互作用，以及摩擦表面自修复与磨损过程的动态平衡，因而对蛇纹石矿物的摩擦学性能产生不同程度的影响[24, 59]。通常情况下，在高载、低速的边界润滑条件下蛇纹石矿物表现出更优异的摩擦学性能[22]。而常用摩擦副材质以铁基材料为主，包括钢/钢和钢/铸铁摩擦副[60]。此外，少数研究中采用了钢/青铜摩擦副[59]。尹艳丽等[61] 利用 4 因素 3 水平正交试验方法系统研究了摩擦过程中载荷、往复频率（滑动速度）、滑动时间和蛇纹石矿物含量对其作为润滑油添加剂抗磨减摩性能的影响规律，对蛇纹石矿物减摩性能影响的主次顺序分别为载荷、蛇纹石含量、往复频率、滑动时间，对抗磨性能影响的主次顺序为往复频率、蛇纹石含量、载荷、时间。

除了实验室条件下的摩擦学测试外，利用铁路机车和汽车发动机、空气压缩机、减速机和齿轮传动装置等开展的实车考核应用试验[62-63]，同样证实了蛇纹石矿物粉体优异的减摩润滑及自修复性能。蛇纹石矿物粉体在机车内燃机上的实际应用结果表明[64-67]，运行约 30 万 km 后，内燃机的凸轮轴、活塞、连杆轴瓦、汽缸套等主要部件呈现“零磨损”状态，气缸套表面形成了 8～9μm 厚度的自修复层，主要由 Fe_3O_4、Fe_3C 纳米晶构成（图 1-14），火车机车维修周期显著延长。刘家浚[37] 等在中修后的火车内燃机中加入矿物微粉润滑剂，运行 5 万 km 后发现，连杆的磨损轻微，部分出现尺寸增大现象。喻雳[39] 等考察了矿物微粉润滑添加剂对煤机压缩机的原位修复效果后发现，压缩机的排气压力提高了

0.1MPa，机油压力从0.12MPa提高到0.18MPa，润滑油日消耗由15kg下降到8.3kg，机械振动降低28%～30%，平均运行功率下降6.71%，且曲轴-连杆瓦间隙恢复到设计要求。周培钰等[65]对比考察了矿物微粉自修复材料在100台火车内燃机上的应用效果。结果表明，大部分摩擦接触表面生成了金属陶瓷自修复层，柴油机汽缸套、活塞、活塞环等出现“零磨损”现象，汽缸压力平均提高2.7%，部分提高了13.3%～17.4%。国家轴承质量监督检验中心对经金属磨损自修复材料进行表面处理的6205轴承进行寿命试验表明，经21倍额定寿命试验的轴承基本保持试验前的旋转精度，径向游隙与试验前比较仅发生了微量变化，轴承套圈滚道、滚动体表面光亮，磨损轻微[68]。

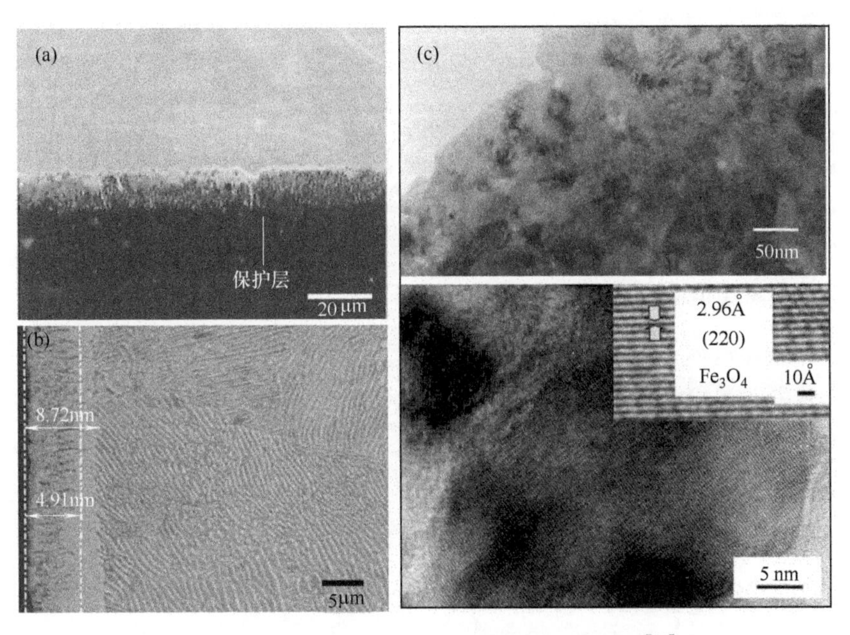

图1-14 汽缸套表面形成的自修复保护层形貌[66]

(a) 金相照片；(b) SEM照片；(c) TEM照片

1.3.3 含蛇纹石矿物复合材料的摩擦学性能研究

以润滑介质为载体将蛇纹石矿物粉体引入摩擦表面，利用粉体与金属间在摩擦过程中的物理化学交互作用实现机械减摩润滑及损伤自修复，其突出优点是不改变机械设备的整体结构、维护保养规程及制造或维修体制。但蛇纹石矿物属于典型的无机粉体，在有机介质中的分散稳定性差，尽管对其进行有机改性能够提高其油溶性，但无疑增加了工艺复杂性及成本。同时，使摩擦表面的自修复效应局限于油（脂）润滑工况下。基于以上考虑，近年来研究人员尝试将蛇纹石矿物粉体引入复合材料体系，利用蛇纹石矿物对摩擦表面微观损伤的磨损自修复效应改善材料的摩擦学性能，既回避了粉体的分散稳定性问题，同时扩展了其应用工况范围。如前所述，蛇纹石矿物在高温下易发生脱水反应和相变，形成高硬度和高密度的镁橄榄石和顽火辉石。因此，将蛇纹石矿物引入复合材料时需考虑基质相材料的熔点（分解温度）及热加工工艺，导致当前研究中采用的基质相材料主要是有机高分子材料以及低熔点金属或合金。

蛇纹石矿物粉体改性聚合物复合材料的制备方法主要为冷压烧结或热压烧结，所用基质相材料主要为聚四氟乙烯（PTFE）[69-73]。Sleptsova 等[69] 研究了蛇纹石矿物粉体含量对蛇纹石/ PTFE 复合材料摩擦学性能的影响。结果表明，在蛇纹石质量分数低于 5%时，PTFE 复合材料在干摩擦条件下的滑动摩擦因数和磨损率较纯 PTFE 分别减少 10%～15%和 95.6%～99.8%，而断裂强度、断裂伸长率和弹性模量等力学性能几乎没有变化。Jia 等[71-72] 证实了 PTFE 中添加蛇纹石后的耐磨性在不同载荷和滑动速度条件下均得到极大提高，并认为蛇纹石矿物对聚合物的改性强化，以及与有机聚合物在对偶金属摩擦表面形成的复合转移膜是材料耐磨性得以改善的关键。

含蛇纹石金属基复合材料的制备工艺主要是热压烧结，所用基质相材料以铝基材料为主。在室温至 800℃范围内，当 Al 合金、TiAl、NiAl 或 SiAl 合金中蛇纹石矿物添加量低于 11wt. %的情况下，含蛇纹石矿物金属基复合材料的摩擦学性能得到显著改善，摩擦因数和磨损率较纯基质相材料分别降低 8%～45.2%和 11.4%～62.6%[74-78]。除烧结工艺外，在电解液中加入蛇纹石矿物粉体，利用微弧氧化技术可在铝合金表面制备含蛇纹石矿物的复合陶瓷层，可进一步提高传统微弧氧化陶瓷层的硬度及摩擦学性能[79-81]。同理，在电镀液中加入蛇纹石矿物，通过低温镀铁技术制备得到的铁基复合镀层同样表现出较高的硬度和耐磨性[82]。此外，Xi 等[83]将天然蛇纹石矿物粉体作为功能填充剂，在提高磷酸盐固体涂层自身耐磨性的同时，蛇纹石矿物在对偶钢球表面形成了摩擦转移膜，实现了对摩擦副表面损伤的磨损自修复。

1.3.4 蛇纹石矿物的减摩润滑及自修复机理研究

蛇纹石矿物粉体对金属摩擦表面具有优异的减摩润滑及自修复效应，在摩擦表面形成一定厚度的自修复膜，可将摩擦表面粗糙度 Ra 降低 40.2%～72.1%，提高摩擦表面硬度 1.8%～94%。董伟达[36]、刘家浚等[37] 和金元生[66] 等对以蛇纹石矿物为主要成分的金属磨损自修复材料的自修复性能进行了研究，发现摩擦副运行过程中矿物微粉首先对摩擦表面进行研磨和超精加工，起到洁净、活化摩擦表面金属的作用，并显著降低粗糙度。当摩擦副材质为软质合金，如巴氏合金时，部分较硬的矿物颗粒会嵌入软基体表面，有效地提高其承载能力和耐磨性。随着摩擦行程的延长，矿物粉体被二次细化至纳米尺度，或扩散至基体表面，引起晶体结构的变化，或在基体表面发生复杂的摩擦物理和化学作用，诱发形成结构和性能与基体完全不同的强化修复层。该修复层的显微硬度比原始表面硬度提高近2倍，表面粗糙度下降了2个数量级，能使摩擦副磨损尺寸得到明显修复[67]。

高玉周等[84]的研究认为，蛇纹石颗粒直接参与了摩擦表面自修复膜的形成，修复膜主要由Fe的氧化物、残留有机物及微量的镁硅酸盐构成。杨鹤等[64]研究了蛇纹石矿物微粉对45钢的摩擦学性能的影响，发现矿物微粉添加剂对摩擦副磨损的影响存在准周期效应，蛇纹石颗粒并未直接参与修复层的形成，而仅仅是起催化作用。作者所在的研究团队研究认为[5，16，20-24，45-47，59，85-86]，蛇纹石矿物独特的晶体结构、解理释氧及易发生脱水反应等特性，有利于其在摩擦表面形成纳米蛇纹石颗粒以及微米尺度的氧化铝和氧化硅颗粒填充的复合氧化物自修复膜或非晶 SiO_x 自修复膜（图1-15），该膜层具有优异的力学性能，可以显著降低摩擦，减小磨损。Pogodaev 等[87]基于层状硅酸盐的晶体结构特征及理化特性，探讨了陶瓷自修复层的形成机制，认为层状硅酸盐在高温高压下的层间解理及高活性的二次粒子与新鲜摩擦表面之间的置换反应是陶瓷层形成的主要原因。

关于自修复材料与摩擦表面之间的作用机理尚无统一的系统描述，主要形成了如下几种观点：

（1）铺展和转移机制

该机制[84,88,89]认为，微纳米层状硅酸盐因颗粒细小，具有较大的比表面积和表面能，表面含有大量的Si-O-Si、O-Si-O、Mg-O、Mg-O/OH、氢键等不饱和键或悬挂键，具有很强的理化活性和极性，与金属摩擦表面具有较高的亲和力。随着载体介质被传送至摩擦接触区域后，硅酸盐颗粒易吸附于摩擦接触表面，在摩擦力的作用下，发生铺展和转移，形成具有较高力学性能的摩擦保护膜（或称自修复膜）。Wang 等[89]研究发现，含蛇纹石矿物油样润滑下钢球磨损表面形成了双层结构的自修复膜，第一层由被润滑剂包围的松散纳米颗粒构成，第

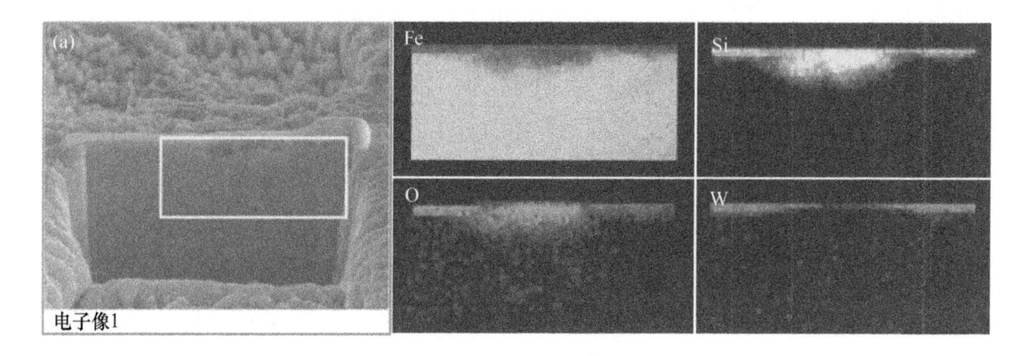

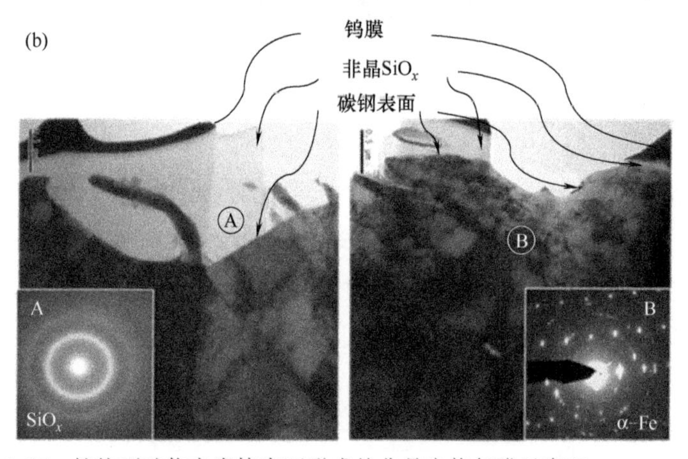

图 1-15 蛇纹石矿物在摩擦表面形成的非晶自修复膜元素面分布照片及微观结构 TEM 照片[85]

(a) 截面形貌及元素面分布；(b) TEM 照片

二层由压实在钢球表面的纳米颗粒构成（图 1-16）。

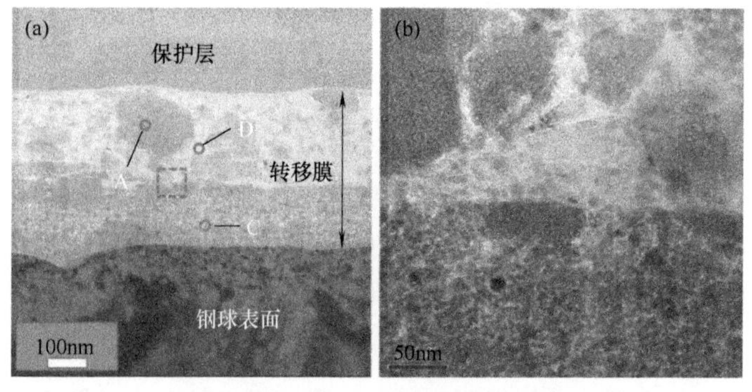

图 1-16 含纳米蛇纹石矿物粉体液体石蜡润滑下摩擦表面形成的双层结构自修复膜形貌的 TEM 照片

(a) 低倍照片；(b) 虚线框内区域的高倍照片[89]

（2）置换反应机制

该机制[54,87,90-92]认为，蛇纹石在高温高压下的层间解理及高活性的二次粒子与新鲜摩擦表面之间的化学反应是陶瓷层形成的主要原因。当层状硅酸盐颗粒进入摩擦副表面时，片状的蛇纹石原始颗粒或脱水反应后形成的二次颗粒（镁橄榄石、铁橄榄石、氧化物），可以作为微凸体之间的垫片和抛光介质，丰富的结构水提供了晶面间润滑，并对摩擦副表面起到研磨抛光作用，在洁净优化摩擦表面的同时，使摩擦表面具有很强的化学活性，造成活性铁原子或碳原子在摩擦表面的聚集。蛇纹石矿物中的 Mg^{2+} 与摩擦表面或磨粒中的 Fe^{2+} 或 Fe^{3+} 发生置换反应，是诱导金属表面形成类陶瓷自修复膜的关键。

（3）氧化-还原反应机制

该机制[28,37,66]认为，作为自修复剂主要组分的蛇纹石粉体表面含有大量的活性基团，在摩擦挤压和剪切应力的作用下发生晶体结构破坏及化学键断裂时，会释放出大量的高活性氧原子和自由水。同时，自修复剂粒子会对接触表面起到研磨活化作用。在摩擦力的作用下，高活性氧原子和自由水会从表面向内部强扩散，使合金成分渗碳体发生氧化，且沿着深度方向，逐渐由氧化气氛过渡到还原气氛，得到铁的多价态氧化物。该氧化层在摩擦接触的剪切和挤压应力反复作用下，诱发组织形变细化和形变强化，最终形成铁碳化物基体上弥散分布的氧化物纳米晶自修复层。

（4）渗透烧结机制

该机制[20,93]认为，摩擦表面高压接触区产生的瞬间闪温使硅酸盐矿物材料在摩擦副表面发生微烧结、微冶金过程，最终在摩擦副表面形成金属陶瓷修复层，使磨损零部件的尺寸得到逐步恢复。由于金属摩擦副表面微观上凸凹不平，摩擦副的配合表面之间充满着大量磨屑、润滑油和自修复材料的衍生物，当设备运行时，两摩擦表面的微凸体之间进行相互挤压、剪切、碰撞和摩擦，对自修复材料进行进一步精细研磨，致其充分细化。细化后的自修复材料具有更强的吸附渗透能力，在摩擦过程中容易吸附渗透在摩擦表面，表面凹坑处存留的污染物逐渐被研磨细化的修复剂微粒取代。磨损严重的部位，摩擦能量较大，发生微烧结、微冶金的机会也越多；随着零件摩擦表面几何形状的修复和配合间隙的优化，摩擦能量逐步降低，微烧结机会随之减少。另外，由于生成的金属陶瓷保护层具有较高的硬度和表面光洁度，摩擦因数显著降低，摩擦产生的热量也极大降低，微烧结、微冶金的机会随之减少，当形成的修复层厚度与磨损量相对平衡时，机械设备各运转部件也随之调整到最佳配合间隙，并能保持较长时间。

（5）氧化-分解-催化复合机制

该机制[22,41,59,86]认为，蛇纹石矿物在摩擦表面释放活性基团并发生脱水反应，形成的高活性氧原子与摩擦表面发生摩擦化学反应，同时释放 SiO_2 和 Al_2O_3 颗粒镶嵌在摩擦表面，从而形成具有多孔结构的陶瓷颗粒增强氧化物自修复膜。此外，蛇纹石矿物在摩擦过程中进一步细化并充当固体润滑剂，同时对润滑油裂解产生一定的催化作用，促进摩擦表面形成类金刚石膜或石墨。氧化物自修复膜的优异力学性能，亚微米级氧化物陶瓷颗粒的嵌入强化与摩擦表面微坑的储油及对磨屑的捕获作用（图 1-17），以及摩擦表面碳材料及纳米蛇纹石的固体润滑作用，使蛇纹石矿物表现出优异的摩擦学性能。

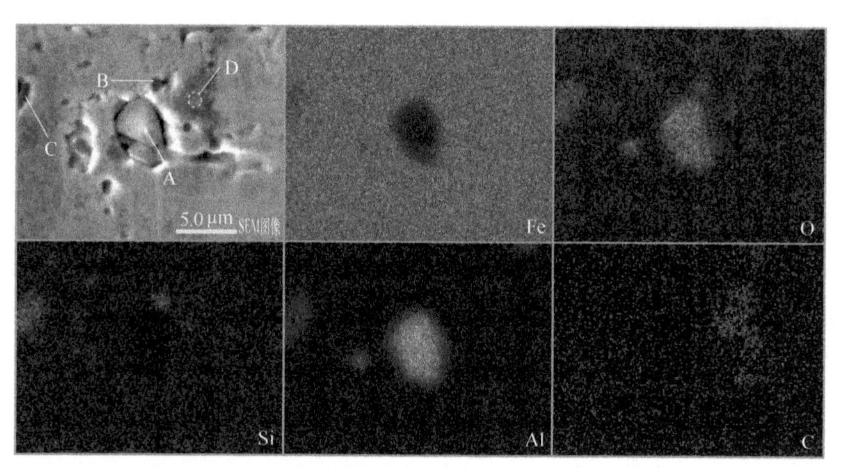

图 1-17 含蛇纹石油样润滑下磨损表面自修复膜的形貌及元素面分布照片[41]

参考文献

[1] Minkin J. The friction and lubrication of solid [J]. Journal of the Franklin Institute, 1951, 252 (1): 93-94.

[2] Murphy E B, Wudl F. The world of smart healable materials [J]. Progress in Polymer Science, 2010, 35 (1-2): 223-251.

[3] White S R, Sottos N R, Geubelle P H, et al. Autonomic healing of polymer composites [J]. Nature, 2001, 409 (6822): 794-797.

[4] 张仲，吕晓仁，于鹤龙，等. 智能自修复材料研究进展 [J]. 材料导报，2022，36 (7): 20110101.

[5] 徐滨士，张伟，刘世参，等. 现代装备智能自修复技术 [J]. 中国表面工程，2004，1：1-4.

[6] Kilicli V，Yan X J，Salowitz N，et al. Recent advancements in self-healing metallic materials and self-healing metal matrix composites [J]. Jom，2018，70 (6)：846-854.

[7] Ghosh S. Self-healing materials：fundamentals，design strategies and applications [M]. Weinheim：Wey-VCH Verlag GmbH，2009：251.

[8] Lucci J M，Amano R S，Rohatgi P K. Heat transfer and fluid flow analysis of self-healing in metallic materials [J]. Heat and Mass Transfer，2017，53 (3)：825-848.

[9] Lumley R，Morton A，Polmear I. Enhanced creep performance in an Al-Cu-Mg-Ag alloy through underageing [J]. Acta Materialia，2002，50 (14)：3597-3608.

[10] Zhai W，Lu W，Zhang P，et al. Wear-triggered self-healing behavior on the surface of nanocrystalline nickel aluminum bronze/Ti_3SiC_2 composites [J]. Applied Surface Science，2018，436：1038-1049.

[11] Wu J，Wang X，Zhou L，et al. Preparation，mechanical and anti-friction properties of Al/Si/serpentine composites [J]. Industrial Lubrication and Tribology，2018，70 (6)：1051-1059.

[12] Zhou H，Shi X，Liu X，et al. Tribological properties and self-repairing functionality of Ti_6Al_4V-multilayer graphene-Ag composites [J]. Journal of Materials Engineering and Performance，2019，28 (2)：3381-3392.

[13] Shirani A，Gu J，Wei B，et al. Tribologically enhanced self-healing of niobium oxide surfaces [J]. Surface and Coatings Technology，2019，364：273-278.

[14] Zou J，Zhang G J，Zhang H，et al. Improving high temperature properties of hot pressed ZrB_2-20vol% SiC ceramic using high purity powders [J]. Ceramics International，2013，39 (1)：871-876.

[15] Savchenko N L，Mirovoy Y A，Buyakov A S，et al. Adaptation and self-healing effect of tribo-oxidizing in high-speed sliding friction on ZrB_2-SiC ceramic composite [J]. Wear，2020，446-447：203204.

[16] 许一，徐滨士，史佩京，等. 微纳米减摩自修复技术的研究进展及关键问题 [J]. 中国表面工程，2009，22 (2)：7-14.

[17] Singh A，Chauhan P，Mamatha T G. A review on tribological performance of lubricants with nanoparticles additives [J]. Mater. Today：Proc.，2019，25 (4)：586-591.

[18] Zhang Z，Simionesie D，Schaschke C. Graphite and hybrid nanomaterials as lubricant additives [J]. Lubricants，2014，2 (2)：44-65.

[19] Ananthan D. Thampi，Prasanth M A，Anandu A P，et al. The effect of nanoparticle additives on the tribological properties of various lubricating oils-Review [J]. Materials Today：Proceedings，2021，47：4919-4924.

[20] 许一，于鹤龙，赵阳，等. 层状硅酸盐自修复材料的摩擦学性能研究 [J]. 中国表面工程，2009，22 (3)：58-61.

[21] 于鹤龙，许一，史佩京，等. 蛇纹石润滑油添加剂摩擦反应膜的力学特征与摩擦学性能 [J]. 摩擦学学报，2012，32 (5)：500-506.

[22] Yu H L , Xu Y, Shi P J, et al. Microstructure, mechanical properties and tribological behavior of tribofilm generated from natural serpentine mineral powders as lubricant additive [J]. Wear, 2013, 297: 802-810.

[23] Bai Z M, Li G J, Zhao F Y, et al. Tribological performance and application of antigorite as lubrication materials [J]. Lubricants, 2020, 8 (10): 93.

[24] Yu H L, Wang H M, Yin Y L, et al. Tribological behaviors of natural attapulgite nanofibers as lubricant additives investigated through orthogonal test method [J]. Tribology International, 2020, 151: 106562.

[25] 潘兆橹. 结晶学及矿物学 [M]. 北京：地质出版社，1994.

[26] Nelson S A. Phyllosilicates [J]. Earth Materials, 2006 (10): 1-7.

[27] 潘群雄. 无机材料科学基础 [M]. 北京：化学工业出版社，2007.

[28] Jin Y S, Li S H , Zhang Z Y, et al. In situ mechanochemical reconditioning of worn ferrous surfaces [J]. Tribol. Int. , 2004, 37 (7): 561-567.

[29] 李学军，王丽娟，鲁安怀，等. 天然蛇纹石活性机理初探 [J]. 岩石矿物学杂志，2003，12：386-390.

[30] Capitani G C, Stixrude L, Mellini M. First-principles energetic and structural relaxation of antigorite [J]. Am. Mineral. , 2009, 94: 1271-1278.

[31] Nelson S A. Phyllosilicates (Sheet Silicates), Earth & Environmental Sciences 2110: Mineralogy. http://www.tulane.edu/~sanelson/eens211/phyllosilicates.htm.

[32] C B Raleigh. M S Paterson. Experimental deformation of serpentinite and its tectonic implications [J]. J. Geophys. Res. , 1965, 70: 3965-3985.

[33] C A Dengo, J M Logan. Implications of the mechanical and frictional behavior of serpentinite to seismogenic faulting [J]. J. Geophys. Res. , 1981, 86: 10771-10782.

[34] 张沈生，高云秋. 汽车维修新技术——金属磨损自修复材料 [J]. 国防技术基础，2003，5：7-8.

[35] 尼基丁·伊戈尔·符拉基米洛维奇. 机械零件摩擦和接触表面之选择补偿磨损保护层生成方法的发明 [P]. RU2135638，1998.

[36] 董伟达. 金属磨损自修复材料 [J]. 汽车工艺与材料，2003，5：31-34.

[37] 刘家浚，郭凤炜. 一种摩擦表面自修复技术的应用效果分析 [J]. 中国表面工程. 2004，3：42-45.

[38] 李岩松，崔振杰. 金属磨损的自修复技术 [J]. 重型汽车. 2003，(4)：19.

[39] 喻雳，张景春. 用“摩圣”解决煤气压缩机摩擦表面的磨损问题 [J]. 中国设备工程. 2003，(4)：54-55.

[40] Riecker R E，Rooney T P. Weakening of dunite by serpentine dehydration [J]. Science，1966，152：196-198.

[41] Yu H L，Xu Y，Shi P J，et al. Effect of thermal activation on the tribological behaviours of serpentine ultrafine powders as an additive in liquid paraffin [J]. Tribology International，2011，44：1736-1741.

[42] 郑威，张振忠，赵芳霞，等. 蛇纹石粉体的热处理及其对基础油摩擦学性能的影响 [J]. 石油炼制与化工，2013，44：71-74.

[43] 赵福燕，白志民，赵栋，等. 蛇纹石/La复合粉体的制备及其摩擦性能 [J]. 硅酸盐学报，2012，40：126-130.

[44] Qin Y，Wu M，Yang G，et al. Tribological Performance of Magnesium Silicate Hydroxide/Ni Composite as an Oil-Based Additive for Steel-Steel Contact [J]. Tribology letters，2021，69：19.

[45] Zhang B S，Xu B S，Xu Y，et al. Cu nanoparticles effect on the tribological properties of hydrosilicate powders as lubricant additive for steel-steel contacts [J]. Tribology International，2011，44：878-886.

[46] Zhang B S，Xu B S，Xu Y，et al. Lanthanum effect on the tribological behaviors of natural serpentine as lubricant additive [J]. Tribol. Trans. 2013，56：417-427.

[47] 许一，张保森，徐滨士，等. 镧/蛇纹石复合润滑材料的热力学及摩擦学性能 [J]. 粉末冶金材料科学与工程，2011，16：349-354.

[48] Zhao F Y，Bai Z M，Ying F，et al. Tribological properties of serpentine，$La(OH)_3$ and their composite particles as lubricant additives [J]. Wear，2012，288：72-77.

[49] 方勋，严志军，闫学良，等. 纳米二氧化铈与蛇纹石混合物作为润滑油添加剂的摩擦学性能研究 [J]. 润滑与密封，2019，44：68-73.

[50] 王林燕，张振忠，黄俊杰，等. 含纳米金属/蛇纹石粉齿轮油的摩擦学性能研究 [J]. 石油炼制与化工，2016，47 (03)：98-102.

[51] 许一，张保森，徐滨士，等. 纳米金属/层状硅酸盐复合润滑添加剂的摩擦学性能 [J]. 功能材料，2011，42 (08)：1368-1371.

[52] Zhao F Y，Kasrai M，Sham T K，et al. Characterization of tribofilms derived from zinc dialkyldithiophosphate and serpentine by X-ray absorption spectroscopy [J]. Tribology International，2014，73：167-176.

[53] 张宇，严志军，朱新河，等. 羟基硅酸镁和MoDTC复合添加剂的减摩抗磨性能 [J]. 润滑与密封，2018，43 (6)：18-22.

[54] Lyubimova D N，Dolgopolova K N，Kozakovb A T，et al. Improvement of performance

of lubricating materials with additives of clayey minerals [J]. J. Frict. Wear, 2011, 32: 442-451.

[55] 于鹤龙，许一，徐滨士，等. 超细矿物微粉改善 2 号坦克润滑脂摩擦学性能研究 [J]. 装甲兵工程学院学报，2009，23 (2)：80-83.

[56] 王鹏，赵芳霞，张振忠. 纳米铋/蛇纹石粉复合润滑脂添加剂摩擦学性能及机理初探 [J]. 石油学报（石油加工），2011，27 (4)：643-648.

[57] 曲萌，赵芳霞，张振忠，等. 超细蛇纹石粉体改善润滑脂摩擦学性能研究 [J]. 润滑与密封，2010，35 (11)：74-76，81.

[58] 胡亦超，夏延秋. 硅酸盐粉末作为润滑脂添加剂的摩擦磨损特性及绝缘性能研究 [J]. 材料保护，2020，53 (4)：78-83.

[59] Yin Y L, Yu H L, Wang H M, et al. Friction and wear behaviors of Steel/Tin bronze tribo-pairs improved by serpentine naturalmineral additive [J]. Wear, 2020, 457: 203387.

[60] 张保森，徐滨士，许一，等. 蛇纹石微粉对球墨铸铁摩擦副的减摩抗磨作用机理 [J]. 硅酸盐学报，2009，37 (12)：2037-2042.

[61] 尹艳丽，于鹤龙，周新远，等. 基于正交实验方法的蛇纹石润滑油添加剂摩擦学性能 [J]. 材料工程，2020，48 (07)：146-153.

[62] 岳文. 硅酸盐矿物微粒润滑油添加剂的摩擦学性能与磨损自修复机理 [D]. 北京：中国地质大学，2009.

[63] 赵清秀. 高性能羟基硅酸盐金属修复技术及测试研究 [D]. 北京：华北电力大学，2017.

[64] 杨鹤，李生华，金元生. 修复剂羟基硅酸镁存在时钢摩擦副的摩擦磨损特性研究 [J]. 摩擦学学报，2005，25 (4)：308-311.

[65] 周培钰. 金属磨损自修复材料在铁路内燃机车柴油机上的应用试验 [J]. 铁道机车车辆，2003，23 (5)：13-15.

[66] 金元生. 蛇纹石内氧化效应对铁基金属磨损表面自修复层生成的作用 [J]. 中国表面工程，2010，23 (1)：45-50，56.

[67] 张正业，杨鹤，李生华，等. 金属磨损自修复剂在 DF 型铁路机车柴油机上的应用研究 [J]. 润滑与密封，2004，7 (4)：75-80.

[68] 国家轴承质量监督检验中心. ART 金属磨损自修复轴承 6205-2RS1X1 寿命试验报告 [R] 2000.

[69] Sleptsova S A, Afanas'eva E S, Grigor'eva V P. Structure and tribological behavior of polytetrafluoroethylener modoifed with layered Silicates [J]. J. Frict. Wear, 2009, 30: 431-437.

[70] Yang L, Ma J, Qi X W, et al. Fabrication of nano serpentine-potassium acetate intercalation compound and its effect as additive on tribological properties of the fabric self-lubri-

cating line [J]. Wear, 2014, 318: 202-211.

[71] Jia Z N, Yang Y L. Self-lubricating properties of PTFE/serpentine nanocomposite against steel at different loads and sliding velocities [J]. Comp. Part B, 2012, 43: 2072-2078.

[72] Jia Z N, Yang Y L, Chen J J, et al. Influence of serpentine content on tribological behaviors of PTFE/serpentine composite under dry sliding condition [J]. Wear, 2010, 268: 996-1001.

[73] 闫艳红，王腾彬，吴子健，等. 基于正交设计的纳米蛇纹石-纳米氧化镧/聚四氟乙烯复合材料在沙尘环境下的摩擦学性能 [J]. 复合材料学报，2020，37 (7)：1522-1530.

[74] Xue B, Jing P, Ma W. Tribological Properties of NiAl Matrix Composites Filled with Serpentine Powders [J]. Journal of Materials Engineering and Performance, 2017, 26 (12): 5816-5824.

[75] 李思勉，章桥新，张佳欢. 含蛇纹石钛铝基复合材料摩擦学特性研究 [J]. 武汉理工大学学报，2016，38 (05)：13-17.

[76] Wu J, Wang X, Zhou L, et al. Preparation, mechanical and anti-friction properties of Al/Si/serpentine composites [J]. Industrial Lubrication and Tribology, 2018, 70 (6): 1051-1059.

[77] Chen M, Xu Z, Xue B, et al. Friction and wear performance of a NiAl-8 wt% serpentine-2 wt% TiC composite at high temperatures [J]. Materials Research Express, 2018, 5: 096521.

[78] Li X, Shi T, Zhang C, et al. Improved wear resistance and mechanism of titanium aluminum based alloys reinforced by solid lubricant materials [J]. Materials Research Express, 2018, 5 (8): 86502.

[79] 胡海峰，朱新河. 铝合金微纳米蛇纹石改性微弧氧化陶瓷膜自修复性能 [J]. 金属热处理，2017，42 (09)：168-171.

[80] 胡海峰，刘新建，王连海，等. 蛇纹石纳米粒子对 ZL109 铝合金活塞微弧氧化膜层摩擦性能的影响 [J]. 润滑与密封，2017，42 (10)：75-79.

[81] 郑世斌，程东，于光宇，等. 蛇纹石复合微弧氧化膜层制备及工艺参数优化 [J]. 金属热处理，2018，43 (04)：213-219.

[82] 宋修福. 低温镀铁及添加自修复材料复合镀的研究 [D]. 大连：大连海事大学，2010.

[83] Xi Z C, Sun J B, Chen L, et al. Influence of Natural Serpentine on Tribological Performance of Phosphate Bonded Solid Coatings [J]. Tribology Letters, 2022, 70: 42.

[84] 高玉周，张会臣，许晓磊，等. 硅酸盐粉体作为润滑油添加剂在金属磨损表面成膜机制. 润滑与密封，2006，10：39-42.

[85] Zhang B S, Xu B S, Xu Y, et al. An amorphous Si-O film tribo-induced by natural

hydrosilicate powders on ferrous surface [J]. Applied Surface Science, 2013, 285P: 759-765.

[86] Zhang B S, Xu Y, Gao F, et al. Sliding friction and wear behaviors of surface-coated natural serpentine mineral powders as lubricant additive [J]. Applied Surface Science, 2011, 257: 2540-2549.

[87] Pogodaev L I, Buyanovskii I A, Kryukov E Y, et al. The mechanism of interaction between natural laminar hydrosilicates and friction surfaces [J]. J. Mach. Manuf. Reliab., 2009, 38: 476-484.

[88] 张博，徐滨士，许一，等. 微纳米层状硅酸盐矿物润滑材料的摩擦学性能研究 [J]. 中国表面工程，2009，22 (1)：29-32.

[89] Wang B B, Zhong Z D, Qiu H, et al. Nano serpentine powders as lubricant additive: tribological behaviors and self-repairing performance on worn surface [J]. Nanomaterials, 2020, 10: 922.

[90] Bai Z M, Yang N, Guo M, et al. Antigorite: Mineralogical characterization and friction performances [J]. Tribol. Int, 2016, 101: 115-121.

[91] Dolgopolov K N, Lyubaimov D N, Chigarenkoc G G, et al. The structure of lubricating layers appearing during friction in the presence of additives of mineral friction modifiers [J]. J. Frict. Wear, 2009, 30: 377-380.

[92] Dolgopolov K N, Lyubaimov D N, Kozakovb A T, et al. Tribochemical aspects of interactions between high-dispersed serpentine particles and metal friction surface [J]. J. Frict. Wear, 2012, 33: 108-114.

[93] 张博，徐滨士，许一，等. 羟基硅酸镁对球墨铸铁摩擦副耐磨性能的影响及自修复作用 [J]. 硅酸盐学报，2009，37 (4)：492-496.

第2章

蛇纹石矿物粉体的制备与表面改性处理

2.1 概述

微纳米粉体在润滑介质中的分散能力及分散稳定性，是决定其能否发挥减摩抗磨作用并实现在摩擦学系统中工程化应用的关键因素。这就要求作为润滑介质添加剂的微纳米粉体，除不能对润滑剂的理化特性产生负面影响外，其颗粒尺寸应尽量小且分布均匀。一方面，细化的颗粒具有更小的重力和趋于规则的表面形貌，易在润滑介质中悬浮和稳定；另一方面，避免了大尺寸颗粒作为第三体磨粒加剧磨损。特别是对于发动机等密闭的润滑系统，由于存在油泥或杂质过滤等装置，通常要求添加到润滑系统中的固体颗粒最大尺寸不超过 0.5μm[1, 2]。此外，微纳米粉体因颗粒细小、比表面积大以及表面能高而具有极强的反应活性与表面极性，易发生团聚以及在介质中的沉降而影响其摩擦学性能[3]，必须对其进行表面化学修饰，在粉体表面引入长链有机物分子，改善粉体与油的相容性并增强颗粒间的空间位阻，减少或阻止粉体相互吸附团聚，得到分散性良好的含硅酸盐矿物润滑材料。

与物理或化学合成方法制备的纳米尺度颗粒不同，蛇纹石等层状硅酸盐粉体通常由矿物原石经破碎、粉碎和球磨细化获得。当前应用的蛇纹石粉体粒径多为 0.1～20μm，颗粒尺寸较大，分布范围较宽，必须对其进行细化加工与表面改性处理。相对于形状规则可控、粒径细小均匀的纳米颗粒而言，天然蛇纹石粉体（Serpentine powders，SPs）的表面改性及分散难度较大，主要因为[3]：①颗粒表面存在大量结构和性质不同的不饱和基团和悬挂键，具有很强的极性；②研磨过程中，由于冲击、碰撞、剪切、摩擦等作用，导致新生的颗粒表面积累了大量的电荷，易产生静电库仑力；③粉体在破碎细化的过程中，吸收了大量的机械能或热能，因而新生的颗粒表面具有较高的比表面能，处于极不稳定的状态；④随着粉体的细化，颗粒之间的作用距离极短，颗粒之间的分子引力远远大于颗粒的自身重力；⑤颗粒之间存在大量的氢键、吸附湿桥等。同时，蛇纹石粉体颗粒呈不规则的层片状，尺寸相对较大，易在润滑油或润滑脂中发生聚集沉降，造成摩擦过程的扰动，甚至充当磨粒加剧摩擦磨损。因此，为降低蛇纹石微粉的表面活性，提高其与润滑油（脂）的相容性，增强其在非极性载体中的分散能力及分散稳定性，需通过合理的遴选改性试剂、设计改性工艺对其进行表面有机改性。

本章采用多重机械破碎结合机械湿法研磨的方法制备超细天然蛇纹石矿物粉体，考察研磨工艺和添加表面活性剂对粉体粒度及形貌的影响，对粉体的晶体结构、表界面特性、热力学相变机理等进行深入分析；针对蛇纹石粉体的结构特征与表界面特性，探索以甲苯介质为溶媒、油酸为表面改性剂、4-二甲氨基吡啶（DMAP）和1,3-二环己基碳化二亚胺（DCC）为改性助剂的一种室温、常压下实现粉体表面有机包覆的高效表面改性工艺；针对制约硅酸盐矿物润滑材料在摩擦学领域工程化应用的分散稳定性问题，在矿物基础油体系中添加改性剂、改性助剂及分散剂，在粉体研磨过程中同时完成矿物润滑材料的表面改性与分散，形成一种矿物粉体细化、表面改性及油性介质分散一体化的粉体处理方法；在此基础上，评价不同工艺处理的蛇纹石矿物粉体的表面改性效果，探讨粉体颗粒的表面改性机制。

2.2 蛇纹石矿物粉体的制备

2.2.1 原料及制备工艺

采用的蛇纹石原料为辽宁岫岩产叶蛇纹石矿物原石，其宏观形貌照片如图 2-1 所示。采用紫外线荧光光谱仪对矿物化学成分进行的分析表明，该矿物主要由多种氧化物组成，其主要组分为 MgO、SiO_2 和 H_2O，同时还含有微量的 Al_2O_3、FeO、MnO、K_2O 和 CaO 等杂质氧化物，化学组成见表 2-1。矿物的计量化学式为 $Mg_{5.82}Al_{0.02}Fe_{0.05}Ca_{0.01}K_{0.07}Mn_{0.01}(Si_{4.21}O_{10.36})(OH)_8$，接近蛇纹石族的理想化学式，即 $Mg_6(Si_4O_{10})(OH)_8$，表明其纯度较高。

图 2-1　蛇纹石矿物的宏观形貌照片

表 2-1　蛇纹石矿物的化学组成

氧化物种类	SiO_2	MgO	Al_2O_3	FeO	CaO	K_2O	MnO	H_2O
含量(质量分数)/%	44.57	41.10	0.20	0.62	0.13	0.60	0.07	12.71

采用多重机械破碎结合湿法研磨的方法制备超细蛇纹石粉体[4]，制备流程如图 2-2 所示。天然蛇纹石矿物原石经表面清洁处理后，采用颚式破碎机将矿石破碎为粒径约 80 目的粗粉，然后经超声气流粉碎机将其粉碎为粒径 3～10μm 的细粉，最后采用 Retsch Mini-E 型纳米砂磨机对细粉进行湿法研磨处理，获得含超细粉体的料浆，经喷雾干燥后获得蓬松的蛇纹石超细粉体。料浆载体为蒸馏水，研磨介质为 ϕ0.6～0.8mm 的 ZrO_2 球，与料浆的体积比为 1∶3；研磨机转速为 3200r/min，涡流搅拌转速为 1200～2400r/min。研磨完毕后，取出料浆并采用蒸馏水稀释至质量分数 5%，转移至 Lab217 型喷雾干燥机进行雾化干燥处理。喷雾干燥机进口温度为 115℃，出口温度为 90℃，空气压力为 3～5MPa，流量为 12L/min。

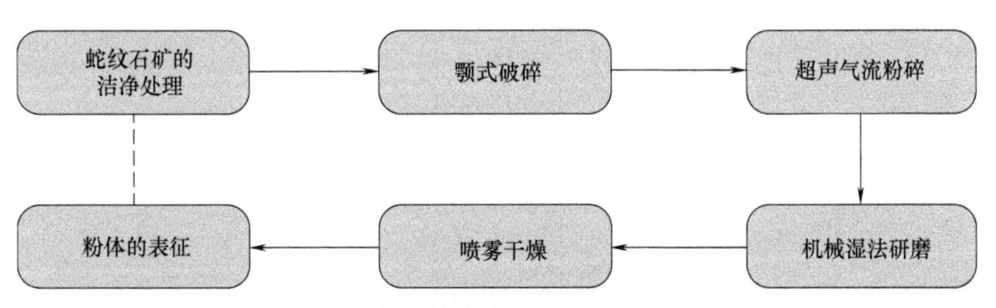

图 2-2　蛇纹石超细粉体的制备工艺流程

研磨过程中主要考察以下参数对粉体形貌及粒径的影响：

① 料浆比。设定研磨时间为 5h，调整料浆的浓度分别为 80、120、160、

200、240、280、320、360g/L，考察料浆比对粉体细化效果的影响。

② 研磨时间。设定一定的料浆比，考察粉体的粒度随研磨时间的变化规律。

③ 表面活性剂。设定一定的料浆比及研磨时长，考察六偏磷酸钠、油酸或KH560 等表面活性剂对粉体形貌及粒度的影响。载体介质为无水乙醇和去离子水按体积比 1∶1 构成的混合液，温度为 65～70℃。

2.2.2 研磨工艺对粉体形态的影响

机械研磨过程中，ZrO_2 陶瓷球在腔体中高速旋转和碰撞，对颗粒起到反复挤压、剪切及轰击作用，使颗粒反复发生破碎和焊合并逐渐细化。随着颗粒尺寸的不断减小，其表面缺陷密度急剧增加，表面活性和表面能迅速增大，甚至产生大量的晶格缺陷、晶格畸变和一定程度的无定型化。同时，由于矿物颗粒的解理破坏和化学键的断裂，在颗粒表面引入大量的不饱和键、离子或自由电子，粉体之间的静电作用力也随之增大，造成颗粒的团聚趋势逐渐增大。因此，研磨过程实质是颗粒细化与聚集的动态竞争过程[5]，浆料比和研磨时间对粉体粒径和形貌的影响较大。

图 2-3 为研磨过程中料浆比和时间对粉体粒径特征参数 D_{50}、D_{95} 及半高宽（H-W）的影响。随着料浆比增大，粉体粒径逐渐减小，分布趋于窄化。当料浆比达到 280g/L 时，颗粒最为细小均匀；随着料浆比的进一步增大，料浆的黏度迅速增加，难以形成流畅的循环，涡流搅拌能量不足，粉体粒径发生了剧增和宽化。在前 1.5h 内，粉体研磨过程以细化为主，颗粒尺寸下降的速率很快，粉体研磨效率较高；随着研磨时间的继续延长，由于粉体尺寸的下降，颗粒之间发生团聚的趋势亦逐渐增强，粉体细化速率逐渐降低；达到 2.5h 后，粉体粒径的特

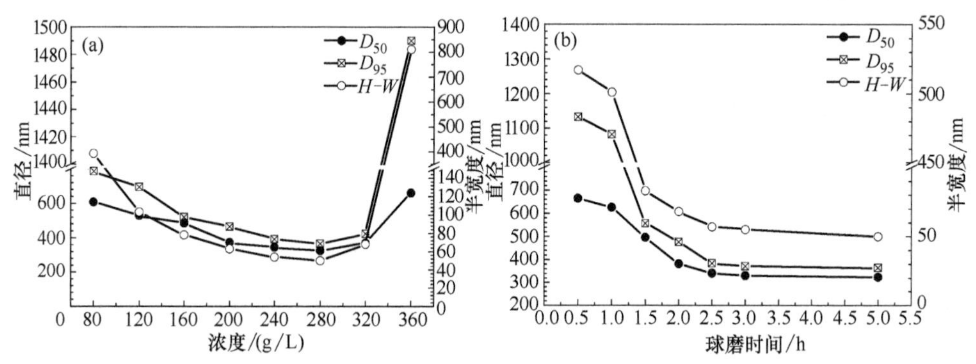

图 2-3 粉体粒径特征参数随料浆比和研磨时间变化的关系曲线

(a) 料浆比的影响；(b) 研磨时间的影响

征参数变化很小，颗粒尺寸不再发生明显变化，粒径分布趋于均匀。

随着浆料比的增大，颗粒之间、颗粒与研磨介质之间的接触和碰撞概率相应增加，能量传递与消耗随之加快，导致颗粒表面和晶体缺陷密度增大，新鲜的解理面和不饱和基团迅速增多，从而使颗粒表面积和表面能上升，稳定性下降，在多向综合机械作用力下快速细化。与此同时，粉体尺寸下降造成的颗粒比表面积及晶界体积分数增加，会增大粉体团聚趋势。另外，随着研磨时间增加，粉体在化学键和静电作用下易发生聚集交联，致使浆料黏度增大，导致循环和涡流搅拌不充分。由图2-3可知，机械湿法研磨工艺的最佳料浆比和研磨时间分别为280g/L和2.5h。

图2-4为料浆比为最佳研磨工艺条件下获得的蛇纹石粉体粒径分布。经机械破碎和超声气流粉碎后，粉体的颗粒仍然很大，多数处于0.35～4.0μm范围，其D_{50}约为1.2μm。而经湿法研磨后，颗粒尺寸明显减小，分布变窄。多数粒径位于0.365μm以下，其D_{50}约为0.325μm，符合微纳米颗粒作为润滑油添加剂的尺寸要求。

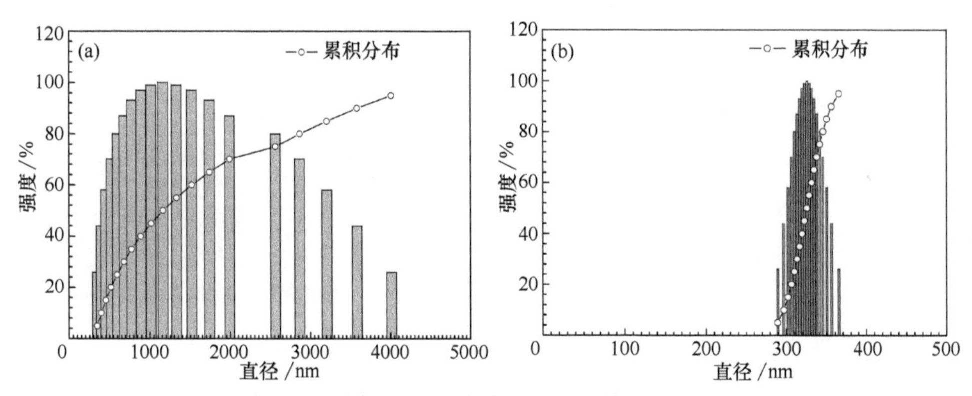

图2-4　不同处理工艺制备蛇纹石粉体的粒径分布

(a) 超声气流粉碎；(b) 机械湿法研磨

对最佳研磨工艺下获得的蛇纹石粉体进行SEM和TEM分析。由图2-5所示粉体研磨前后的SEM照片可以看出，超声气流粉碎工艺获得的蛇纹石粉体颗粒尺寸较大，由大小不一的层片状和板条状构成，形状极不规则，小尺寸颗粒附着并聚集在大尺寸颗粒表面。经机械湿法研磨后，颗粒尺寸明显减小，粒径分布趋于均匀。图2-6为研磨后蛇纹石粉体的TEM照片及电子衍射花样。细化后的蛇纹石颗粒呈层片状结构，具有平行的岩石纹理，表明粉体在机械破碎和机械研磨过程中产生了明显的解理刻面。由选区电子衍射花样可知，粉体结晶度好，呈多晶结构。

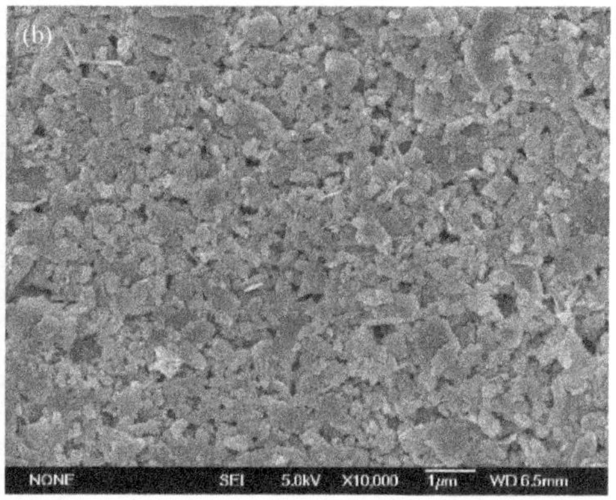

图 2-5 不同处理工艺获得的蛇纹石粉体 SEM 形貌

(a) 超声气流粉碎；(b) 机械湿法研磨

对研磨前后蛇纹石粉体的物相进行的 XRD 分析表明，粉体结构在研磨过程中未发生明显变化，但由于颗粒细化导致粉体的结晶度下降，引起了粉体 XRD 衍射峰强度的明显弱化。由图 2-7 所示的 XRD 衍射谱可知，2θ 为 12.1°、24.5°和 35.6°的 3 个较强特征衍射峰对应的晶面间距分别为 0.7333nm、0.3636nm 和 0.2528nm，分别归属于（001）、（102）和（16.0.1）晶面，表明粉体的主要组分为叶蛇纹石，同时含有微量的 Fe_3O_4 和 SiC。

图 2-6 机械湿法研磨蛇纹石粉体的 TEM 形貌及电子衍射花样

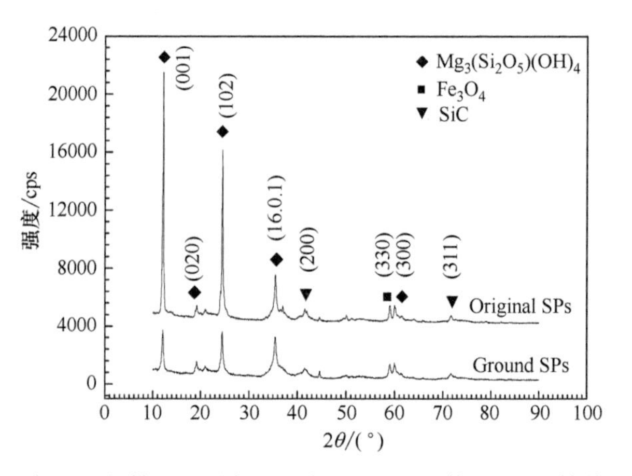

图 2-7 机械湿法研磨处理前后蛇纹石粉体 XRD 衍射谱

2.2.3　表面活性剂对粉体形态的影响

粉体湿法研磨或球磨处理过程中，常加入表面活性剂以改善粉体润湿，降低体系的表面张力和表面能，通过离子排斥或空间位阻效应，进一步提高球磨效率，实现粉体细化。为此本研究考察了料浆比 280g/L、研磨时长 2.5h 条件下，研磨浆料中添加 0.5%、1%、2%、5%六偏磷酸钠、油酸或 KH560 表面活性剂对蛇纹石粉体形貌及粒度的影响。由图 2-8～图 2-10 所示的蛇纹石粉体 SEM 照片可以看出，浆料中添加表面活性剂后，粉体产生了明显的“造粒”现象，形成了大小不一的微球，其尺寸随表面活性剂添加量的增大呈减小的趋势。当添加六偏磷酸钠时，形成的微球结构致密，表面光滑；而添加油酸或 KH560 时，微球结构疏松，且疏松程度随添加量的增加而增大。

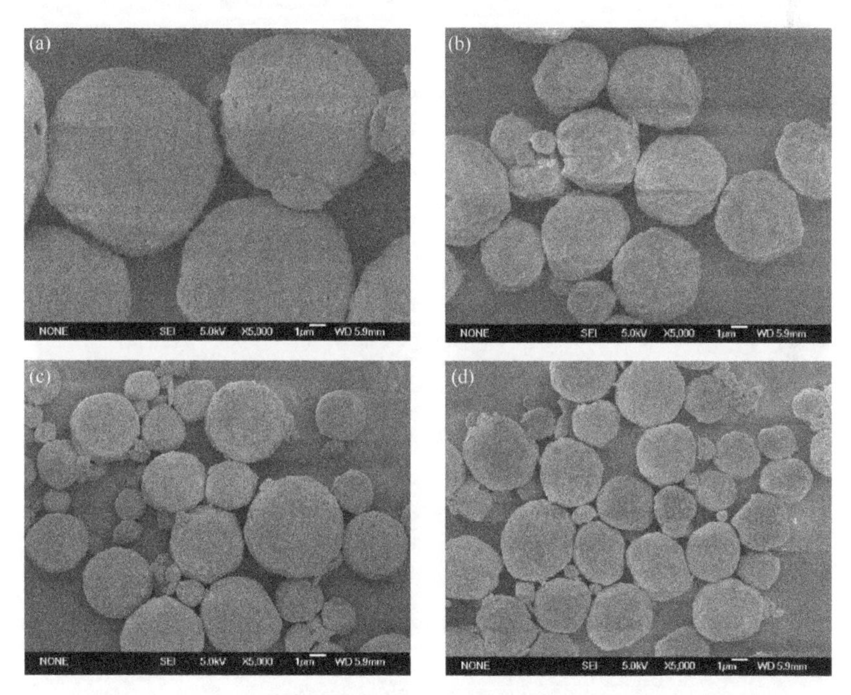

图 2-8　添加六偏磷酸钠对机械湿法研磨蛇纹石粉体形态的影响

(a) 0.5%；(b) 1%；(c) 2%；(d) 5%

为进一步了解上述蛇纹石“微球”的形貌特征，对添加 5%表面活性剂后获得的蛇纹石颗粒进行了 SEM 观察，所得形貌照片如图 2-11 所示。不同表面活性剂存在时，蛇纹石颗粒形貌及尺寸存在较大差异，与无表面活性剂时相比，添加六偏磷酸钠后，蛇纹石颗粒多呈层片状，尺寸增大，颗粒之间发生聚集，且结合

图 2-9 添加油酸对机械湿法研磨蛇纹石粉体形态的影响

(a) 0.5%；(b) 1%；(c) 2%；(d) 5%

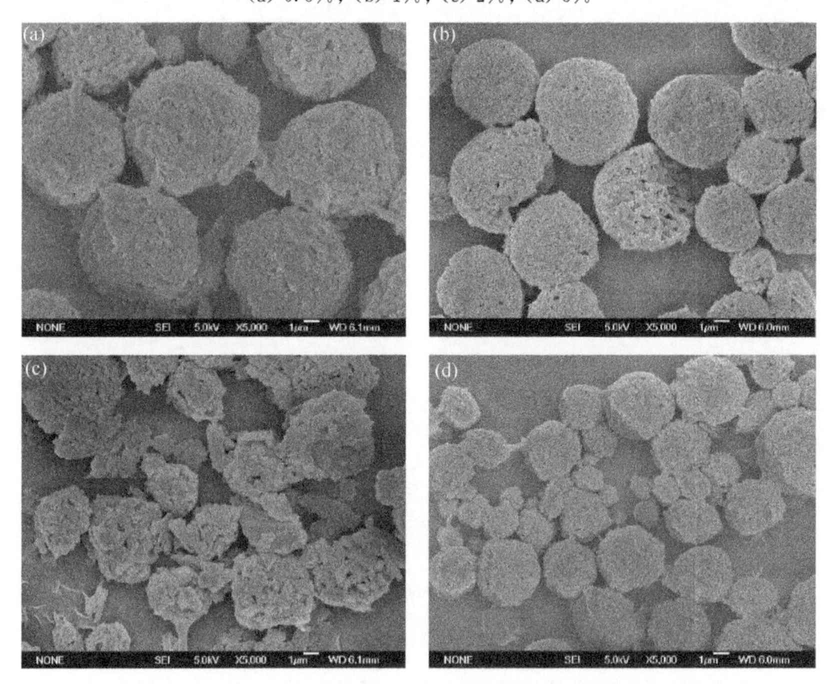

图 2-10 添加 KH560 对机械湿法研磨蛇纹石粉体形态的影响

(a) 0.5%；(b) 1%；(c) 2%；(d) 5%

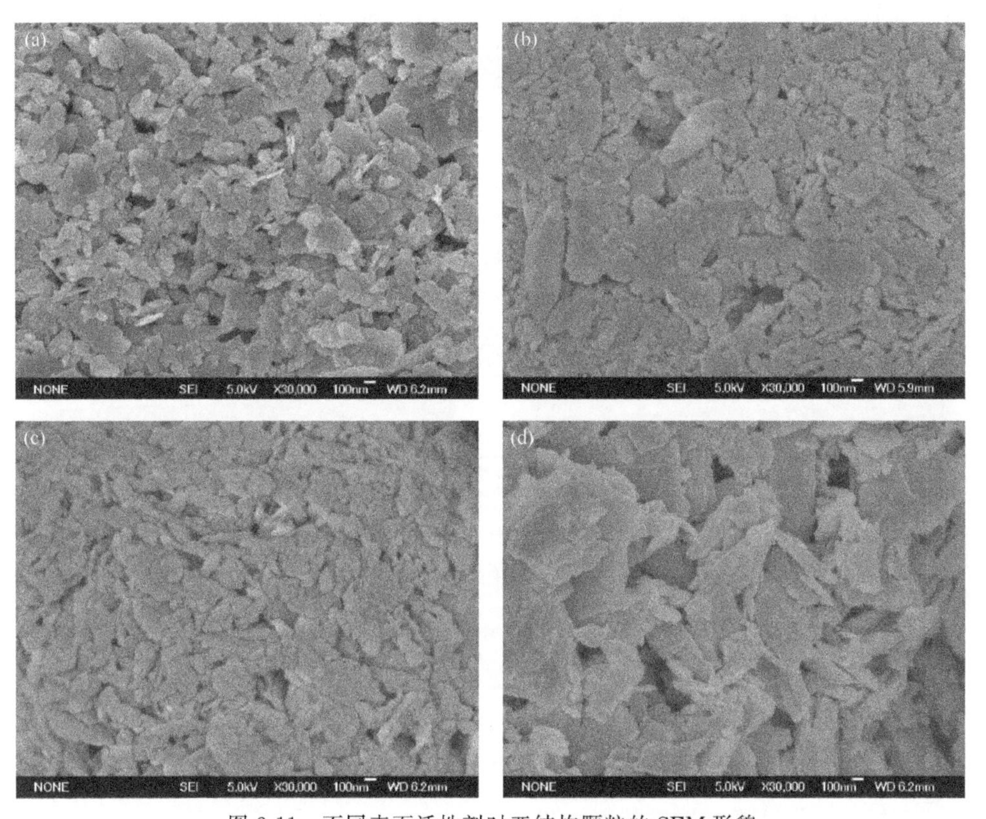

图 2-11　不同表面活性剂时亚结构颗粒的 SEM 形貌

(a) 无表面活性剂；(b) 5%六偏磷酸钠；(c) 5%油酸；(d) 5% KH560

紧密；添加油酸时，颗粒尺寸变化不大，颗粒之间仍发生聚集，但分布较六偏磷酸钠处理后粉体松散；添加 KH560 时，颗粒尺寸增大，但颗粒分布比较松散。

研磨过程中添加的表面活性剂促进了细小颗粒之间的聚集，诱发了蛇纹石颗粒的球化造粒过程，不利于粉体颗粒的细化。分析认为，这种“造粒”现象可能与表面活性剂的化学特性及研磨过程中产生的能量有关[6]。夏启斌等在研究六偏磷酸钠对蛇纹石微粉的分散机理时认为，六偏磷酸钠作为一种水基表面活性剂，由于其分子长链中含有大量的 PO_3^- 基团，可以通过化学吸附的方式与蛇纹石颗粒结合，改变其表面电性，增加颗粒表面电位的绝对值，从而提高颗粒之间的静电斥力，改善粉体在液相中的分散效果。同时，作为一种大分子化合物，六偏磷酸钠吸附于粉体表面后，也可产生一定的空间位阻效应[7]。而油酸和硅烷偶联剂 KH560，其作为表面活性剂的作用机理是与蛇纹石表面的羟基发生作用，形成氢键并缩合成 RCOO-P 或 R-Si-O-P（P 表示粉体颗粒表面）共价键，同时有机物分子自身也会发生缔合齐聚，形成网状结构的有机膜，包覆在粉体表面[8]，从而实现对粉体的表面改性，提高其分散性。但由于湿法研磨的过程中转子和研磨介质高速运动形成较高的能量，特别是强大离心剪切力会造成表面活性剂的自身缩聚，缩聚体两端均可与粉体表面发生物理吸附或化学反应。因此，表面活性剂的缩聚体会产生类似“架桥”的作用，将颗粒连接在一起。随着研磨时间增长，越来越多的粉体颗粒挤压、碰撞、黏结在一起，并在离心力的作用下不断聚集长大，形成微球状的大尺寸颗粒。

2.3 蛇纹石矿物粉体的理化性质

2.3.1 对金属离子的吸附特性

蛇纹石等层状硅酸盐矿物由于具有较大的比表面积和离子交换容量，金属离子吸附能力强。矿物的吸附特性不仅与其层面/端面/断面的性质有关，而且影响矿物颗粒与摩擦表界面的反应活性。为考察蛇纹石微粉对金属离子的吸附特性，分别取 100mL 浓度为 0.5mmol/L 的 Fe^{3+}、Cu^{2+}、Cr^{3+}、Ni^{2+} 的吸附工作液，经 0.1mol/L 的 HCl 或 NaOH 调节 pH 值后，加入 2g 湿法研磨工艺制备的蛇纹石超细粉体样品，高速搅拌 30min。采用 Spectroil M 型原子发射光谱测试吸附前后溶液的金属离子浓度，计算吸附率 δ（%）。

图 2-12 为蛇纹石粉体对金属离子的吸附率随 pH 值变化的关系曲线。可以看出，蛇纹石对金属离子的吸附率随液相 pH 值的升高而增大，且经 550℃热处理后的蛇纹石粉体对金属离子的吸附能力明显增强。pH 值对粉体吸附能力的影响也因金属离子种类的差异而不同，其中，pH 值对 Fe^{3+} 的吸附率影响相对较小，对 Cu^{2+}、Ni^{2+} 吸附率的影响较 Fe^{3+} 有所增大，对 Cr^{3+} 的吸附率影响最大，特别是当 pH 值由 2 升至 4 的过程中，粉体对 Cr^{3+} 的吸附率激增。上述变化可能与两方面因素有关：一是随着 pH 值的升高，粉体结构中的 H^{+} 脱失并趋向与 OH^{-} 结合，出现较多的吸附位；二是金属离子与 OH^{-} 结合的概率增加，更易形成络合离子或胶体，与粉体表面发生络合或螯合作用。同时，金属离子与 OH^{-} 的结合还与其溶度积密切相关。$Fe(OH)_3$ 和 $Cr(OH)_3$ 的溶度积较小，分别为 4×10^{-38} 和 6.3×10^{-31}，而 $Cu(OH)_2$ 和 $Ni(OH)_2$ 的溶度积较大，分别为 2.2×10^{-10} 和 2×10^{-15}。因此，随着 OH^{-} 浓度的增大，粉体对 Fe^{3+}、Cr^{3+} 的吸附量迅速增大，而 Cu^{2+}、Ni^{2+} 则缓慢增加。

由以上测试结果可知，粉体对几种金属离子吸附能力由高至低的次序为

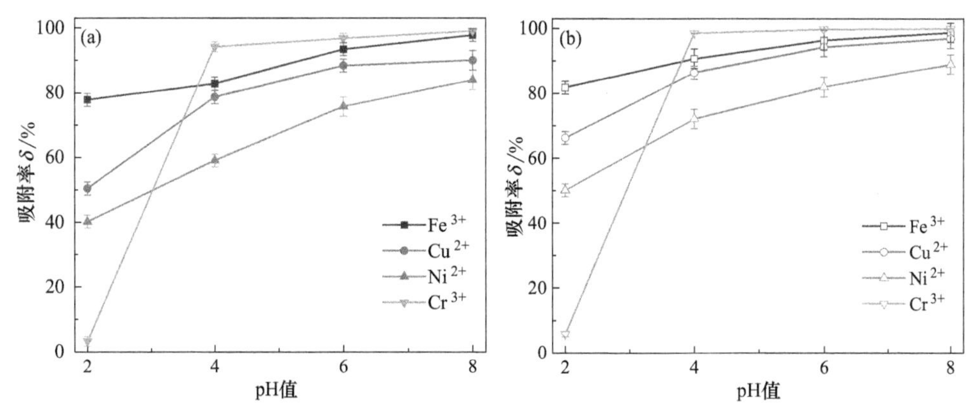

图 2-12　蛇纹石粉体表面金属离子吸附率随 pH 值变化的关系曲线

(a) 未处理粉体；(b) 550℃热处理后粉体

$Cr^{3+}>Fe^{3+}>Cu^{2+}>Ni^{2+}$。由于叶蛇纹石晶体结构中永久结构电荷数量小，极少发生类质同象置换现象，单元层间主要依靠范德华力及氢键连接，因此交换吸附量有限。粉体对金属离子的吸附主要通过表面配合作用实现，且与金属离子的表面电荷数、离子半径及水合能有关。金属离子的电价越高、半径越小，水合能越大，则极化能力越强，越易与粉体表面的活性基团结合[9]。由于有效水合半径 Cr^{3+}(0.052nm) <Fe^{3+}(0.064nm)<Ni^{2+}(0.069nm)<Cu^{2+}(0.073nm)，水合能 $ECr^{3+}>EFe^{3+}>ECu^{2+}>ENi^{2+}$，所以 Cr^{3+} 的半径最小，电荷最高，水合能最大，具有最高的离子电势，最易与蛇纹石表面发生配合完成吸附。此外，尽管 Ni^{2+} 的离子半径较 Cu^{2+} 略小，但 $Ni(OH)_2$ 的溶度积却远高于 $Cu(OH)_2$，因此，Ni^{2+} 只有在中性或碱性条件下（OH^- 增多时）才能达到完全吸附。

2.3.2　热相变机理分析

蛇纹石粉体表面由于存在大量的不饱和基团或悬挂键，具有较大的比表面积和表面能，其能量及结构均处于亚稳态。在适当的压力、温度及载荷等外在条件作用下，易发生羟基脱除反应而达到一种相对稳定的状态。摩擦表界面的微凸体在载荷作用下会产生一定速度的相对运动，彼此之间发生相互碰撞、挤压或剪切，形成局部的高温高压环境。当蛇纹石粉体以润滑油为载体进入摩擦表界面时，在较高的摩擦热压作用下，易发生脱水或相变，造成晶体结构的破坏、化学键的断裂和大量的二次粒子的形成，生成新的摩擦化学反应产物，参与摩擦表界面复杂的理化作用。因此，研究蛇纹石粉体的热相变过程及机理，对探讨其摩擦表界面行为，揭示粉体与金属摩擦表面之间的相互作用规律，阐明矿物减摩自修复原理，都具有重要的意义。

2.3.2.1 热重-差热分析

采用 NETZSCH STA 449C 热重-差热分析仪（TG-DSC）确定粉体的特征转化温度，参比坩埚为 Al_2O_3，升温速率 10℃/min，升温区间为室温至 1200℃，N_2 气氛，流量 50mL/min。图 2-13 为蛇纹石超细粉体的热分析曲线。可以看出，粉体的失重主要分为三个阶段：①室温至 570℃，主要为表面吸附水和层间水的脱失。由失重曲线可知，在此温度区间的失重微小，表明粉体表面吸附水及层间水含量很低。②570～780℃，主要为结构水的快速脱失。在此温度区间，热重曲线的降幅较大，降速很快，表明粉体内大量的羟基被脱除。③780～1200℃，主要为相变阶段，粉体热失重十分微小。从差热曲线可以看出，在室温至 120℃范围内存在一宽化的吸热谷，可认为吸附水的缓慢脱失；而在 682℃处呈现的吸热谷，则可归因于结构水的快速脱失；在 832℃出现尖锐的放热峰，则是由粉体热相变所致；而在 900～1000℃形成的漫散放热峰，可归结为晶体结构重组的结果[10]。

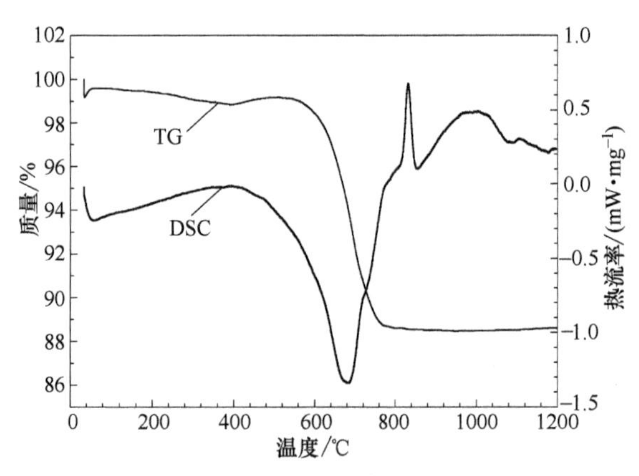

图 2-13 蛇纹石微粉的热分析曲线

2.3.2.2 热相变过程

利用马弗炉对研磨并干燥后蛇纹石粉体进行不同温度条件下的热处理，温度分别为 300℃、600℃、700℃和 850℃，保温时间为 3h，随炉冷却。图 2-14 为不同温度热处理后蛇纹石粉体的 SEM 形貌及 XRD 衍射谱。在室温至 700℃的温度范围内，粉体形貌并未发生明显变化。而当热处理温度达到 850℃时，粉体尺寸由于发生了明显的烧结而明显增大。由 XRD 衍射谱可知，在室温至 300℃，粉体的特征衍射峰及强度基本保持不变；当处理温度为 600℃时，粉体的蛇纹石特征衍射峰强度发生了明显的弱化，同时出现了镁橄榄石特征峰，且衍射谱伴有较多的噪声信号，粉体的结晶度下降；而经 700℃ 热处理后，粉体中蛇纹石的特征峰消失，镁橄榄石含量增多，同时出现了少量的顽火灰石，衍射谱中呈现出较强的“馒头峰”特征，表明镁橄榄石和顽火灰石产物具有较多的非晶相；当热处理温度提高至 850℃时，粉体主要由大量的镁橄榄石和较多的顽火灰石构成，“馒头峰”基本消失，热处理产物结晶度增大。以上结果表明，在室温至 750℃ 范围内，尽管粉体形貌及粒径未发生明显变化，但高于 600℃ 的热处理粉体晶体结构发生了调整和重组。而粉体经 850℃ 热处理后呈现的烧结形态特征正是镁橄榄石和顽火灰石生成和晶化的结果。

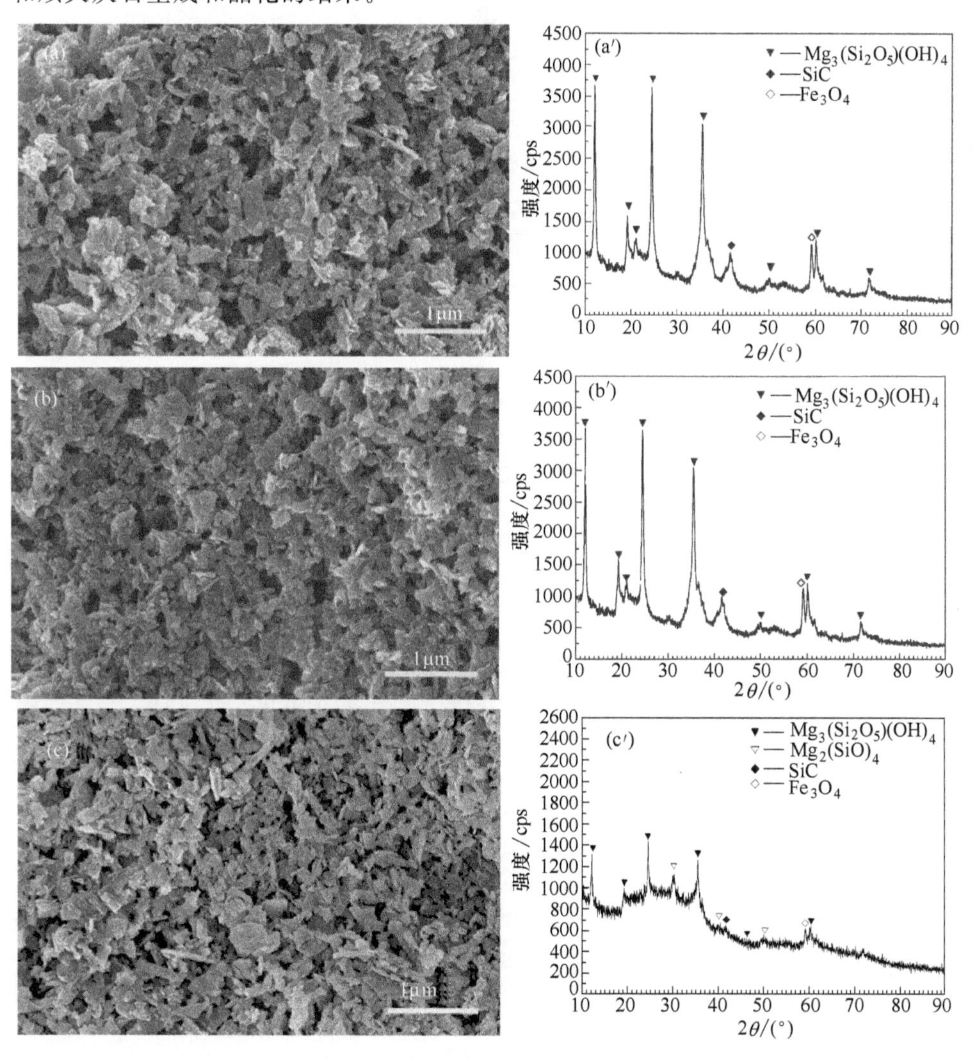

图 2-14

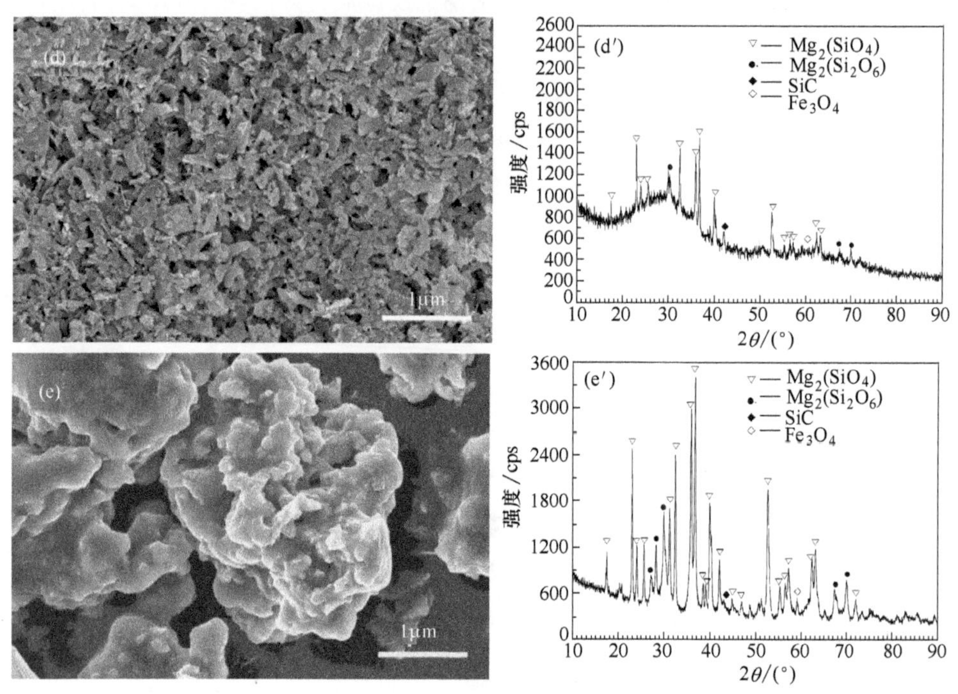

图 2-14 不同温度热处理后蛇纹石微粉的 SEM 形貌及 XRD 衍射谱

(a，a’) 室温；(b，b’) 300℃；(c，c’) 600℃；(d，d’) 700℃；(e，e’) 850℃

基于上述实验结果，结合现有研究成果[10-12]，可推断蛇纹石微粉的脱水和相变过程主要分为三个阶段。

① 300℃前脱失层间水和少量吸附水，晶体结构无变化，发生如下反应：

$$Mg_3(Si_2O_5)(OH)_4 \cdot nH_2O \xrightarrow{\text{室温至 300℃}} Mg_3(Si_2O_5)(OH)_4 \cdot (n\text{-}m)H_2O + mH_2O \qquad (2\text{-}1)$$

② 温度达到 600℃后，蛇纹石八面体层中的羟基开始脱失并出现少量镁橄榄石新物相，但仍保持层状结构；650℃后，层状结构被完全破坏，镁橄榄石结晶度增高，出现顽火辉石新物相，发生如下反应：

$$2Mg_3(Si_2O_5)(OH_4) \xrightarrow{600\sim700℃} \underset{\text{晶质/非晶镁橄榄石}}{2Mg_2(SiO_4)} + \underset{\text{晶质/非晶顽火灰石}}{Mg_2(Si_2O_6)} + 4H_2O \qquad (2\text{-}2)$$

③ 850℃后，镁橄榄石含量略有减少，出现较多的晶质顽火辉石相，热处理产物进一步晶化，发生如下反应：

$$\underset{\text{晶质/非晶镁橄榄石}}{Mg_2(SiO_4)} + \underset{\text{晶质/非晶顽火灰石}}{Mg_2(Si_2O_6)} \xrightarrow{850℃} \underset{\text{晶质镁橄榄石}}{Mg_2(SiO_4)} + \underset{\text{晶质顽火灰石}}{Mg_2(Si_2O_6)} \qquad (2\text{-}3)$$

图 2-15 为不同温度热处理后蛇纹石粉体的红外图谱。蛇纹石特征红外谱带

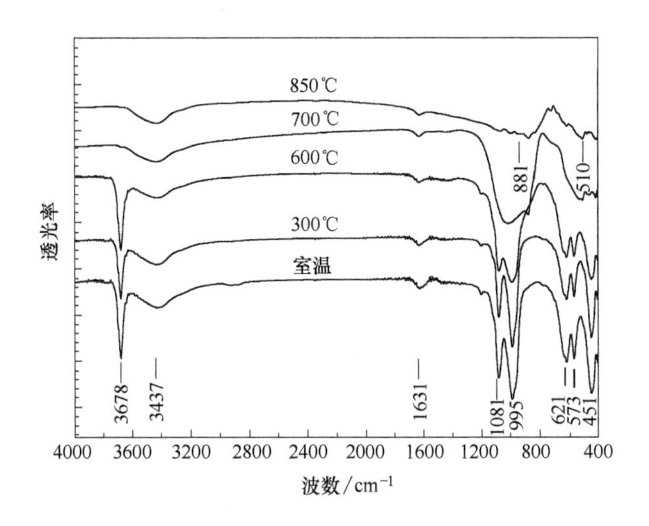

图 2-15　不同温度热处理后蛇纹石微粉的红外谱图

主要集中在 3600～3700cm^{-1}，960～1100cm^{-1} 和 400～700cm^{-1} 范围内。3678cm^{-1} 处为游离水的 O-H 伸缩振动峰；3437cm^{-1} 和 1631cm^{-1} 处分别为氢键缔合水分子的 H—O—H 伸缩振动和弯曲振动峰；1081cm^{-1} 和 995cm^{-1} 处分别为 Si—O 四面体的伸缩振动和弯曲振动峰；621cm^{-1} 和 573cm^{-1} 处为 O—H 转动晶格振动带；451cm^{-1} 处为 Mg—O 的面外弯曲振动吸收峰。在室温至 300℃的温度范围内，粉体的红外谱图未发生明显变化，表明其结构比较稳定；600℃时，Si—O 伸缩振动带致红外谱带的分裂程度明显降低，谱带由尖锐变得相对平缓，但仍可见较弱的肩状红外谱带。700℃时，蛇纹石的结构被完全破坏，位于 3678cm^{-1} 处的 O—H 伸缩振动峰消失，表明粉体的结构水已全部脱失。在 881cm^{-1} 和 510cm^{-1} 处显示了镁橄榄石的特征红外谱带，1060cm^{-1} 处则出现了微弱的顽火灰石特征吸收峰。经过 850℃热处理后，镁橄榄石在 881cm^{-1} 和 510cm^{-1} 处的红外谱带清晰可见，同时出现了顽火灰石 1060cm^{-1} 的红外谱带及 660cm^{-1} 附近的吸收峰[10, 12]。X 射线衍射结果同样表明，在此温度，蛇纹石由于热相变形成了结晶程度较高的镁橄榄石和顽火灰石。上述红外光谱分析结果与 X 射线衍射分析结果一致，进一步证实了粉体受热过程中脱水反应产物的变化。

2.3.3　纳米氧化镧对蛇纹石粉体热相变的影响

研究揭示蛇纹石粉体的热相变过程及机理，不仅有助于阐明粉体与摩擦表界面间的相互作用规律，而且有助于加深对矿物减摩自修复机理的深入理解。研究表明，稀土化合物的添加，对于进一步改善和提升硅酸盐矿物的摩擦学性能具有明显的促进作用。因此，探讨了添加稀土化合物对蛇纹石粉体热处理过程及热相变行为的影响，以期为后续揭示稀土化合物对蛇纹石粉体摩擦学行为与机理的影响规律提供依据。实验用纳米氧化镧微粉由杭州万景新材料有限公司提供，其微观形貌照片及物相的 XRD 图谱分别如图 2-16 及图 2-17 所示。纳米氧化镧颗粒呈絮状，发生了一定的团聚，颗粒大小均匀，平均粒径约为 50nm。氧化镧特征衍射峰位于（100），（101），（102），（110）和（103）处，表明其具有较高的纯度和结晶度（PDF No. 5-602）。将纳米氧化镧分别按照 0.5%、2.5%、5.0%和 7.5%的质量分数与蛇纹石超细粉体混合，按照前述实验方法进行热力学分析与高温热处理。

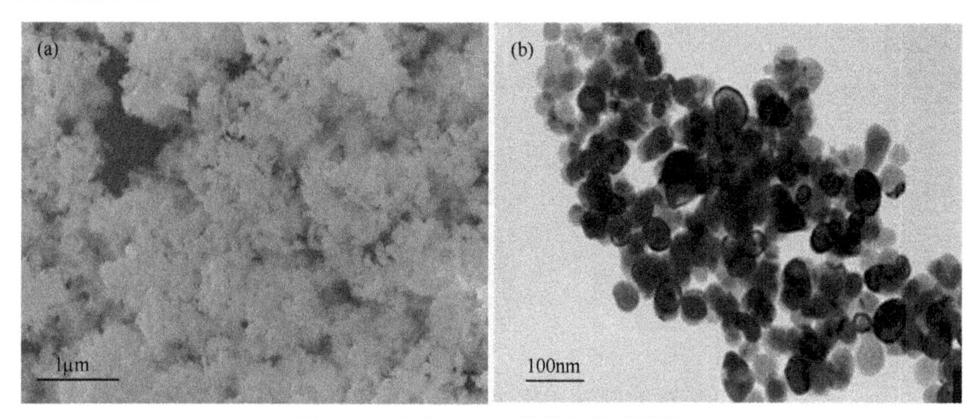

图 2-16 纳米 La_2O_3 粉体的微观形貌

(a) SEM 形貌；(b) TEM 形貌

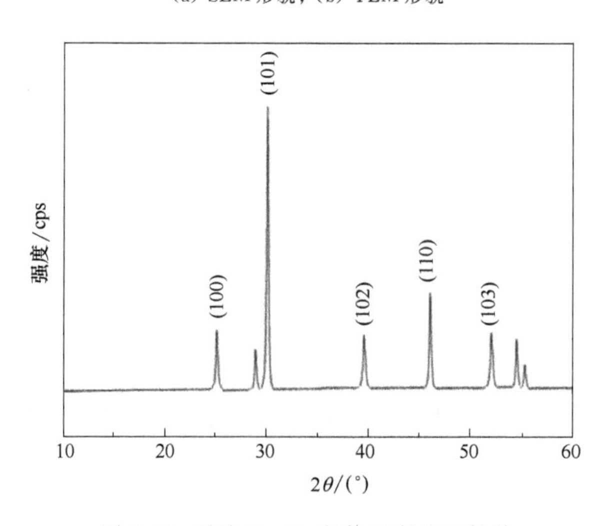

图 2-17 纳米 La_2O_3 粉体 X 射线衍射谱

2.3.3.1　热重-差热分析

图 2-18 给出了复合粉体的热重-差热分析结果。可以看出，复合粉体的失重率高于单一蛇纹石粉体，特别是在氧化镧质量分数为 5%时，粉体失重较单一蛇纹石组分增幅接近 4%。此外，复合粉体结构水脱失的起始温度和终了温度同样低于单一蛇纹石粉体，所形成的强吸热谷对应面积增大，尤其在质量分数为 5%时，吸热面积增幅达到最大值。

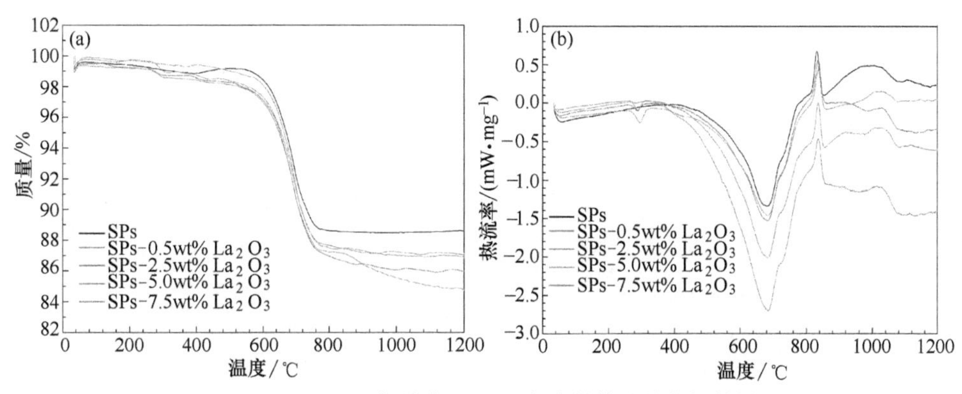

图 2-18　蛇纹石与纳米 La_2O_3 复合粉体的热分析结果

(a) TG 曲线；(b) DSC 曲线

图 2-19 为复合粉体中纳米氧化镧含量为 5%时的 TG 与 DSC 曲线。与蛇纹石粉体热相变过程相似，复合粉体的热重曲线表现出 3 个主要的失重阶段：①吸附水及层间水脱失（室温至 570℃）；②结构水快速脱失（570～780℃）；③结构失稳发生相变（780～1200℃）。在第一阶段，复合粉体在 290℃出现了吸热谷和失重台阶，主要是由纳米氧化镧脱除结晶水所致；在第二阶段，复合粉体的脱水

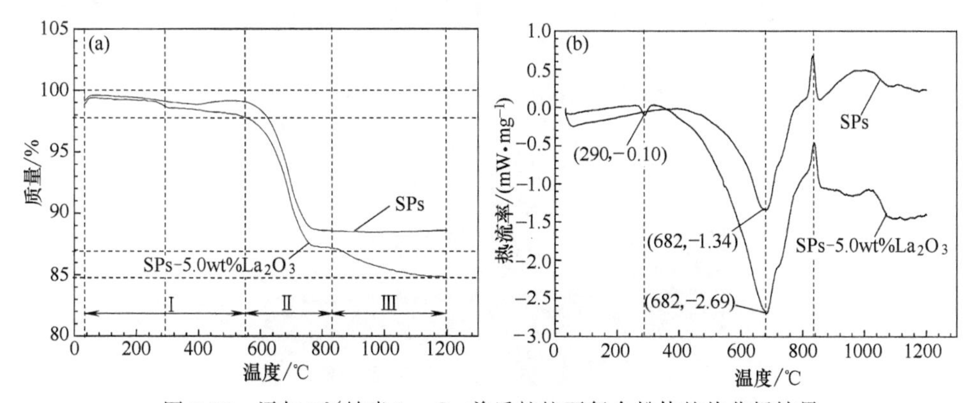

图 2-19　添加 5%纳米 La_2O_3 前后蛇纹石复合粉体的热分析结果

(a) TG 曲线；(b) DSC 曲线

温度较单一蛇纹石有所降低，且失重速率略有减小；在第三阶段，单一蛇纹石粉体的重量几乎不再变化，而复合粉体的重量却持续下降，表明氧化镧能加快蛇纹石的羟基脱除反应速度，同时促进反应进程。由 DSC 曲线可以看出，680℃时复合粉体的热流强度较单一蛇纹石粉体增加近 1 倍，说明其脱羟反应趋势更大。由此得出，纳米氧化镧能够促进蛇纹石粉体的热相变进程，提升蛇纹石粉体的脱水能力，降低其热力学与结构的稳定性，有利于摩擦作用下的矿物晶体结构失稳破坏和摩擦表面复杂的理化作用进程。

2.3.3.2 复合粉体的热相变过程

图 2-20 为不同温度热处理后复合粉体形貌的 SEM 照片。可以看出，在室温

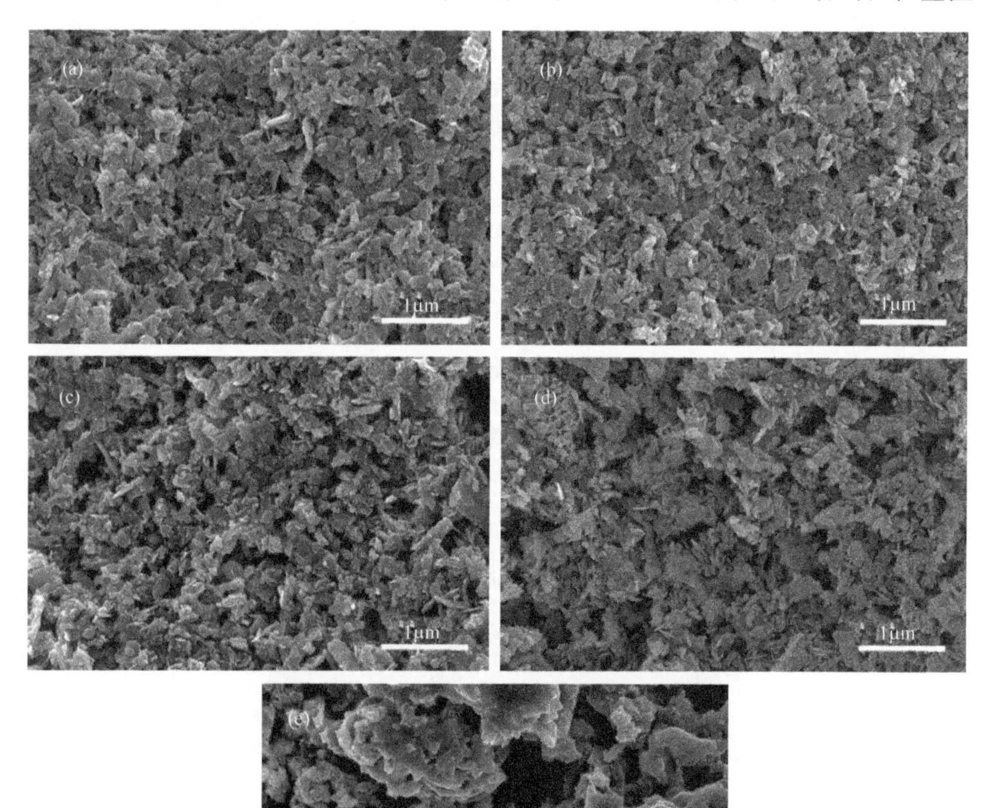

图 2-20 不同温度热处理后复合微粉的 SEM 形貌

(a) 室温；(b) 300℃；(c) 600℃；(d) 700℃；(e) 850℃

至 700℃的热处理温度区间，粉体形貌未发生明显改变；而经 850℃热处理后，粉体的层片状结构受到了严重损坏，粉体形貌呈现明显的粉末烧结特征，颗粒之间发生了粘连合并，颗粒表面出现大量细小的蜂窝状孔洞。

图 2-21 为不同温度热处理后单一蛇纹石粉体（标记为 FGM1）与复合粉体

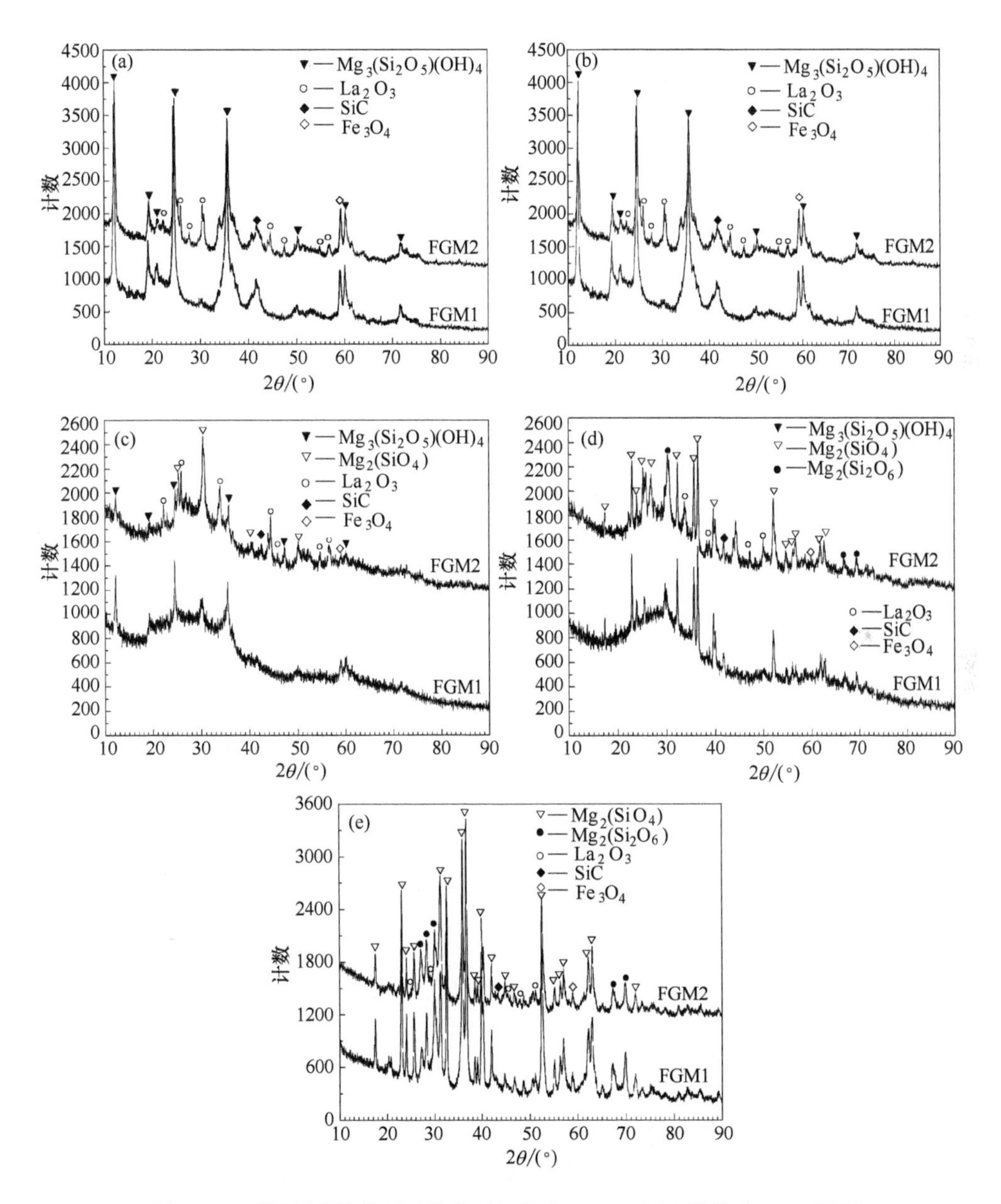

图 2-21　不同温度热处理后蛇纹石与纳米 La_2O_3 复合粉体的 XRD 图谱

(a) 室温；(b) 300℃；(c) 600℃；(d) 700℃；(e) 850℃

(标记为 FGM2)的 XRD 图谱。在不同处理温度下,纳米氧化镧均未与蛇纹石粉体发生化学反应,进一步表明了热重-差热分析中出现的失重台阶及吸热谷是由氧化镧脱除结晶水造成的。在室温至 300℃条件下,粉体的 XRD 图谱无明显变化,表明粉体晶体结构未被破坏。而 600℃ 热处理后,样品 FGM2 和 FGM1 的蛇纹石特征衍射峰强度均明显弱化,同时生成了镁橄榄石新物相。由于图谱的本底基线起伏较大,所以产物中可能存在部分非晶成分。比较而言,样品 FGM2 的蛇纹石特征峰弱化程度较 FGM1 明显,同时其镁橄榄石的衍射强度远高于 FGM1,表明纳米氧化镧促进了高温下蛇纹石转变为镁橄榄石的进程。而 700℃时,样品 FGM1 和 FGM2 中蛇纹石的特征衍射峰均完全消失,橄榄石相含量大幅增加,并出现了顽火灰石相,且样品 FGM2 中两种物相的特征衍射峰强度均明显高于样品 FGM1。与此同时,XRD 图谱中出现了很强的"馒头峰",表明热处理产物中出现相当比例的非晶相。850℃时,样品 FGM2 和 FGM1 的 XRD 图谱十分接近,粉末均由大量的晶质镁橄榄石和顽火灰石构成。以上结果进一步证实了纳米氧化镧能够促进结构水脱除阶段蛇纹石粉体的结构重组和脱羟反应,促进高温下蛇纹石向镁橄榄石及顽火灰石的转化进程。

为进一步揭示复合粉体的热相变机理,采用红外光谱仪对上述不同温度处理后粉体进行了红外光谱分析,所得红外图谱如图 2-22 所示。在室温至 300℃区间,两类粉体均保持了结构稳定,物相组成和表面官能团均未发生明显变化。600℃时,复合粉体位于 3678cm^{-1} 处的吸收肩表明羟基脱除程度较大,在 960~1100cm^{-1} 的红外谱带分裂程度明显降低,在 400~700cm^{-1} 的谱带亦明显弱化。经 700℃处理后,复合粉体和单一蛇纹石粉体均已完全脱水,蛇纹石结构遭到了严重的破坏,红外谱图上清晰地显示出镁橄榄石位于 881cm^{-1} 和 510cm^{-1} 处的谱带,同时在 1000cm^{-1} 和 610cm^{-1} 处出现了顽火灰石的吸收肩。复合粉体中镁橄榄石和顽火灰石谱带的强度均高于单一蛇纹石粉体,表明前者的羟基脱除反应速度更快,反应程度更彻底。经 850℃热处理后,复合微粉体除上述镁橄榄石和顽火灰石特征峰外,还出现了顽火灰石位于 1060cm^{-1} 的谱带和处于 660cm^{-1} 的吸收肩,这主要是镁橄榄石和顽火灰石的晶化所致[10-12]。总体而言,复合微粉相变过程及机制与单一蛇纹石粉体一致,纳米氧化镧颗粒不与蛇纹石粉体发生化学反应,而仅是促进蛇纹石的热相变反应过程,提高反应速率。

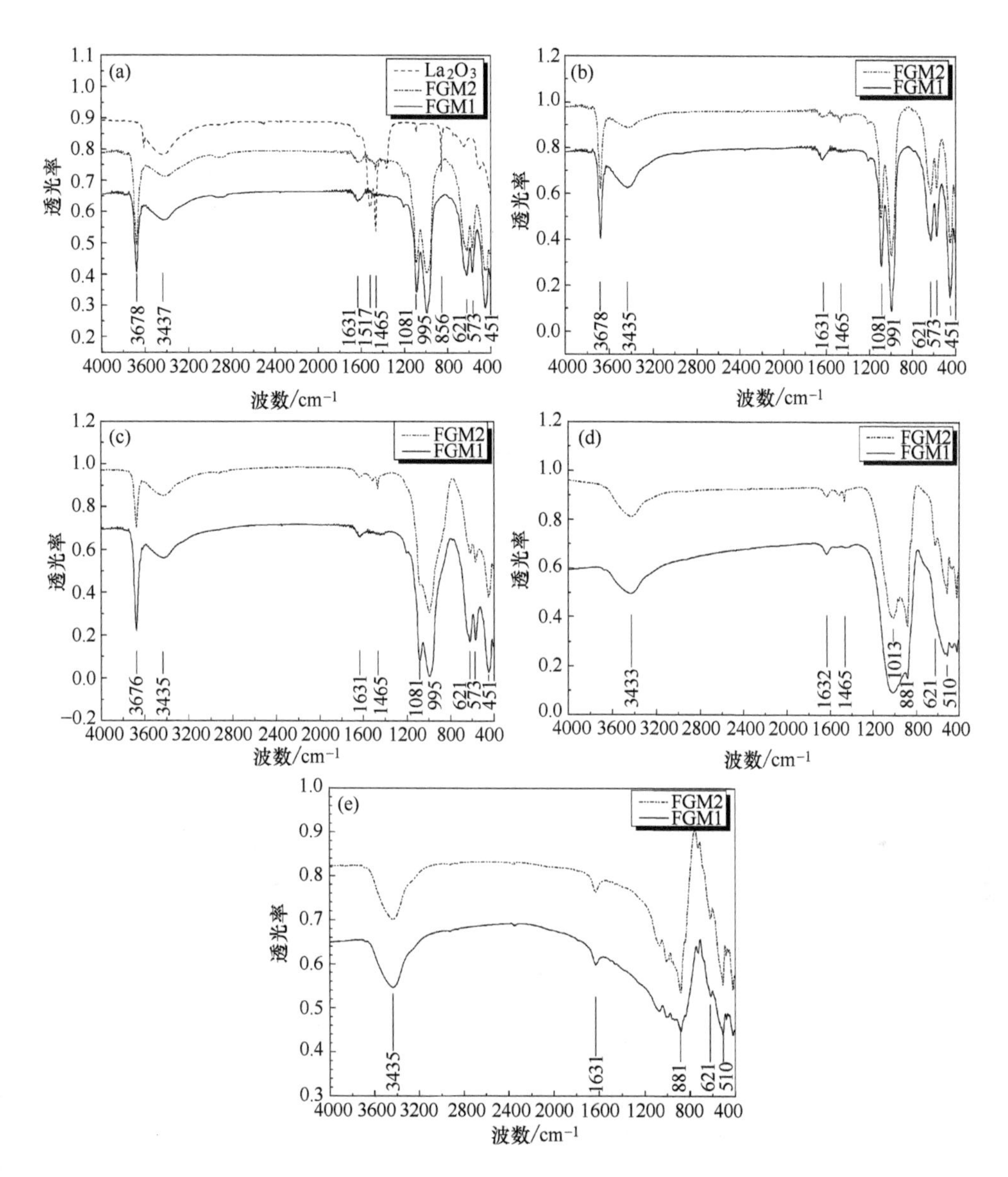

图 2-22　不同温度热处理后复合微粉的红外谱图

(a) 室温；(b) 300℃；(c) 600℃；(d) 700℃；(e) 850℃

2.3.4　蛇纹石矿物粉体的比表面积

表面与界面活性是决定蛇纹石等含羟基层状硅酸盐矿物与金属摩擦副交互作用及其减摩自修复效果高效发挥的关键，如果不揭示矿物在温度、压力、介质属性等复杂环境下表界面活性基团的表现形式、发展规律及其参与摩擦反应的能力，则无法实现对其表面活性的高效激发和精准调控。蛇纹石矿物粉体中含有大量的层面、断面和表面结构，具有很大的比表面积。而矿物粉体的比表面积是衡量其反应活性的重要指标之一。本节采用比表面积分析仪对不同温度热处理后的蛇纹石粉体比表面积进行了测试，吸附质为 N_2，样品室温度为 77.35K，脱气温度为 115℃，脱气时间为 10h，平衡时间为 66min，测试结果如表 2-2 所示。

表 2-2　不同温度热处理后蛇纹石微粉的比表面积

粉体处理温度/℃	室温	300	600	700	850
BET 比表面积/(m^2/g)	49.52	52.66	16.79	14.71	10.20

随着热处理温度的升高，蛇纹石粉体的比表面积呈先缓慢升高后急剧下降的变化趋势。与未处理蛇纹石相比，经 300℃热处理后粉体的比表面积略有增大；而经 600℃处理后，比表面积大幅下降，主要归因于粉体吸附水和结构水的大量脱失；在 600～850℃的温度区间，比表面积继续小幅减小，主要与粉体的热相变有关。由粉体热相变机理可知，粉体经 300℃热处理后，尽管形貌及物相未发生改变，但由于吸附水和层间水的脱失，使层间域增加，导致粉体的有效吸附面积增大，因而造成比表面积增大[10]；而经 600℃热处理后，粉体的结构水快速脱失，并生成了少量镁橄榄石相，其表面活性基团数量显著减少，粉体活性降低，对气体的吸附能力下降；当粉体经 700℃以上热处理后，因粉体的结构水已完全脱失，矿物主要发生镁橄榄石和顽火灰石的形成和晶质转化过程，对 N_2 的吸附量不再发生明显变化；850℃热处理后粉体出现颗粒合并、熔融烧结，导致吸附孔径增大、孔径总体积减小和比表面积的降低。

2.4　蛇纹石矿物粉体的表面改性

无机微纳米粉体颗粒细小，与有机润滑介质的相容性极差，添加到润滑油中易发生团聚和沉降，从而影响自身的摩擦学性能，必须对其进行表面修饰或有机改性处理，实现在油品中的长期稳定分散。针对蛇纹石微粉的表面、界面特性，探索了一种高效的表面改性方法，并对改性工艺参数进行了优化。以甲苯介质为溶媒、油酸为表面改性剂，通过 DMAP 和 DCC 的催化作用，实现了粉体在室温和常压条件下的表面有机改性，解决了蛇纹石矿物粉体在有机润滑介质中的分散稳定问题。

2.4.1　改性工艺与评价方法

2.4.1.1　改性工艺

采用甲苯为介质对蛇纹石粉体进行表面改性，原料粉体分别采用超声气流粉碎法和机械研磨法制备获得，其形貌分别如图 2-23 所示。所用主要试剂如表 2-3 所示。其中，油酸为表面活性剂，作为一种不饱和长链有机酸，一方面，羧酸根在合适的环境体系和条件下，可与颗粒表面大量的羟基或含氧基团发生化学反应而形成牢固的化学键合；另一方面，颗粒表面包覆的有机长链可以增强颗粒之间的空间位阻，从而有效地提高其在有机介质中的分散稳定性。此外，少量的油酸不会对基础油的理化特性及摩擦学性能产生负面影响。4-二甲氨基吡啶（DMAP）和 1,3-二环己基碳化二亚胺（DCC）为改性助剂，无水乙醇和去离子水为洗涤剂，单烯基丁二酰亚胺（T151A）为分散剂。

图 2-23　蛇纹石粉体 SEM 形貌

(a) 原粉；(b) 研磨粉

表 2-3　蛇纹石微粉表面改性试剂

试剂名称	化学式	等级	生产厂家
油酸	$C_{18}H_{34}O_2$	分析纯	西陇化工股份有限公司
4-二甲氨基吡啶	$C_7H_{10}N_2$	化学纯	上海共价化学科技有限公司
1,3-二环己基碳化二亚胺	$C_{13}H_{22}N_2$	化学纯	上海延长生化科技发展有限公司
甲苯	C_7H_8	分析纯	北京长海化工厂
无水乙醇	C_2H_6O	分析纯	北京化工厂
去离子水	H_2O	化学纯	北京新工艺发展有限公司
单烯基丁二酰亚胺	$RC_{12}H_{24}N_5O_2$	工业纯	兰州炼油化工总厂

为保证油酸、DMAP 和 DCC 与粉体的充分润湿，以甲苯为介质，采用机械化学湿法工艺对蛇纹石粉体进行表面改性。改性过程在南京大学产 QM-2 型行星

球磨机上进行，罐体及研磨球均为玛瑙材质，大小球的质量比为 1∶1，转速为 250r/min，球料比为 30∶1。改性工艺流程如图 2-24 所示。

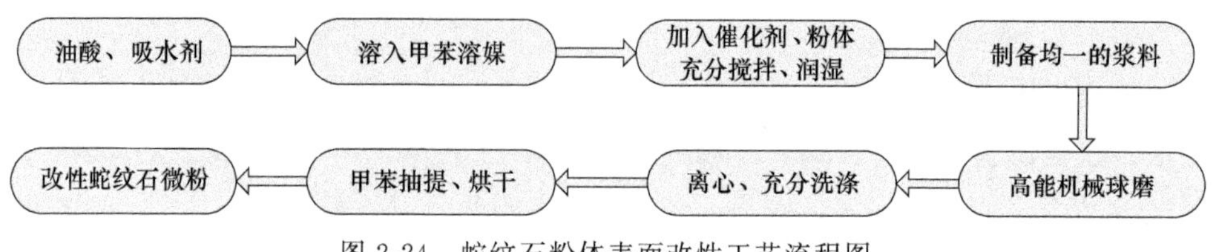

图 2-24　蛇纹石粉体表面改性工艺流程图

首先对油酸剂量和改性时间进行了优化。改性剂量优化时，时间设定为 5h。称取充分干燥的超细蛇纹石粉体 20g，按其质量分数的百分比（1%、3%、5%、7%和 10%）量取油酸和等摩尔数的 DCC 及 20%摩尔分数的 DMAP 充分溶解入甲苯溶媒，与粉体混合，经充分搅拌、润湿后转入行星球磨机，运行至设定时间后，取出浆料，经离心、洗涤、抽提后，60℃低温烘干。改性时间优化时，工艺参数及过程同上，油酸的剂量为粉体质量分数的 5%，改性时间分别为 15min、30min、60min、120min、180min、300min。

2.4.1.2　评价方法

① 活化指数。采用活化指数（H）和透光率评价无机粉体表面改性效果。其中，活化指数的量化评价方法为：取 2g 改性前后粉体，分别加入 50mL 去离子水中，充分搅拌后静置 15min，取上层漂浮粉体并充分干燥后称重，漂浮的粉体与原料粉体的质量比即为活化指数。

② 透光率。评价固体颗粒添加剂在润滑介质中分散稳定性的方法通常包括重力沉降法、离心沉降法和分光光度法等。比较而言，分光光度法作为一种加速实验方法，能够实现对颗粒分散稳定性的快速定量评价。因此，本研究采用可见分光光度计对表面改性蛇纹石粉体的分散稳定性进行定量评价。透光率测试过程中，以 150SN 加氢基础油为分散介质（最大吸收波长为 606nm），将粉体按照质量分数 0.2%的比例充分分散其中，然后离心沉降（转速 500r/min，时间分别为 5min、10min、15min、20min、25min），依次取上层清液测量透光率，以此评价粉体在润滑油中的分散稳定性。

③ 热重-差热-红外联动分析。热重-差热-红外联动分析能够动态表征热分解过程中产物官能团的变化，是一种实时分析和反映表面改性剂是否与粉体表面发生化学作用的有效手段。本节采用 NETZSCH STA 449C 热重-差热分析仪联动红外光谱分析仪对粉体热分解产物进行分析，参比坩埚为 Al_2O_3，升温速率

10℃/min，升温区间为室温至1100℃，N_2 气氛流量 50mL/min。

除以上分析手段外，本节还采用激光粒度仪、傅里叶红外吸收光谱仪（FT-IR）、透射电子显微镜（TEM）等对改性前后粉体的粒径分布、表面官能团、微观形貌等进行了分析，用于评价粉体表面改性效果。

2.4.2 表面改性效果的影响因素

2.4.2.1 油酸含量的影响

图2-25所示为油酸含量对表面改性蛇纹石粉体活化指数和分散稳定性的影响。矿物粉体的活化指数随油酸含量的增大呈先急剧升高而后缓慢下降的变化趋势。当油酸含量达到5%时，活化指数达到最大值。经过表面有机改性后，蛇纹石粉体在150SN加氢基础油中的透光率明显降低，表明其亲油性显著增强，表现出较好的分散性。特别是油酸含量达到5%时，改性后粉体的透光率最低，且随高速离心时间的增加变化缓慢，表现出最佳的分散稳定性。

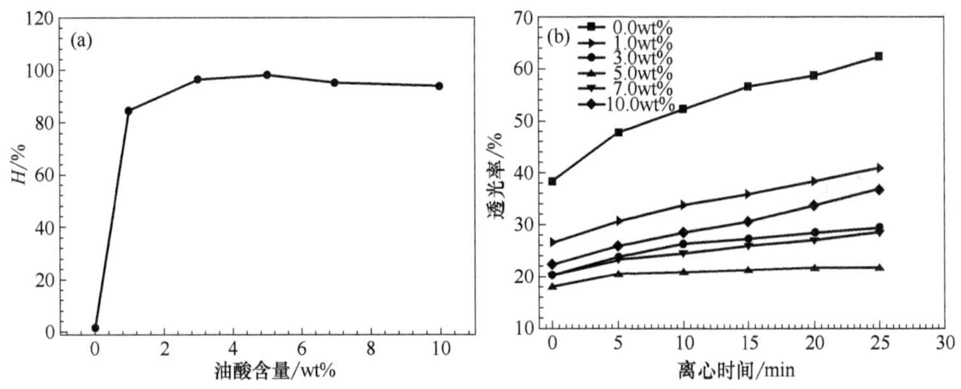

图2-25 改性助剂存在条件下不同含量油酸改性后粉体的活化指数及分散稳定性

(a) 活化指数；(b) 透光率随离心时间变化

表面改性蛇纹石粉体在非极性溶剂中的分散稳定性主要取决于粉体表面有机包覆层的属性、完整性以及由此引起的颗粒空间位阻效应[8, 13]。空间位阻效应通常与颗粒吸附层间的相互作用有关，主要包括穿插作用、压缩作用以及二者的共同作用。当改性剂不足时，由于难以实现对粉体活性表面的完整包覆，使其仍呈现一定程度的极性，导致矿物粉体的油溶性较差。当改性剂含量适中时，颗粒表面有机大分子的吸附量及吸附密度增大，吸附层较为完整且相对疏松，从而使相邻颗粒表面吸附层在相互接触时通过相互穿插和渗透形成交联的网状结构，此时由蛇纹石粉体和润滑油形成的固液分散体系容易保持平衡状态，粉体的悬浮稳定性较好。而当改性剂含量过高时，有机分子在静电和范德华力的作用下，易在包覆颗粒的表面形成一定厚度的物理吸附层，颗粒表面的改性剂吸附量和吸附密度随冗余改性剂含量的增大而不断升高，从而使相邻颗粒接触时表面吸附层间的主导作用表现为碰撞压缩。由于吸附层由致密的有机长链分子构成，致使颗粒在相互碰撞之后难以在短暂瞬间建立新的平衡，因而导致粉体的分散稳定性降低。

2.4.2.2 改性时间的影响

改性时间对改性效果具有显著的影响。时间过短，改性过程无法充分进行；而时间过长，易引起机械力作用下的粉体表面吸附层破坏，同时消耗过多能源，降低改性处理的效率。图 2-26 为改性时间对蛇纹石粉体活化指数及分散稳定性的影响。粉体的活化指数在改性处理的前 50～60min 迅速升高，之后缓慢上升并在约 180min 时达到最大值，而后缓慢下降；粉体透光率随处理时间的变化趋势与活化指数相似，即在 0～180min 范围内随时间增加不断降低，之后略有升高，表明蛇纹石粉体在矿物基础油中的分散稳定性先提高后下降。而粉体分散稳定性的下降可能是由粉体表面有机覆层在机械力的作用下发生部分脱附所致。由以上结果可以得出，上述表面改性工艺对粉体的最佳处理时间为 180min。

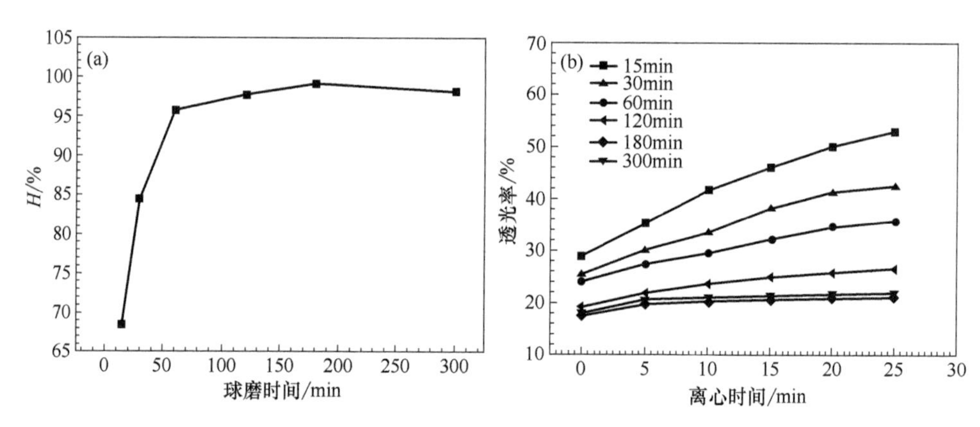

图 2-26 不同球磨处理时间蛇纹石粉体的活化指数和分散稳定性变化

(a) 活化指数；(b) 透光率随离心时间变化

2.4.2.3 改性助剂的影响

对比测试了有无 DMAP 和 DCC 时油酸表面改性粉体与未改性粉体的活化指数与透光率变化，改性处理时间为 180min，油酸添加量为 5%，测试结果如图 2-27 所示。对比可见，未改性蛇纹石粉体的活化指数极低，仅采用油酸改性的粉体活化指数略有升高，而同时添加油酸与改性助剂处理后的粉体活化指数增大至约

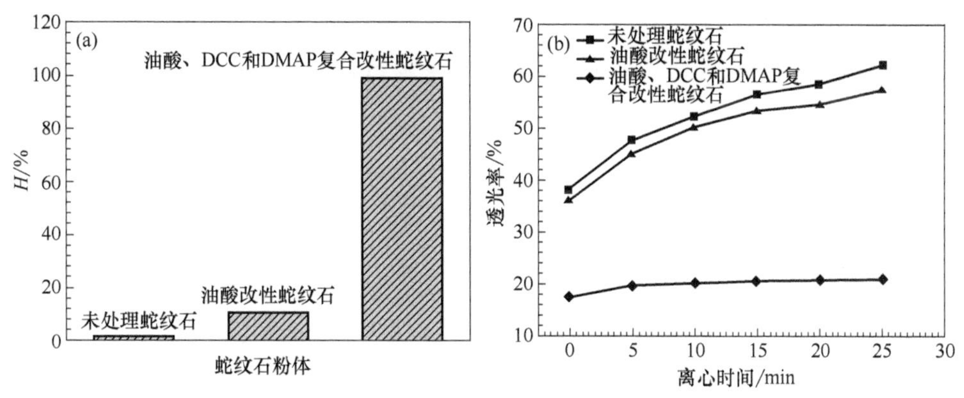

图 2-27　助剂对活化指数和分散稳定性的影响

(a) 活化指数；(b) 分散稳定性

100%，表明粉体与极性介质的相容性很差，换言之，粉体与润滑油等非极性介质具有良好的相容性。透光率测试结果同样表明，改性助剂 DMAP 和 DCC 促进了粉体与油酸之间的相互作用，使改性后粉体在基础油中的透光率大幅下降，且随高速离心时间的延长变化极小，显著改善了粉体在油性介质中的分散稳定性。

2.4.3　表面改性效果评价

2.4.3.1　粉体形貌的 TEM 分析

图 2-28 为改性前后蛇纹石粉体形貌的 TEM 照片。可以看出，未处理蛇纹

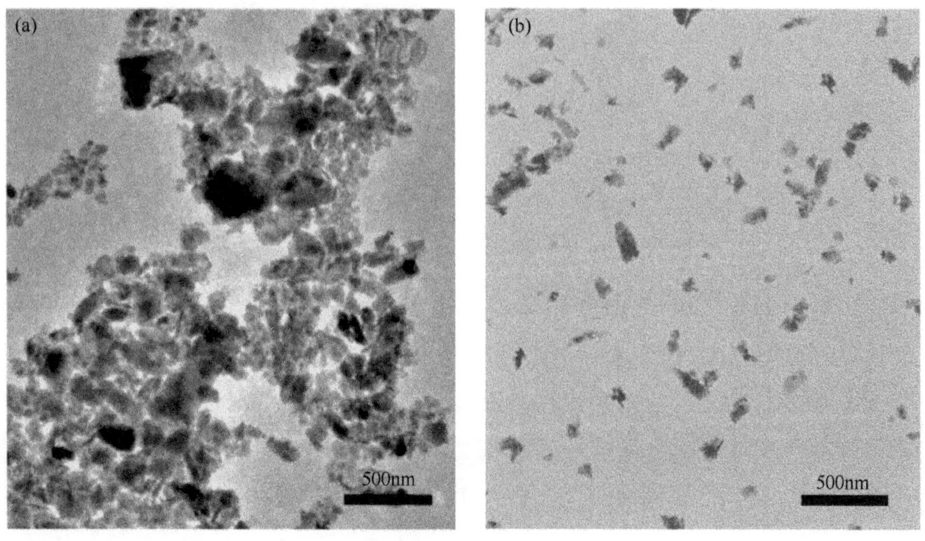

图 2-28　蛇纹石粉体形貌的 TEM 照片

(a) 改性前；(b) 改性后

石粉体由于表面的高活性和强极性，细小颗粒之间相互聚集的倾向明显，发生了严重的团聚。而经表面改性处理后，粉体分散性得到了显著改善，除了少部分尺寸极小的颗粒附着在大尺寸颗粒表面外，大部分颗粒呈独立分布状态，其形态及边界轮廓清晰可见，间接证实了改性后粉体的表面极性及自由能显著降低，因此与润滑油等非极性介质具有良好的相容性。

2.4.3.2 粉体的粒度分布

微纳米超细粉体常因颗粒间的团聚而导致尺寸增大，粒度分布范围变宽。而经表面有机改性后，由于颗粒表面被长链有机分子包覆完全，由此引起的空间位阻效应隔绝了颗粒之间的直接接触，从而有效降低了粉体的团聚倾向，使粉体粒度及分布更接近自身真实属性。图 2-29 为改性前后蛇纹石超细粉体粒径的正态分布曲线。可以看出，未处理粉体尺寸较大，粒度分布范围宽，其粒径特征值 D_{50} 约为 325nm，D_{95} 约为 365nm。而表面改性后粉体粒径明显减小，粒度范围变窄，其 D_{50} 和 D_{95} 分别降至约 205nm 和 215nm，表明粉体经改性处理后由团聚状态转变为分散状态，分散性得到显著改善。

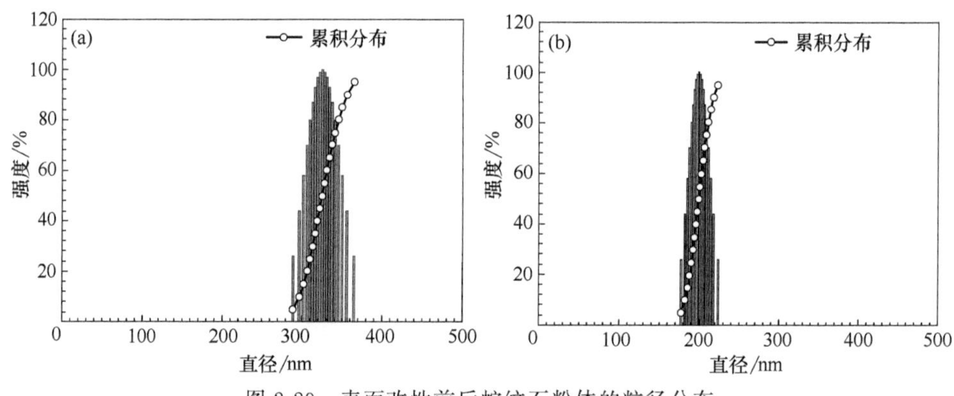

图 2-29 表面改性前后蛇纹石粉体的粒径分布

(a) 改性前；(b) 改性后

2.4.3.3 粉体表面特征官能团分析

傅里叶红外光谱（FTIR）是表征材料表面官能团属性的有效手段之一。通过对比改性前后蛇纹石粉体的红外谱图，可以分析其表面特征官能团的变化，为阐明改性剂与粉体表面之间的相互作用机制提供依据。图 2-30 所示为改性前后蛇纹石粉体的红外光谱表征结果。由未处理粉体的红外特征谱带可知，3678cm^{-1} 为游离水的 O—H 伸缩振动峰，3450cm^{-1} 和 1625cm^{-1} 处归属于氢键缔合水分子的 H—O—H 的伸缩振动和弯曲振动峰，1087cm^{-1} 和 991cm^{-1} 处为 Si—O 四面体伸缩振动和弯曲振动峰，$642cm^{-1}$ 和 $570cm^{-1}$ 处为 O—H 转动晶格振动带，$451cm^{-1}$ 处为 Mg—O 面外弯曲振动吸收峰。经表面改性后，蛇纹石粉体的游离水及缔合水特征吸收峰发生明显弱化，而位于低波段 1100～$400cm^{-1}$ 范围内的特征吸收峰几乎消失。与此同时，谱图中新增了有机产物吸收峰，分别为 $2928cm^{-1}$ 和 $2854cm^{-1}$ 处的甲基 CH_3—伸缩振动峰和对称亚甲基—CH_2—伸缩振动峰、$1573cm^{-1}$ 处的—COO^- 反对称伸缩振动峰、$1471cm^{-1}$ 和 $1410cm^{-1}$ 处的 C=CH_2 剪切振动峰和 CH 面内弯曲振动峰。对照油酸的特征吸收峰可知，表面改性处理过程中油酸与粉体发生了酯化反应，在粉体表面引入了有机长链分子，从而实现了对粉体的有机表面改性。此外，改性后蛇纹石粉体表面并未发现—CH=NH、N—H 或 CH_3—NH—等改性助剂的含氮特征峰，进一步证实了助剂仅对改性过程中的酯化反应起催化作用。

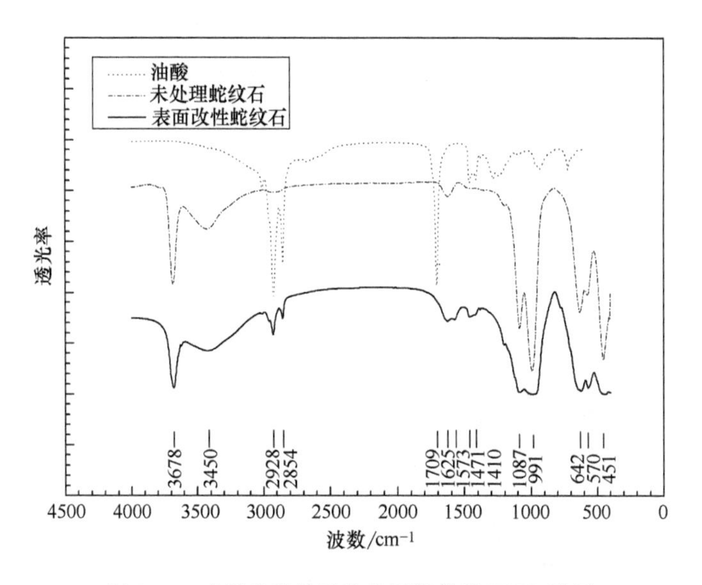

图 2-30　表面改性前后蛇纹石粉体的 FTIR 谱图

2.4.3.4　热重-差热-红外联动分析

为进一步研究油酸与蛇纹石粉体表面之间的结合方式与相互作用，量化油酸吸附剂量，采用热分析与红外光谱联动分析手段，原位揭示热分析过程中分解产物的变化规律。测试过程在氮气-氩气混合保护气氛中进行，采用 Al_2O_3 坩埚，温度区间为室温至 1100℃，加热速率为 10℃/min。图 2-31 所示为表面改性前后蛇纹石粉体的热分析曲线。改性前蛇纹石粉体热重曲线上 3 个特征区域可判定为：570℃以下，缓慢脱失吸附水及层间水；570～780℃，快速脱失结构水；

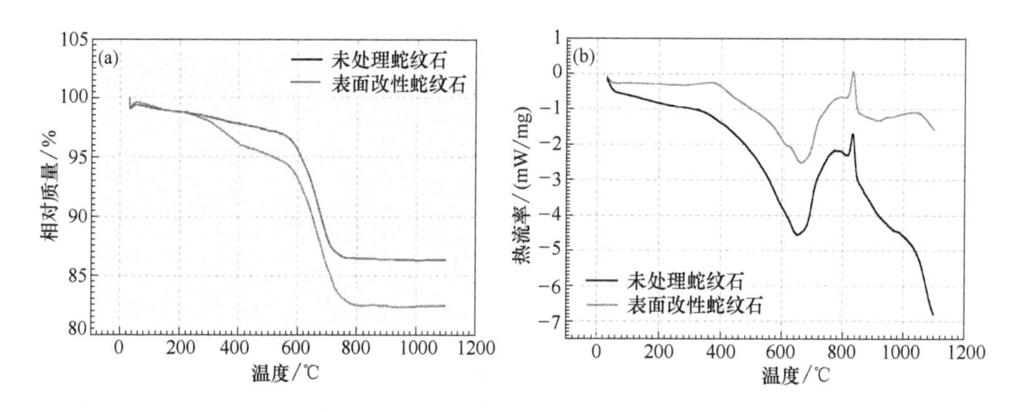

图 2-31 表面改性前后蛇纹石粉体的热分析曲线

(a) TG 曲线；(b) DSC 曲线

780℃以上，进一步脱除结构水并发生相变。而改性后粉体自 240℃即开始呈现较高的失重速率，570℃后的失重速率较改性前粉体有所降低，其最终相对失重总量较未处理粉体增加约 4.05%，其主要构成应来自与粉体发生酯化反应的油酸。由于表面改性过程中油酸的添加量为粉体质量分数的 5%，因此可推断有 0.95%的油酸通过物理吸附的方式与蛇纹石粉体结合。

改性后粉体在 360℃附近出现微弱的分解峰，同时其低温分解峰对应的温度由改性前的 640℃升至 680℃附近，表观分解热亦大幅降低，而高温分解温度及表观分解热未发生明显变化。结合图 2-32 所示的红外联动分析谱可知，室温至 360℃的热分解产物中存在有机物，因此可判定上述差热分析结果主要是由粉体表面的有机吸附层脱附所致。而低温分解温度的升高及表观分解热的降低，可理

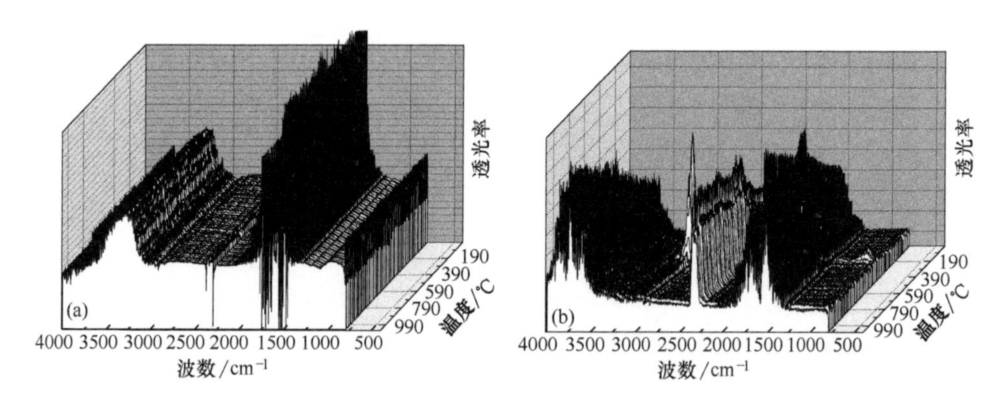

图 2-32 蛇纹石微粉热分析过程中的红外谱图

(a) 原粉；(b) 改性粉

解为改性后粉体表面活性基团数量减少、表面自由能降低，从而导致粉体活性降低，稳定性增加。以上结果表明，油酸在蛇纹石表面改性过程中以化学吸附和物理吸附的复合方式实现对粉体的有机包覆，二者的质量比接近 4∶1。

2.4.4　表面改性机理

Neises 和 Steglich 在 1978 年首次报道了以 4-二甲氨基吡啶（DMAP）作催化剂，二环己基碳二亚胺（DCC）为偶联剂，能够在室温下完成酯化反应[14-15]。近年来，DMAP-DCC 作为一种新型高效催化体系，已在醇、酚、胺的酰化及酯化等有机反应中获得广泛应用[16-21]。图 2-33 为 DMAP 和 DCC 的分子结构式。与传统催化剂相比，DMAP-DCC 催化体系具有以下优点：①用量少，通常，单位摩尔反应物只需 0.05～0.20 单位摩尔的 DMAP 和等摩尔的 DCC；②溶媒选择范围宽，苯、甲苯、二氯甲烷、氯仿、乙酸乙酯、吡啶、醋酐等均可；③反应条件温和，室温常压下反应即可进行；④反应速度快，进程彻底，副产物少。因此，该体系常用作亲核取代反应的催化剂，用于空间位阻较大的酰化或酯化反应。

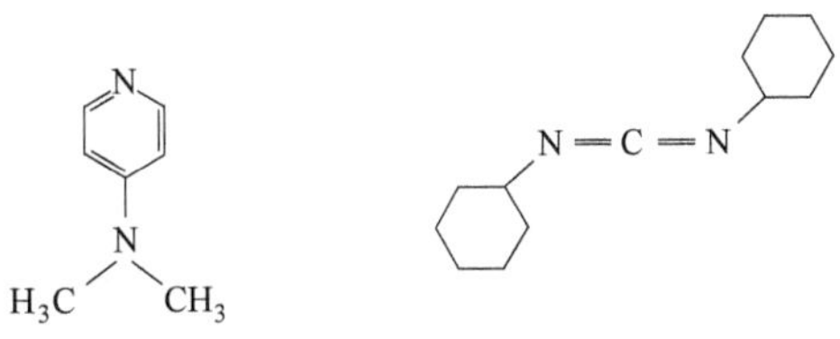

N
N
H_3C　CH_3
(a) DMAP

N＝C＝N
(b) DCC

图 2-33　催化剂和吸水剂的分子结构

对于 DMAP 而言，因吡啶环上二甲氨基的双甲基的斥电子效应，极大地增加了吡啶环中氮原子的电子云密度，使其偶极矩显著增大，亲核性明显增强。在非极性溶剂中，DMAP 易与酰化试剂结合形成 N—酰基-二甲氨基吡啶盐，其分子中心电荷分散，形成一个连接不紧密的离子对，有利于接受醇 R—O—基团向酰基的亲核性进攻，从而形成酯。而 DCC 内氮原子由于斥电子效应而导致电子云密度增加，当羧酸存在时，羧基上的 H 原子易与 N 结合。同时，羧酸根攻击两氮原子之间的碳原子，形成具有更高活性的酰基异脲，其羰基可与醇在室温下发生酯化反应。通常情况下，单一 DMAP 或 DCC 组分的催化效果不理想，而二者共存的协同催化作用会显著增强，能有效提高反应速率，抑制副产物形成，其催化反应基本原理如图 2-34 所示[20]。

由蛇纹石晶体结构及表面化学键分析可知，其表面与油酸发生作用的主要是羟基和不饱和含氧基团，为便于说明，分别简写为 R'—OH 和 R'—O^-。油酸的结构式为 $CH_3(CH_2)_{14}CH=CH—COOH$，简写为 R-COOH。在 DMAP-DCC

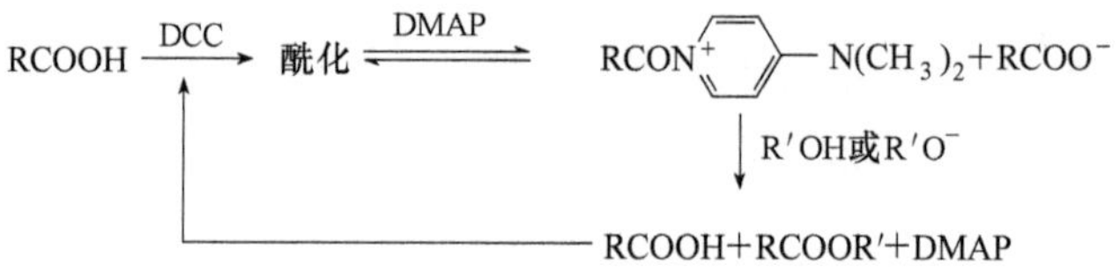

RCOOH —DCC→ 酰化 ⇌DMAP⇌ RCON⁺(吡啶环)—N(CH$_3$)$_2$+RCOO$^-$ —R′OH或R′O$^-$→ RCOOH+RCOOR′+DMAP

图 2-34 DMAP-DCC 催化反应的基本原理[20]

催化体系中，油酸与粉体之间的化学作用主要通过以下几个过程进行：

(1) 油酸的酰化作用

油酸的酰化反应原理如式（2-4）所示[14, 20]。由于双环己基的斥电子效应，氮原子半径较小，导致 DCC 分子结构中氮原子的电子云密度强烈增加，同时与其相连的不饱和碳原子呈现吸电子效应。当羧酸存在时，氮原子会吸引羧基上的氢核，完成亲核加成反应，达到电荷平衡。而新产生游离的羧酸根会向不饱和碳原子发起亲核性攻击，形成羰基，得到比羧酸反应活性更强的 O -酰基异脲。

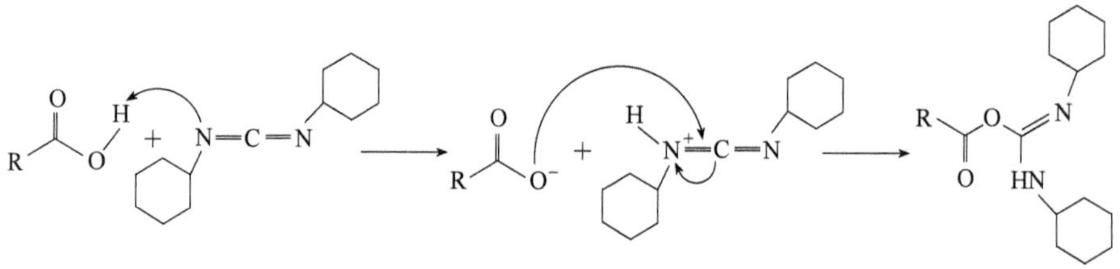

（2-4）

(2) 酰基的转移与酯化作用[14, 15, 20]

酰基异脲易受羟基或活性氧基团进攻，产生 1,3-二环己基脲（DCU）和相应的酯，反应过程见式（2-5）。但由于反应中 O-酰基异脲易发生 1,3-重排而生成 N-酰基脲，不能与羟基或活性氧基团再发生作用，成为反应的副产物。因此，需要加入酰基转移试剂，减少副反应的发生，提高酯化反应产物的纯度及转化率。在本节中，DMAP 被用作酰基转移试剂，与 DCC 构成催化体系，保证具有更高反应活性的 O-酰基异脲与粉体表面羟基及活性含氧基团的作用，减少副产物生成，加快反应进程。

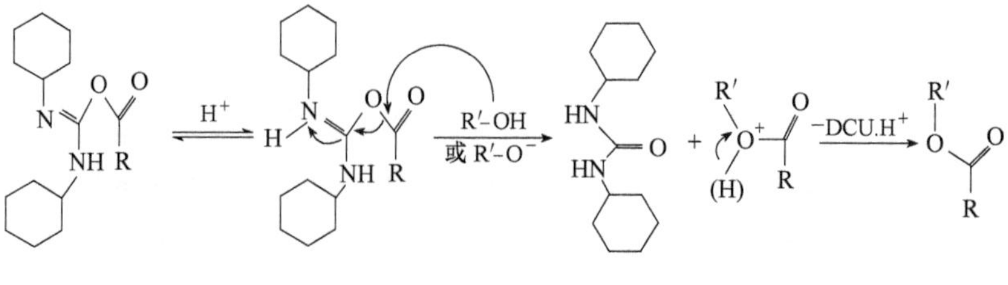

H$^+$ ⇌；R′-OH 或 R′-O$^-$ →；-DCU.H$^+$ → （2-5）

DMAP 作为亲核性酰基转移试剂时的酯化反应过程如式（2-6）所示。由于 DMAP 中 $N(CH_3)_2$ 的作用，使得吡啶环上氮正离子正电荷分散，易向 O-酰基异脲的羰基发生亲核攻击，形成的高浓度 N-酰基-二甲氨基吡啶正离子可作为反应中间体，具有很强的反应活性，可迅速与羟基或活性氧基团形成离子对，发生脱离形成酯，同时还原释放出 DMAP 和部分羧酸，继续参与反应。

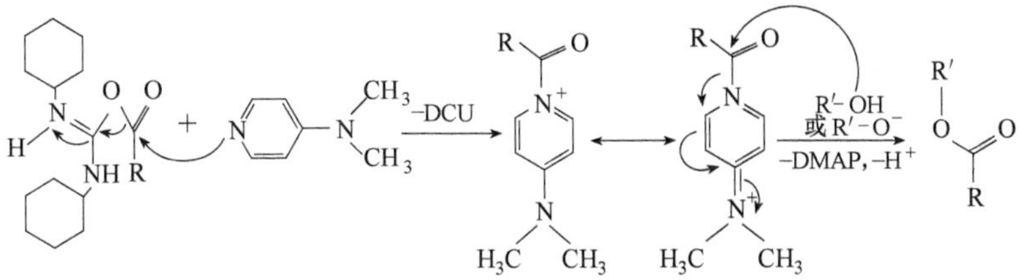

$$\xrightarrow{-DCU} \longleftrightarrow \xrightarrow[-DMAP,\ -H^+]{R'-OH\ 或\ R'-O^-} \quad (2\text{-}6)$$

由上述反应过程可以看出，DMAP-DCC 体系能够显著促进油酸与蛇纹石粉体之间酯化反应的进程，弱化反应条件，使表面改性过程能够在无须强酸催化或加热的条件下进行，从而有效缩短反应周期，抑制副产物形成，提高粉体处理效率。

2.5　蛇纹石矿物粉体细化、改性与分散的一体化处理

为简化矿物润滑材料制备程序，进一步提高蛇纹石矿物粉体在油性介质中的分散稳定性，以矿物基础油为粉体细化研磨介质，同时添加表面改性剂、改性助剂及分散剂对粉体进行表面改性与分散处理，实现了粉体细化研磨、表面改性及其在润滑介质中分散过程的一体化。实验设备为 Retsch Mini-E 型砂磨机，研磨介质为矿物基础油加氢 150SN，研磨介质为 ϕ0.6～0.8mm 的 ZrO_2 球，浆料与研磨球的体积比为 3∶1，转速为 3200r/min；采用超声气流粉碎蛇纹石粉体为原料，以油酸为改性剂，其用量为蛇纹石粉体质量分数的 5%，DCC 和 DMAP 作为改性助剂，以 T151A 为分散剂，与油酸的摩尔比分别为 1∶1、1∶5 和 1∶1。依次考察了料浆比、分散剂、研磨时间等对润滑油中粉体粒径分布的影响。

2.5.1　粉体粒度分布的影响因素

2.5.1.1　料浆比对粉体粒径分布的影响

为便于对比，首先考察了不添加改性剂和其他试剂的情况下，以加氢

150SN 基础油为研磨介质时料浆比对蛇纹石粉体粒径分布的影响，结果如图 2-35 所示。随着浆料比的增加，基础油中蛇纹石粉体的粒径尺寸不断降低，粒度分布变窄，这主要是由于料浆浓度的升高，导致粉体颗粒与研磨介质之间碰撞的概率逐渐增大，从而使研磨效率提高，有利于粉体细化。当料浆比达到 350g/L 时，可以获得最小的粉体粒径及分布。而高于以上比例时，由于料浆浓度增大导致其黏度升高，液相流动性变差，循环效率下降，同时涡流搅拌困难，造成粉体研磨效率降低，粉体细化效果不明显。

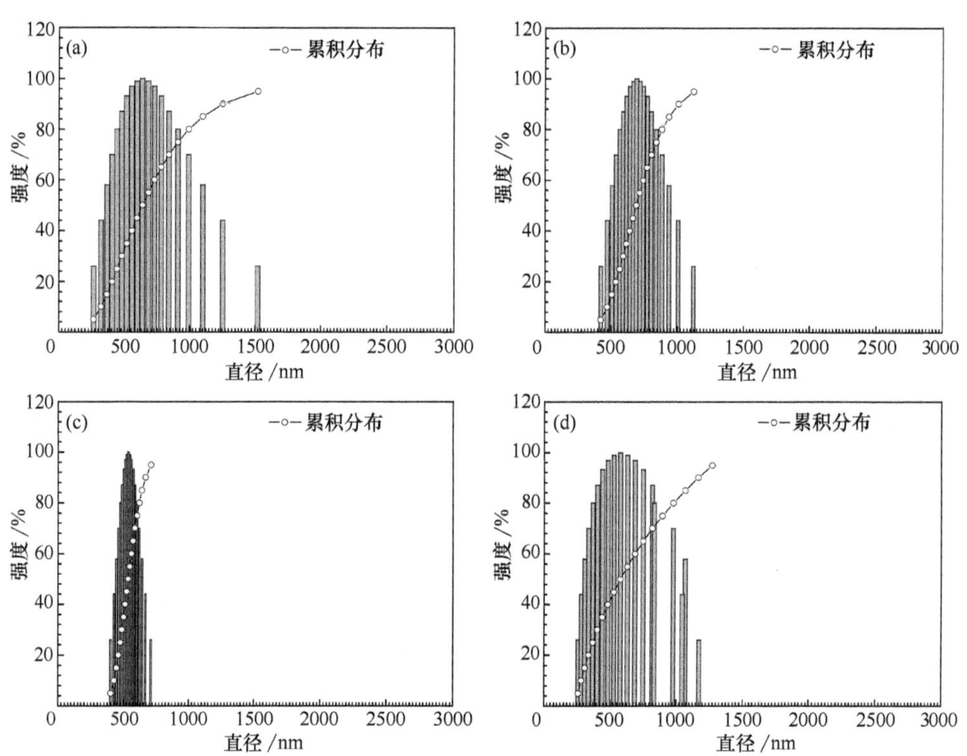

图 2-35 纯基础油为研磨介质条件下料浆比对粒度分布的影响（研磨时间 120min）

(a) 250g/L；(b) 300g/L；(c) 350g/L；(d) 400g/L

2.5.1.2 表面活性剂及分散剂对粉体粒径分布的影响

粉体湿法研磨过程中，表面活性剂的添加可增强颗粒的分散性，在细化颗粒的同时，降低其团聚倾向，使粉磨平衡能够在更小的颗粒尺度下维持。为考察表面活性剂对粉体细化的影响，研究了有无油酸以及是否添加分散剂条件下粉体在矿物基础油中的粒度分布，结果见图 2-36。不添加表面活性剂时获得的粉体的粒度特征参数 D_{50} 约为 540nm，D_{95} 约为 710nm，造成粉体分布范围宽化的原

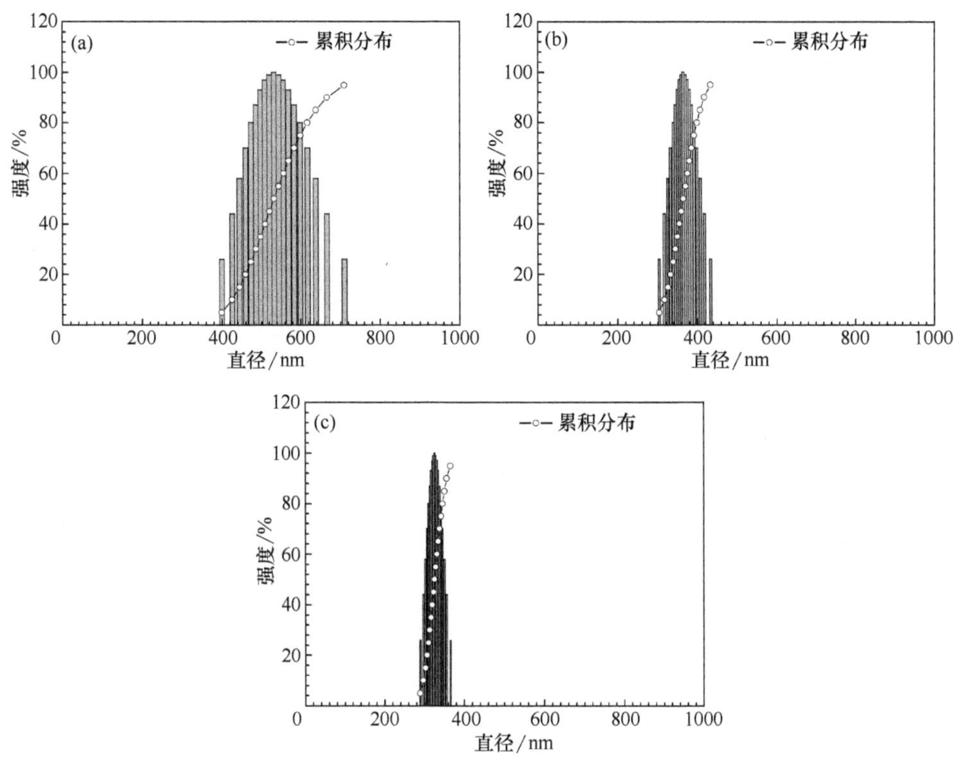

图 2-36　表面活性剂对粒度分布的影响（料浆比 350g/L，研磨时间 300min）

(a) 无活性剂；(b) 油酸＋DCC＋DMAP；(c) 油酸＋＋DCC＋DMAP＋T151A

因除单个颗粒自身粒径较大外，颗粒之间的团聚同样是一个重要的影响因素；当油酸及辅助试剂存在时，颗粒的尺寸细化明显，粉体 D_{50} 约为 370nm，D_{95} 为 440nm；而在油酸及辅助试剂中进一步添加分散剂 T151A 后，粉体得到进一步细化，其 D_{50} 降至约 320nm，D_{95} 降至约 372nm。上述结果表明，表面改性剂及分散剂的共同作用实现了“粉体细化-表面改性-分散处理”过程的一体化，使蛇纹石粉体满足了润滑油对固体颗粒添加剂的尺寸（＜500nm）及分散性要求，为蛇纹石矿物自修复润滑材料的低成本制备提供了技术支撑。

2.5.1.3　研磨时间对粉体粒径分布的影响

图 2-37 为油酸和分散剂 T151A 共同作用下，不同时间研磨处理后蛇纹石粉体的粒度分布。随着研磨时间的增加，粉体尺寸不断减小，粒度分布逐渐变窄。当研磨时间为 3h，基本达到粉磨平衡，颗粒大小及分布达到最佳状态，粉体 D_{50} 约为 350nm，D_{95} 为 390nm。当研磨时间超过 3h 后，继续研磨对改善颗粒分布的效果已不明显。由以上结果得出，以矿物基础油为研磨介质的蛇纹石粉体

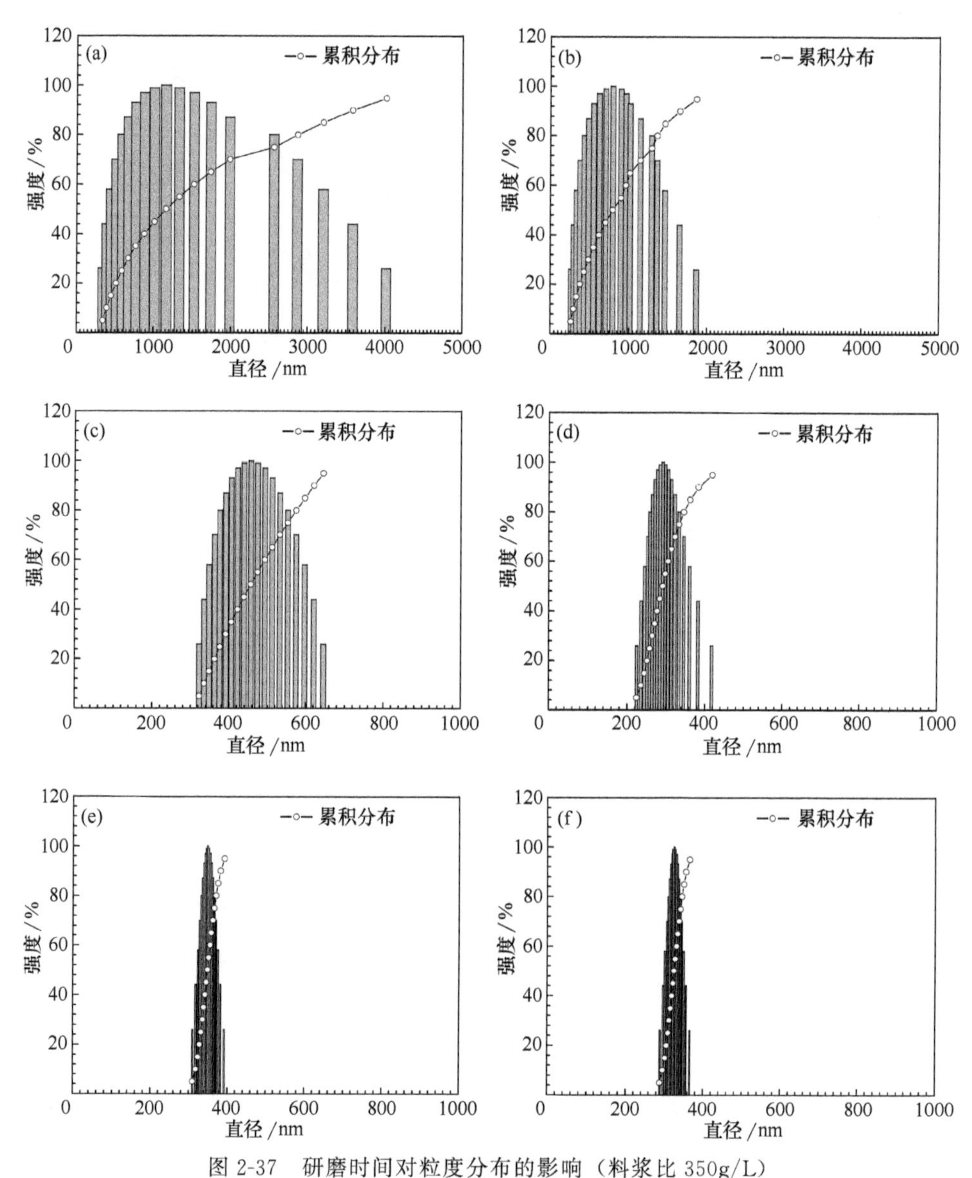

图 2-37 研磨时间对粒度分布的影响（料浆比 350g/L）

(a) 0min；(b) 30min；(c) 60min；(d) 120min；(e) 180min；(f) 300min

一体化处理的最佳工艺为料浆比 350g/L，研磨时间 180min。在同时添加改性助剂与分散剂的情况下，油酸的最佳添加量为蛇纹石粉体质量分数的 5%。

2.5.2 一体化处理的效果评价

2.5.2.1 含蛇纹石粉体润滑油透光率

采用可见分光光度计对前述最佳改性工艺处理后的含蛇纹石粉体润滑油悬浮

液进行透光率测试，用以评价其分散稳定性。图 2-38 所示为不同处理条件下含粉体悬浮液透光率随离心时间变化的关系曲线。可以看出，无表面活性剂及改性助剂时，悬浮液的分散性及分散稳定性较差，润滑油中的粉体在经历两次高速离心后几乎全部沉降；而当添加油酸及改性助剂后，研磨后得到悬浮液经多次离心后透光率升高的幅值及速率变小，粉体的分散稳定性得到显著改善；在此基础上，向研磨介质中同时添加油酸、改性助剂及分散剂 T151A，则进一步提高了粉体的分散稳定性。

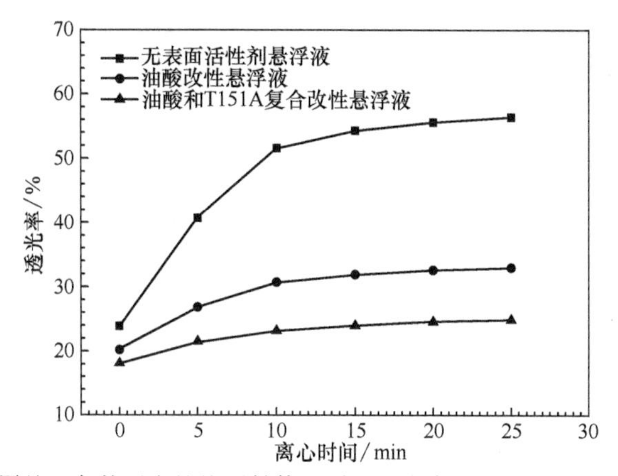

图 2-38 不同处理条件下含蛇纹石粉体悬浮液透光率随离心时间变化的关系曲线

2.5.2.2 粉体形貌的 TEM 分析

对最佳改性工艺处理后含蛇纹石粉体润滑油悬浮液进行过滤和高速离心处理，采用丙酮和无水乙醇对分离出的粉体反复清洗，经 65℃低温烘干后，得到用于 TEM 形貌分析的表面改性蛇纹石粉体样品。图 2-39 为不同试剂处理后蛇

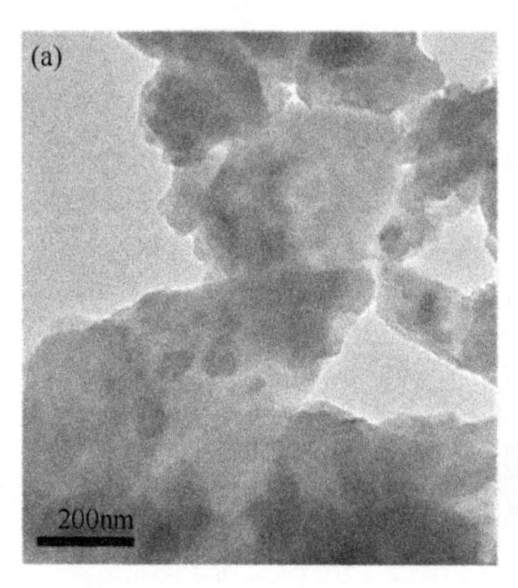

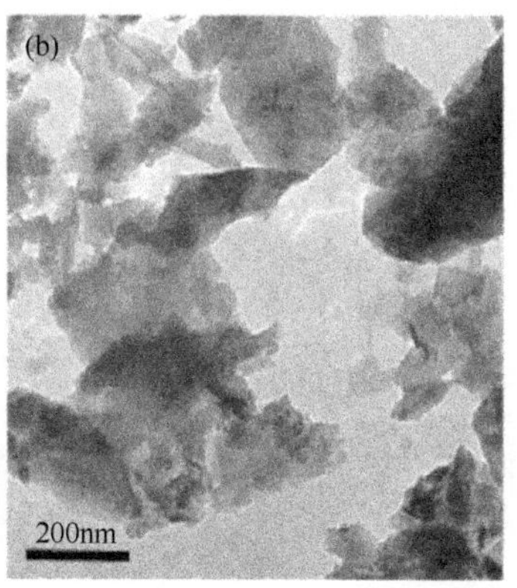

图 2-39

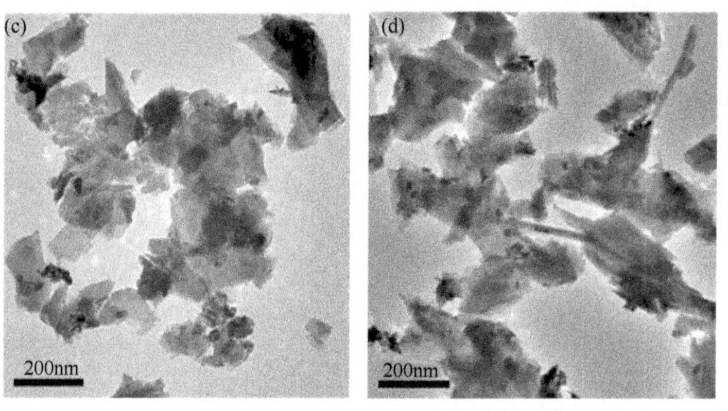

图 2-39 研磨介质中添加不同试剂后获得的蛇纹石粉体形貌的 TEM 照片

(a) 未处理；(b) 无表面活性剂；(c) 油酸＋DCC＋DMAP；(d) 油酸＋＋DCC＋DMAP＋T151A

纹石粉体形貌的 TEM 照片。与粉体粒度分布及分散稳定性测试结果一致，未处理粉体颗粒尺寸较大，团聚严重，颗粒间无明显界面。经过不同条件下的研磨处理后，粉体尺寸明显细化，粉体颗粒呈不规则形状，分散状态得到不同程度的改善。特别是当油性研磨介质中同时添加了油酸、改性助剂与 T151A 后，制备得到的蛇纹石粉体具有最佳的颗粒细化、表面改性与分散效果。

2.5.3 矿物粉体的分散稳定机制

蛇纹石粉体在油性介质中具有良好的分散稳定性，这主要归因于其表面有机包覆层与分散剂的协同作用。如图 2-40 所示，微纳米颗粒在液相介质中的分散行为由分散介质、表面改性颗粒和分散剂三者之间的相互作用决定[13]。通常情况下，无机颗粒在油性介质中的稳定分散机制主要包括静电斥力、空间位阻和空

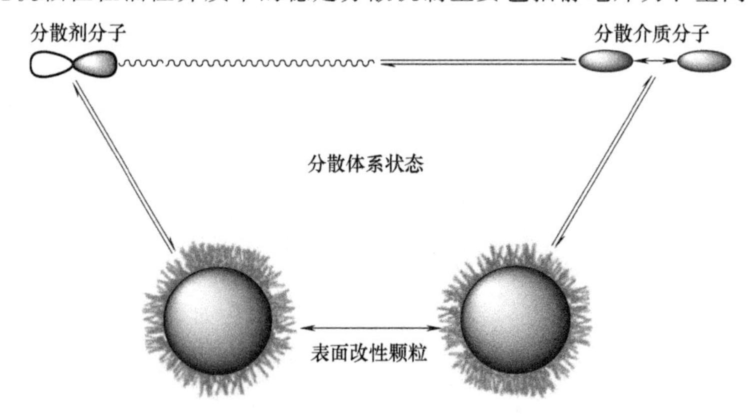

图 2-40 固液分散体系内分散介质/改性颗粒及分散剂相互作用示意图

缺稳定三个方面[13, 22]。对于无机粉体含量相对较高且以非离子型聚合物为分散剂的油基分散体系，尽管分散粒子仍具有双电层，但因电离程度极弱、电势过小而无法形成有效的静电斥力，在保持粉体的分散稳定过程中难以起主导作用。改性助剂 DCC 和 DMAP 作为催化剂促进了油酸与蛇纹石粉体表面之间酯化反应的进程，在粉体表面形成有机包覆层，显著提高了粉体的油溶性，同时在粉体表面引入有机长链，伸展至油液中形成较大的空间位阻，增强了粉体在油液中的分散稳定性。因此，对于油基固液分散体系而言，对固体颗粒分散稳定起决定性作用的是空间位阻机制。

分散剂 T151A 能够对蛇纹石粉体在油性介质中的分散起到进一步的促进作用。图 2-41 所示为 T151A 的分子结构示意图。作为一种亚氨型分散剂，T151A 分子主要由单烯烃溶剂化链、连接基团及胺基极性基团 3 部分组成。相对具有多支链、大分子量的同类分散剂，T151A 对极性物质具有更强的亲和力和缔合能力[23]，其锚固基团胺基具有较强的吸电子能力，易与无机粉体表面的富电子基团结合，锚固于颗粒表面，改善粉体表面有机吸附层的完整性；同时，由于其具有更长的溶剂化链，伸展至油液中能增强颗粒间的空间位阻效应，使粉体的分散稳定性进一步提高[13]。

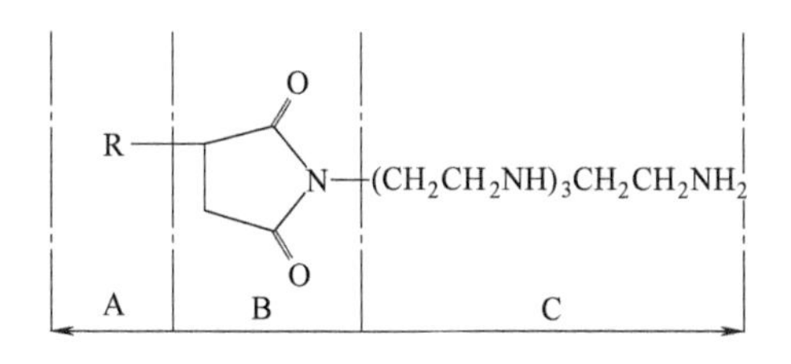

图 2-41　T151A 分子结构[23]

图 2-42 为粉体在油液体系中空间位阻分散稳定机制的示意图。在催化剂的作用下，油酸与蛇纹石粉体发生酯化反应而强烈地吸附于颗粒表面，实现对其表面的完整包覆；同时，分散剂 T151A 易与粉体表面的富电子基团结合，锚固于颗粒表面，进一步改善粉体表面有机包覆层的完整性。二者在粉体表面引入的大量长链有机分子构成颗粒的空间位阻，阻止颗粒间直接接触。在油性分散介质中，固体颗粒不断运动，当相邻颗粒运动到吸附层相互接触时，将会导致粉体动态平衡的破坏，位阻之间发生相互穿插或压缩。图 2-42（b）和（c）所示分别为“渗透斥力稳定理论”和“熵稳定理论”的示意图。当颗粒表面有机吸附层穿插重叠后，在重叠区域内有机长链的密度随之增加，固液分散体系偏离理想平衡状态，从而产生过剩的化学势，并引起渗透压上升；而当颗粒吸附层发生压缩时，重叠区会因有机长链的运动及伸展受到限制，使颗粒表面吸附层可能存在的总构象数下降，这种熵的减少必然会引起体系自由能的增加，从而在颗粒间产生净排

斥力。通常，颗粒之间位阻的穿插和压缩会同时存在，而这两种情况均会使颗粒在斥力的作用下相互弹开并向图 2-42（a）所示的理想分散状态转变[8, 13]。

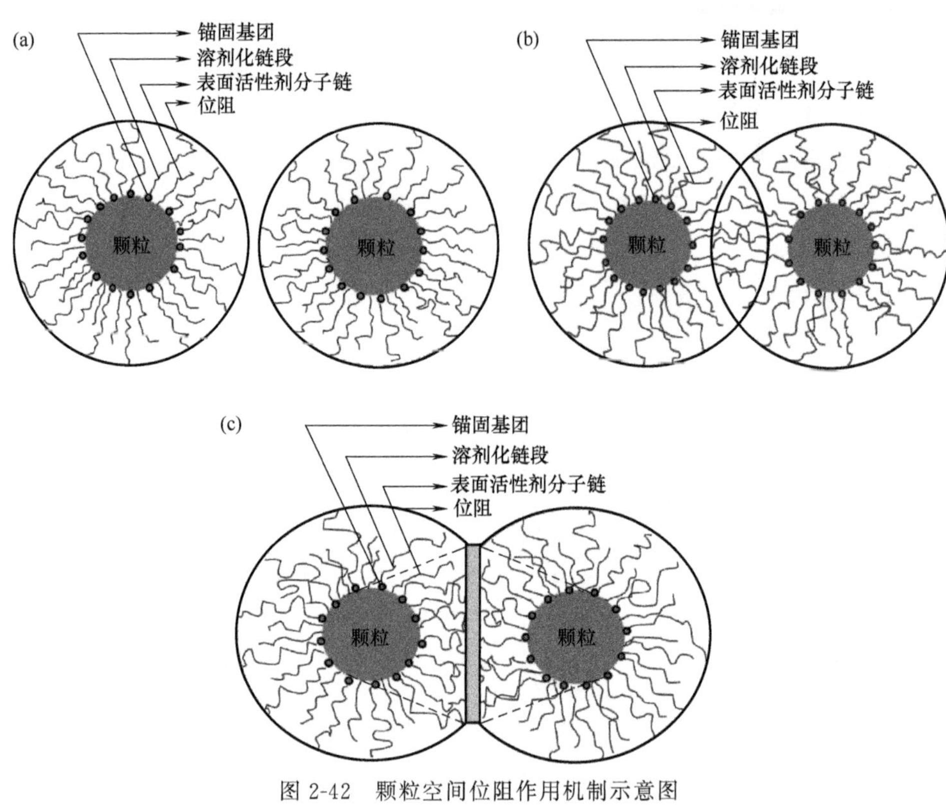

图 2-42 颗粒空间位阻作用机制示意图

（a）理想状态；（b）渗透排斥；（c）中心恢复

参考文献

［1］ 王汝霖. 润滑剂摩擦化学［M］. 北京：中国石化出版社，1994.

［2］ 刘维民. 纳米微粒及其在润滑油之中的应用［J］. 摩擦学学报，2003，23（4）：265-267.

［3］ 李凤生，崔平，杨毅，等. 微纳米粉体后处理技术及应用［M］. 北京：国防工业出版社，2005.

［4］ Yu H L，Xu Y，Shi P J，et al. Tribological behaviors of surface-coated serpentine ultrafine powders as lubricant additive［J］. Tribology International，2010，43：667-675.

［5］ 吴其胜，张少明，刘建兰. 机械化学在纳米陶瓷材料中的应用［J］. 硅酸盐通报，2002，2：32-37.

［6］ 盖国胜. 微纳米颗粒复合与功能化设计［M］. 北京：清华大学出版社，2008.

[7] 夏启斌，李忠，邱显扬，等．六偏磷酸钠对蛇纹石的分散机理研究 [J]．矿冶工程，2002，22 (2)：51-54.

[8] 郑水林．超微粉体加工技术与应用 [M]．北京：化学工业出版社，2004.

[9] 徐玉芬，吴平霄，党志．蒙脱石/胡敏酸复合体对重金属离子吸附实验研究 [J]．岩石矿物学杂志，2008，3：221-226.

[10] 来红州，王时麒，俞宁．辽宁岫岩叶蛇纹石热处理产物的矿物学特征 [J]．矿物学报，2003，23 (2)：124-128.

[11] 陈国玺，刘高魁，王冠鑫．蛇纹石族矿物的差热曲线特征及其热转变的研究 [J]．矿物学报，1983，3：221-228.

[12] 彭文世，刘高魁．蛇纹石族矿物及其热转变产物的红外光谱研究 [J]．矿物学报，1985，6 (2)：97-102.

[13] 李凤生，崔平，杨毅，等．微纳米粉体后处理技术及应用 [M]．北京：国防工业出版社，2005.

[14] Neises B，Steglich W．Simple method for the esterification of carboxylic acids [J]．Angew．Chem．Int．Ed.，1978，17：522-524.

[15] Neises B，Steglich W，Esterification of carboxylic acids with dicyclohexylcarbodiimide/4-dimethylaminopyridine：tert-butyl ethyl fumarate [J]．Org．Synth．Colloid.，1985，63：183-183.

[16] Farshori N N，Banday M R，Zahoor Z，et al. DCC/DMAP mediated esterification of hydroxyl and non-hydroxy olefinic fatty acids with β-sitosterol：in vitro antimicrobial activity [J]．Chinese Chemical Letter，2010，21：646-655.

[17] Guo Z X，Yu J，Yu J．Surface modification of nanometer silica by N，N'-dicyclohexylcarbodiimide mediated amidation [J]．Chin．Chem．Lett.，2001，12 (10)：933-934.

[18] 张春桃，卢茂芳，刘恒言．DCC/DMAP催化制备乙酰阿魏酸苯丙醇酯 [J]．中国实用医药，2010，5 (23)：37-38.

[19] 王伟，李文峰，杨玉琼，等．缩合剂1,3-二环已基碳二亚胺 (DCC) 在有机合成中的应用 [J]．化学试剂，2008，30 (3)：185-190，193.

[20] 曲凡歧，龙思会，戴志群，等．氢化均三嗪二酮双丙酸酯化物的合成 [J]．武汉大学学报 (自然科学版)，2008，46 (4)：425-428.

[21] 李前荣，顾承志，尹浩，等．用DCC/DMAP合成N-苄氧羰基氨基酸薄荷酯 [J]．有机化学，2005，25 (11)：1416-1419.

[22] 欧忠文．基于原位合成方法的超分散稳定纳米组元的制备及其摩擦学特性 [D]．重庆：重庆大学，2003.

[23] 鲁德尼克．润滑剂添加剂化学与应用 [M]．李华峰，李春风，赵立涛，等译．北京：中国石化出版社，2006.

第3章
不同摩擦条件下蛇纹石矿物自修复材料的性能

3.1 概述

机械设备在运行过程中摩擦副的接触形式多样、工况各异，由此导致的摩擦表面接触应力、接触面积、油膜厚度和相对滑动速度等参数差异，不仅决定了摩擦副材料的润滑状态，而且影响蛇纹石矿物在热力耦合作用下与摩擦表面间的交互作用。一方面，包括微纳米颗粒在内的绝大多数有机/无机润滑油抗磨减摩添加剂均是在边界润滑或混合润滑的条件下起作用，因此对于特定黏度的润滑介质而言，摩擦过程中的接触应力与摩擦副相对运动速度对蛇纹石矿物的摩擦学性能有着重要影响。另一方面，大量研究证实了层状硅酸盐矿物与摩擦表面的摩擦化学反应过程以及由此导致的磨损原位自修复效应均与摩擦热力耦合作用密切相关，接触形式、运动模式、载荷、滑动速度和持续时间等摩擦学条件直接影响自修复与材料摩擦损伤之间的动态平衡过程，从而影响矿物材料的抗磨减摩性能。此外，硅酸盐矿物作为润滑过程中摩擦化学反应发生并实现磨损表面自修复与减摩润滑效应的物质基础，矿物粉体在润滑油中的含量同样主导其摩擦化学反应进程与磨损自修复过程。

本章在蛇纹石矿物粉体细化、改性处理并实现其在润滑油中稳定分散的基础上，系统介绍不同摩擦接触形式及运动模式下，蛇纹石矿物自修复材料在润滑油中的添加量，以及载荷、滑动速度、时间等摩擦学条件对其减摩润滑性能的影响，借助多种材料表面分析手段对摩擦表界面进行表征，证实摩擦表面自修复膜的形成是蛇纹石矿物具有优异摩擦学性能的关键。在此基础上，通过改变点接触形式下旋转滑动摩擦磨损试验过程中的载荷/速度比，建立基础油/自修复膜和基础油/普通磨损表面两种润滑体系的 Stribeck 曲线，介绍蛇纹石矿物形成的自修复本身在不同润滑状态下的摩擦学性能，并探讨蛇纹石矿物减摩自修复材料的摩擦学作用机制。

3.2 蛇纹石矿物的点接触/往复滑动摩擦学性能

3.2.1 摩擦学试验方法

选用长城 CD 15W/40 柴油机油为基础油。将油酸改性后的蛇纹石粉体（Serpentine powders，SPs）分别以 0.2%、0.5%和 0.8%的质量分数添至基础油中，经机械搅拌（转速 6000r/min，时间 30min）和超声波分散（超声功率 400W，时间 30min，温度 35℃）后得到待测油样。如无特殊说明，本章其余试验均采用上述基础油及含蛇纹石矿物油样制备方法。

采用 Optimal SRV4 磨损试验机（图 3-1）研究含蛇纹石矿物油样的点接触/往复滑动摩擦学性能。研究润滑油中蛇纹石矿物含量对其摩擦学性能的影响时，试验条件为：载荷 50N，时间 30min，往复行程 1mm，试验过程中每隔 10min 变换往复频率，将频率由 10Hz 依次增大至 30Hz。研究载荷对蛇纹石矿物摩擦学性能的影响时，试验条件为：载荷 10、50、100、200N（初始赫兹接触应力分别为 1.02、1.15、2.21、2.78GPa），时间 90min，往复行程 1mm，试验过程中每隔 30min 变换往复频率，将频率由 10Hz 依次增大至 30Hz。

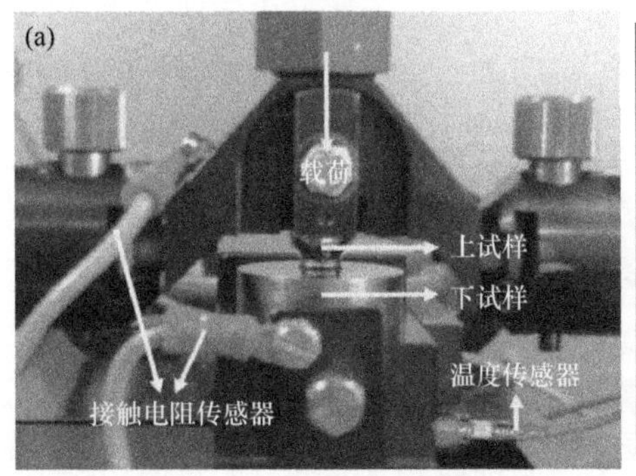

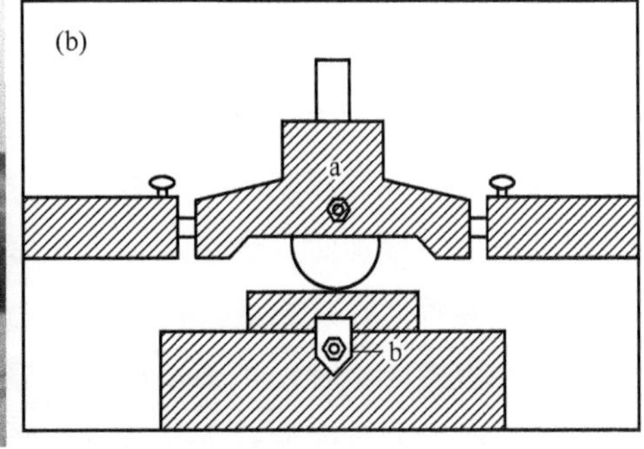

图 3-1　SRV4 磨损试验机

(a) 试验过程实物图；(b) 工作原理示意图

SRV4 磨损试验机上试样为往复滑动的 AISI 52100 标准钢球，尺寸为 ϕ10mm，硬度为 61～63HRC，表面粗糙度 Ra 约为 0.01μm；下试样为固定的 AISI 1045 标准圆形钢块，尺寸为 ϕ24mm×8mm，硬度 42～45HRC，表面粗糙度 Ra 约为 0.76μm。表 3-1 列出了上下试样的主要化学成分。试验结束后，采用光学显微镜对钢球的磨斑直径进行测量，利用 MicroMAX 三维轮廓仪对钢块的磨损体积进行测量。磨损率定义为磨损体积对载荷和距离乘积的算术均值。每个试样重复测量 3 次，取其平均值为最终结果，测量误差为±5%。

表 3-1 试样的主要化学成分 单位：%（质量分数）

试样	C	Si	Mn	Cr	S	P	Fe
AISI 1045 钢块	0.40～0.50	0.15～0.40	0.50～0.80	<0.25	<0.035	<0.035	余量
AISI52100 钢球	0.95～1.05	0.15～0.35	0.20～0.40	1.30～1.65	<0.027	<0.027	余量

3.2.2 蛇纹石矿物含量对其摩擦学性能的影响

图 3-2 为不同蛇纹石矿物含量油样的摩擦因数随时间变化曲线及上下试样磨损率的变化。可以看出，添加不同含量的蛇纹石矿物均能提高润滑油的抗磨减摩性能。在点接触的往复滑动摩擦条件下，蛇纹石矿物含量为 0.5%时，可以获得最低的润滑油摩擦因数及材料磨损率。在 3 种频率变换下，含 0.5%蛇纹石矿物油样的摩擦因数分别较基础油降低约 20.3%（10Hz）、21.4%（20Hz）和 19.1%（30Hz），摩擦过程中上下试样的磨损率分别较基础油润滑时降低约 83.2%和 52.8%。当蛇纹石矿物含量高于或低于 0.5%时，其改善基础油摩擦学性能的作用受到不同程度的削弱。这主要是因为蛇纹石矿物含量较低时，粉体颗粒在与润滑油对摩擦副表面的吸附竞争中处于劣势，导致介入摩擦接触区域并参与摩擦化学反应或摩擦机械作用的颗粒数量较少，从而无法形成完整的边界润滑膜或自修复保护膜；随着蛇纹石矿物添加量的增大，更多的矿物颗粒吸附在摩擦表面并与摩擦表面发生摩擦机械或摩擦化学作用，从而形成完整的自修复膜（或称自修复层、摩擦反应膜/层），起到减少磨损和降低摩擦的作用；但当矿物颗粒的添加量进一步增加时，会造成颗粒在摩擦副间隙的冗余而发生聚集甚至充当第三体磨粒，导致磨损加剧，使硅酸盐矿物的减摩润滑效果变差[1-3]。

此外，由图 3-2（a）可知，滑动摩擦过程中的往复频率（滑动速度）大小同样对蛇纹石矿物的摩擦学行为具有重要影响，基础油和含蛇纹石矿物油样的摩擦因数随往复滑动频率增加呈先降低后升高的变化趋势。这可能与润滑膜的形成与破坏有关，在边界润滑状态下适当增加滑动速度，能够提高摩擦界面的能量，有

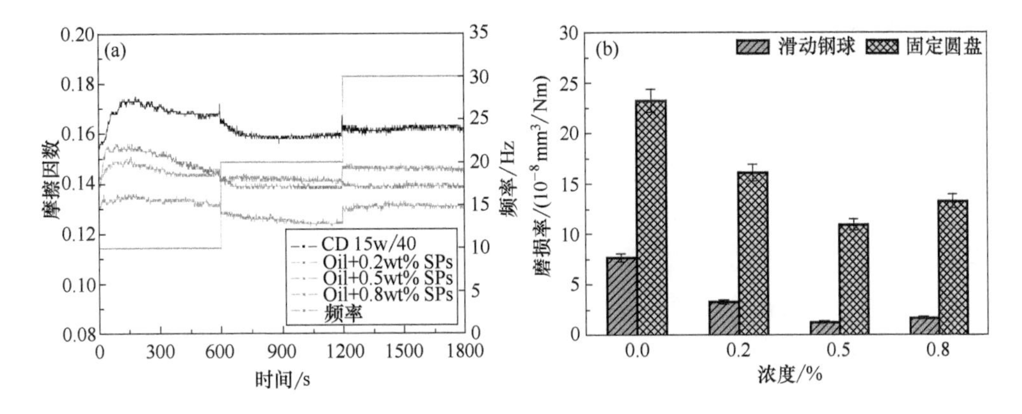

图 3-2　SPs 含量对润滑油摩擦学性能的影响

（a）摩擦因数随时间变化曲线；（b）上下试样的磨损率

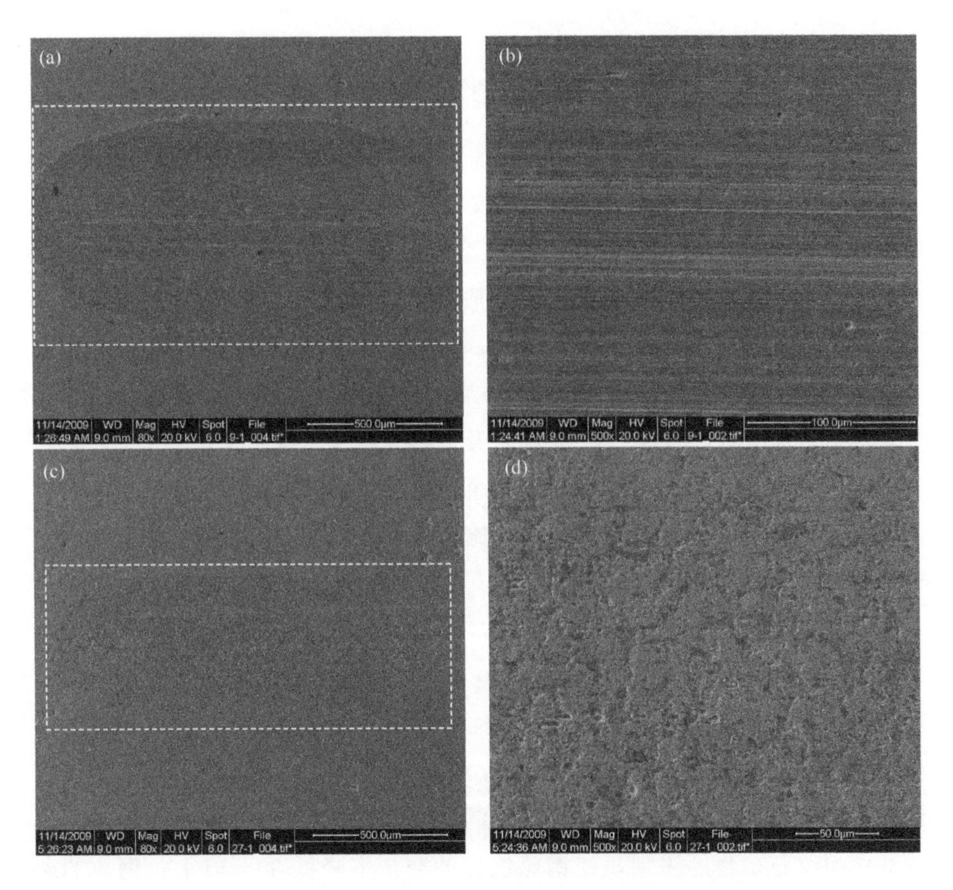

图 3-3　不同润滑条件下试样摩擦表面形貌的 SEM 照片

（a）（b）CD15W/40；（c）（d）含 0.5%SPs 油样

助于润滑油膜和自修复膜的形成；而当速度过大时，摩擦副的相对运动距离显著增大，导致润滑油膜或自修复膜的形成质量及稳定性下降，从而导致摩擦增大，甚至加剧磨损[3-5]。关于蛇纹石矿物在润滑油中的减摩自修复机理与摩擦学作用机制会在后续章节进行详细的讨论和介绍。

图 3-3 为不同润滑条件下 SRV4 磨损试验机下试样磨痕形貌的 SEM 照片。基础油润滑时，摩擦表面损伤严重，沿滑动方向密布着深浅不一的犁沟和划痕，并伴随大量细小的微坑和塑性变形，呈现出典型的疲劳磨损、磨粒磨损及材料塑性去除的磨损形貌特征。而含 0.5%蛇纹石矿物油样润滑时，下试样表面磨痕的面积较基础油润滑下减小约 48%，摩擦表面相对平整光滑，具有明显的疏松多孔的形貌特征，镶嵌有大量的细小颗粒，未见明显的犁沟、划痕和塑性变形等表面损伤，表明润滑油中蛇纹石矿物的存在，能够显著降低摩擦过程对接触表面造成的微观损伤，起到一定的损伤自修复作用，显著改善磨损。

3.2.3 载荷对蛇纹石矿物摩擦学性能的影响

图 3-4 所示为不同载荷条件下基础油与含 0.5%蛇纹石矿物润滑油的摩擦因数变化。由图 3-4 (a) 所示含 0.5%蛇纹石矿物油样摩擦因数随时间和频率变化的关系曲线可以看出，10N 时润滑油的摩擦因数较高，随时间和频率变化的波动较大；50～100N 时，摩擦过程较为平稳，摩擦因数下降明显；而当载荷达 200N 时，摩擦因数又有所升高。同时，滑动频率即速度对摩擦过程有显著影响。当载荷为 10N 或 50N 时，在 20Hz 前，随着频率的增大，摩擦因数呈下降趋势，而到 30Hz 时，摩擦因数呈现回升；而当载荷为 100N 或 200N 时，整个摩擦过程中，摩擦因数均随着滑动频率的增大而略有降低。由图 3-4 (b) 所示不同载荷下两种润滑油平均摩擦因数对比可以看出，基础油与含蛇纹石矿物油样的摩擦因数均随载荷增加呈先下降后上升的变化趋势，而蛇纹石矿物在不同载荷条件下均能显著改善基础油的减摩性能。

图 3-5 为不同载荷条件下基础油与含 0.5%蛇纹石矿物油样润滑下 SRV4 磨损试验机上下试样磨损率的变化。不同油样润滑下材料的磨损率均随载荷的增加呈先降后升的变化趋势，与基础油相比，添加蛇纹石矿物材料后油样润滑下的钢球和钢块试样磨损明显降低。载荷为 50N 时上下试样的磨损率降幅最大，此时润滑油中蛇纹石矿物的添加，使钢球试样的磨损率降低 30%以上，钢块的磨损率降低 25%以上。结合摩擦因数的试验结果，可认为点接触的往复滑动形式下蛇纹石矿物在 50N 载荷（初始赫兹接触应力约为 1.15GPa）下具有最佳的抗磨

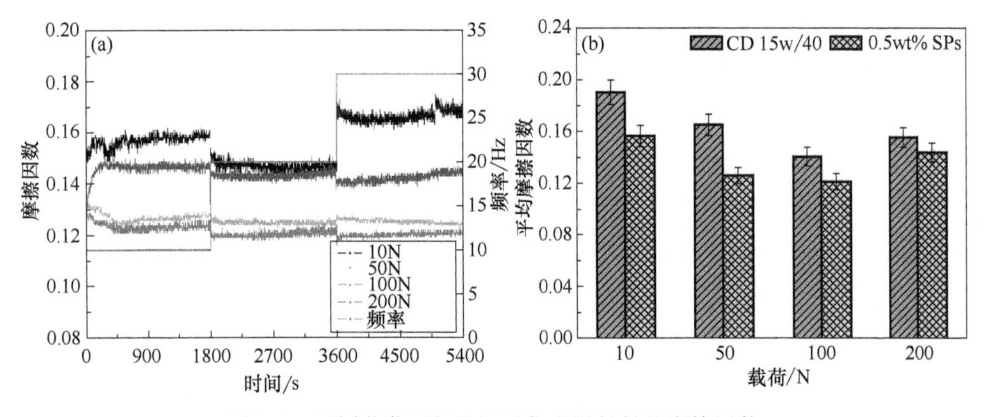

图 3-4　不同载荷下蛇纹石矿物润滑材料的摩擦因数

(a) 含 0.5%SPs 油样摩擦因数随时间变化曲线；(b) 基础油与含 0.5%SPs 油样的平均摩擦因数对比

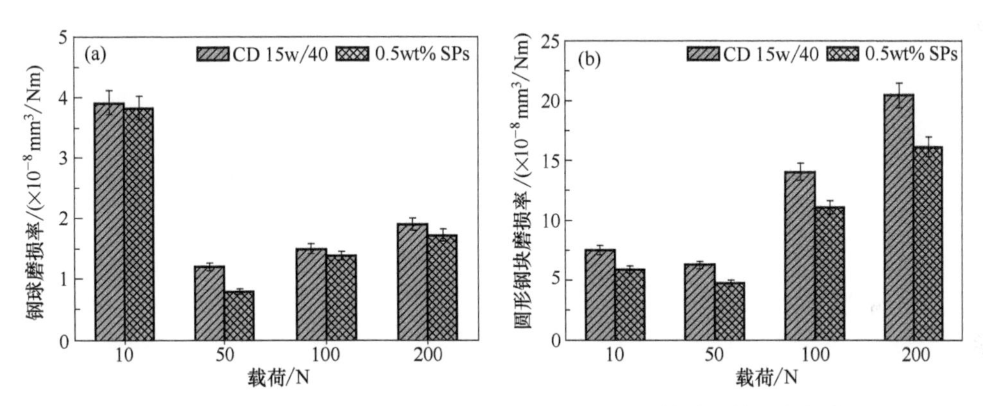

图 3-5　不同载荷时基础油和含 0.5%SPs 油样润滑下摩擦副试样的磨损率变化

(a) 钢球；(b) 圆形钢块

减摩性能。

大量研究证实，层状硅酸盐矿物抗磨减摩性能的优异程度是其磨损自修复效应与材料摩擦损伤之间动态平衡的宏观表现[6-9]。根据经典的 Stribeck 曲线（图 3-6)，摩擦学系统的润滑状态及摩擦学行为与摩擦副单位面积承受载荷（P)、相对滑动速率（V）及润滑油黏度（η）密切相关。其中，摩擦学行为在弹性流体润滑状态下主要与润滑膜或润滑剂本身的特性有关，边界润滑状态下则主要受摩擦副材料性能及接触表面之间的相互作用影响，而混合润滑状态下则是边界润滑和弹性流体润滑综合效应的结果[10]。通常认为，包括硅酸盐矿物在内的微纳米粉体材料，其改善润滑油脂抗磨减摩性能的原理大多是在边界润滑状态下，在摩擦热力耦合作用过程中，在摩擦表面形成自修复膜。当自修复膜的生成速率等于或大于其磨损速率时，摩擦副表现出零磨损甚至负磨损状态；反之，当自修复膜的磨损速率逐渐高于其生成速率时，摩擦副的磨损逐渐增大，尽管材料的耐磨性得到改善，但硅酸盐矿物材料的减摩自修复性能不明显。在边界润滑条件下，摩擦界面的能量随着载荷和滑动速度的增大而升高，蛇纹石矿物粉体与摩擦表面的相互作用增强，从而有利于磨损表面自修复膜的形成[11]。另外，载荷和转速的升高无疑会导致磨损过程的加剧。

总体上，适当的摩擦学试验条件有利于蛇纹石形成自修复膜，摩擦过程中的载荷、滑动时间、往复频率和蛇纹石含量等因素影响摩擦表面的自修复效应与磨损的动态平衡过程，从而使其表现出良好减摩抗磨性能的同时，在不同摩擦条件下存在较大的性能差异。

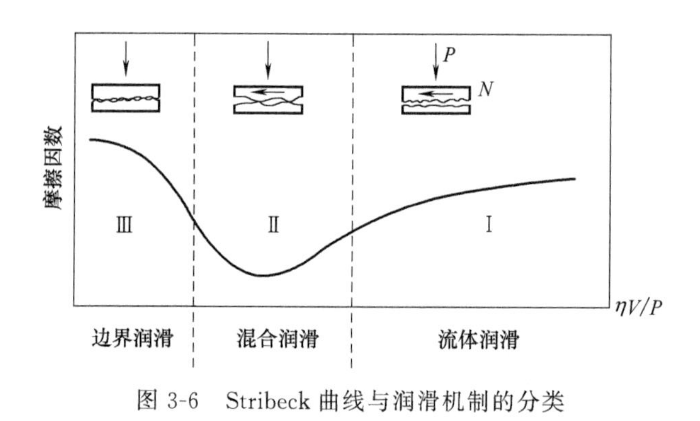

图 3-6 Stribeck 曲线与润滑机制的分类

3.2.4 摩擦表面分析

图 3-7 为不同载荷时基础油与含蛇纹石矿物油样润滑下钢块试样磨损表面形貌的 SEM 照片。基础油润滑时，磨损表面损伤随载荷的增大逐渐加重，存在着明显的犁沟、划痕、褶皱及塑性变形；而蛇纹石矿物存在时，材料磨损明显减轻。研究表明[12,13]，硅酸盐矿物颗粒吸附于摩擦表面，并在摩擦力的作用下与磨损表面新鲜裸露的活性铁元素发生复杂的理化作用，有利于形成较为完整的自修复膜，使磨损表面趋于平整并呈疏松的多孔状结构，从而减少摩擦表面金属之间的直接接触，同时改善油膜吸附能力和摩擦表面储油能力，降低摩擦磨损。随着载荷的增大，尽管较高的能量有助于摩擦表界面不同成分之间的相互作用，但在自修复膜的形成与磨损去除构成的动态竞争作用中，磨损作用逐步占据主导，导致摩擦表面损伤逐步加重，但仍优于基础油润滑下的摩擦表面。磨损表面形貌分析表明，在 50N 时，蛇纹石矿物对磨损表面具有较好的自修复作用。

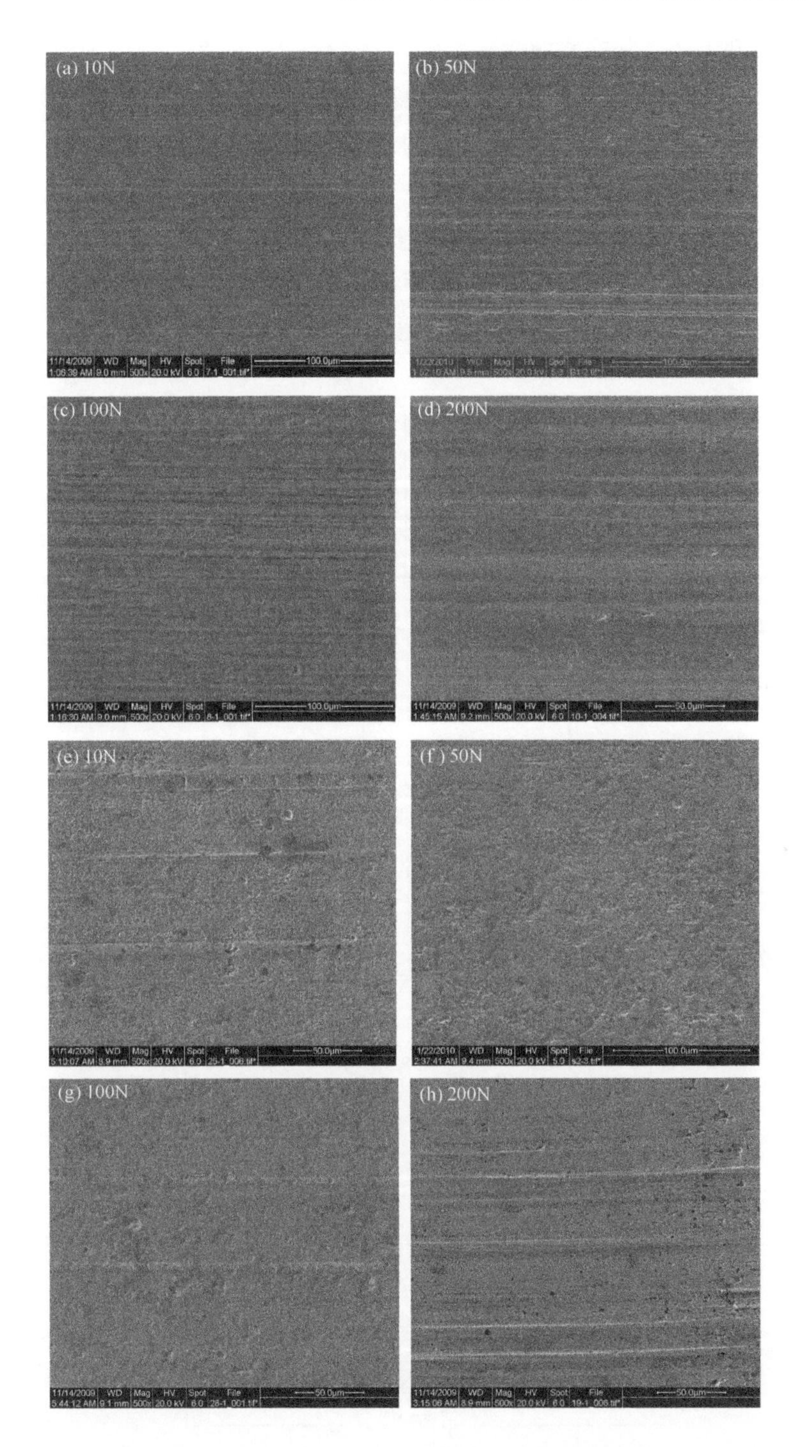

图 3-7　不同载荷时基础油与含 SPs 油样润滑下磨损表面形貌的 SEM 照片

(a)～(d) CD15W/40；(e)～(h) 含 0.5%SPs 油样

图 3-8 和表 3-2 为 50N 的载荷水平下，运行 90min 后，不同润滑条件下磨损表面的 EDS 分析结果。可以看出，原始基体表面主要由 Fe、C 和 O 元素组成。而基础油润滑时，磨损表面仍主要由以上元素组成，但 C、O 含量较基体显著升高。而蛇纹石微粉存在时，磨损表面 C、O 元素的含量较基础油润滑时进一步明显提高，且发现了微量的 Mg 元素及较多的 Si 元素。由蛇纹石的晶体结构及化学组成可知，Mg、Si 为蛇纹石微粉的特征元素，O 元素可能来自环境、蛇纹石

表 3-2 不同润滑条件下磨损表面的元素组成 EDS 分析

单位：%（原子分数）

不同材料表面	Fe	C	O	Mg	Si
原始 AISI 1045 钢表面	95.13	1.45	3.42	—	—
基础油润滑下磨损表面	86.48	7.55	5.97	—	—
0.5%SPs 润滑下磨损表面	77.41	11.62	9.87	0.23	0.87

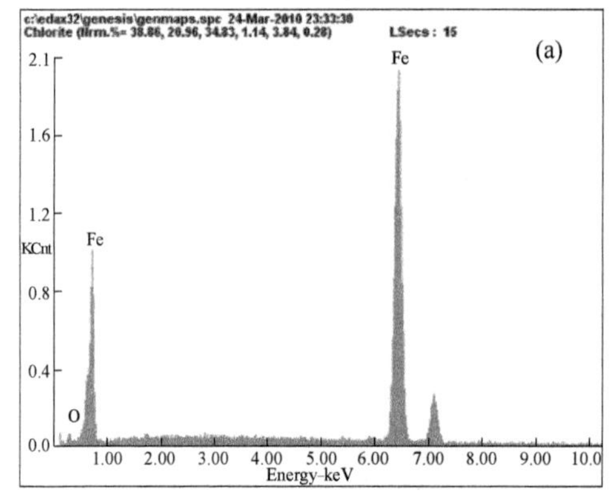

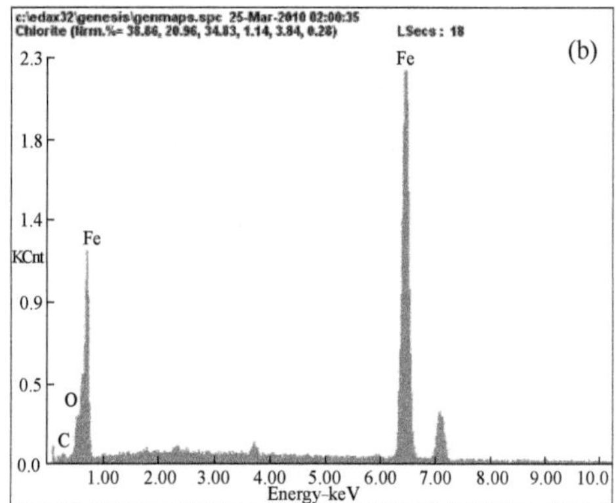

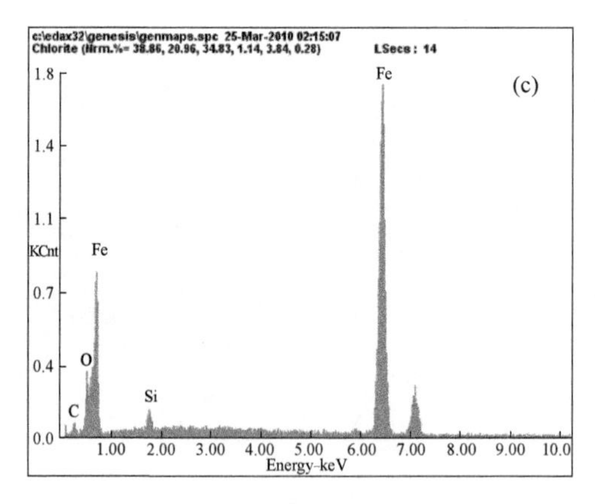

图 3-8 磨损表面的 EDS 谱

(a) 原始表面；(b) CD15W/40；(c) 含 0.5%SPs 油样

粉体或有机化合物，而 C 元素则主要来自润滑油链的降解或摩擦副基体，因此，蛇纹石微粉参与了摩擦表面复杂的理化作用，促进了摩擦表面的氧化反应，诱发形成了富含 Fe、Si、C、O 等元素的自修复膜。

为揭示蛇纹石矿物存在时磨损表面特征区域的元素组成，对磨损表面进行了元素的面扫描分析，如图 3-9 所示。磨损表面多数区域较为光滑、平整，未见犁

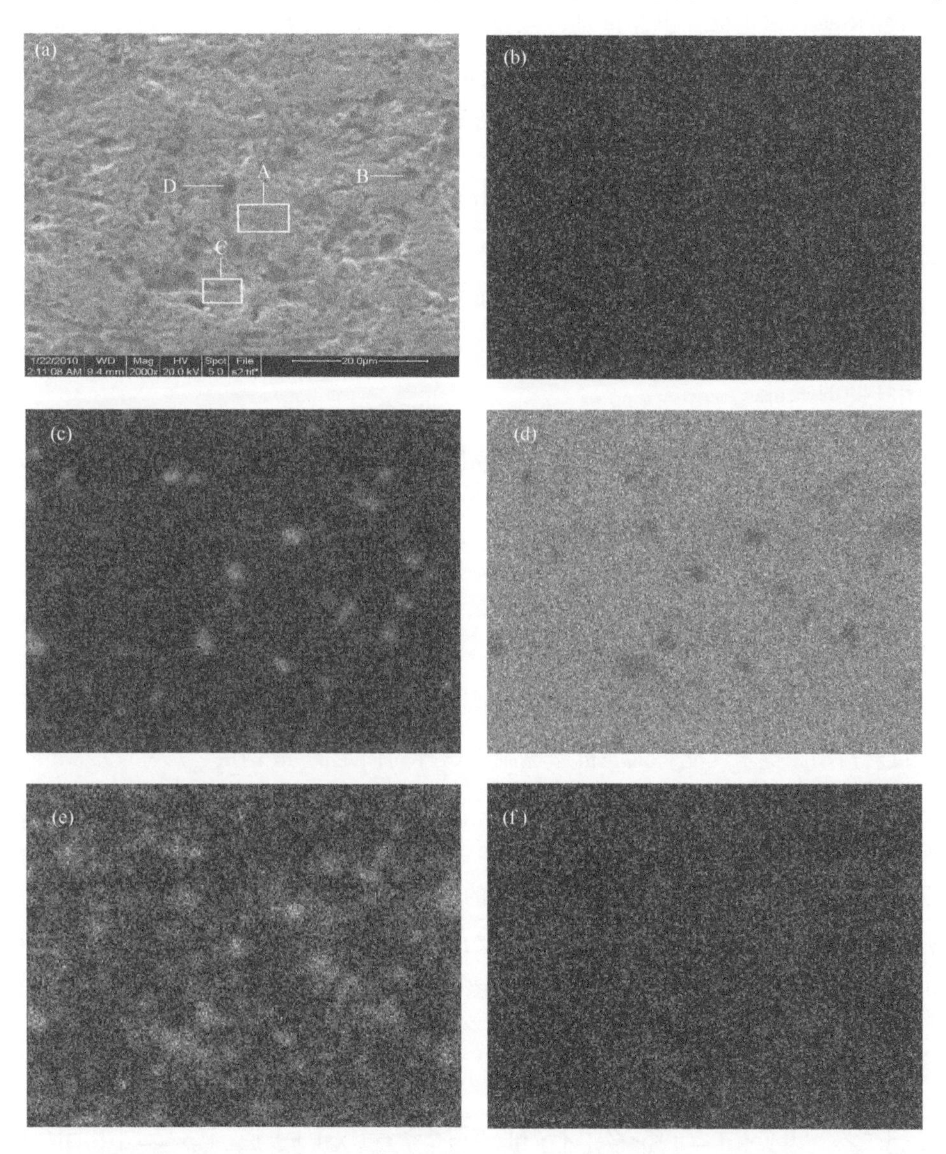

图 3-9　蛇纹石微粉存在时磨损表面放大 SEM 形貌及特征元素的分布

(a) 图 3-7 (f) 放大的 SEM 形貌；(b) Mg；(c) Si；(d) Fe；(e) O；(f) C

沟、划痕和碾压的痕迹；磨损表面呈疏松的薄膜状结构，其上分布有大量的剥落坑和黑色的片状嵌入体。Fe、Si 和 O 沿磨损表面呈非均匀分布，而 C 及微量的 Mg 则呈均匀分布。区域 A 和区域 C 主要由 Fe 和 O 构成，分别为氧化物层和氧化物在往复载荷作用下的疲劳剥落。区域 B 和区域 D 主要由 Si、O 元素组成，其中 B 为蛇纹石颗粒经摩擦细化后形成的 Si—O 结构，而 D 则为嵌入基体的蛇纹石碎片或其聚集体。由此可见，蛇纹石微粉在进入摩擦界面后，对摩擦表面产生了机械力和机械化学作用，在摩擦表面诱发形成了氧化膜，其上分布着大量细小的黑色微区及片状富含 Si—O 结构的嵌入物，有利于强化摩擦表面，提高其减摩抗磨能力。

由以上结果结合已有研究可知[6-9,12,13]，添加到润滑油中的蛇纹石矿物在点接触的往复滑动模式下，在摩擦表面形成了富含 Fe、Si、C、O 等蛇纹石特征元素的多孔状自修复膜，其形成与蛇纹石矿物自身的晶体结构特征、理化性质以及载荷、滑动速度、矿物含量等摩擦条件密切相关，也是蛇纹石矿物表现出优异摩擦学性能的关键。

3.3 蛇纹石矿物的线接触/旋转滑动摩擦学性能

3.3.1 摩擦学试验方法

采用 MRH-3 型环-块磨损试验机（图 3-10）研究蛇纹石矿物自修复材料的线接触/旋转滑动摩擦学性能。试验机摩擦副上试样为固定的 45 钢块，尺寸 19.00mm×12.35mm×12.35mm，表面硬度 HRC42～45，表面粗糙度 Ra 约为 0.74μm；下样为标准 GCr15 钢环，尺寸 ϕ49.24mm×13mm，表面硬度 HRC59～61。研究载荷与蛇纹石矿物含量对其摩擦学性能的影响时，试验条件为：蛇纹石矿物含量为质量分数 0.2%、0.5%和 0.8%，载荷 100N、300N、600N 和 900N，时间 60min，试验机转速 250r/min。研究摩擦学试验的时间对蛇纹石矿物摩擦学性能及自修复膜形成过程的影响时，试验条件为：蛇纹石矿物含量 0.5%，载荷 600N，转速 250r/min，时间 4h、8h 和 16h。

3.3.2 载荷与蛇纹石矿物含量对其摩擦学性能的影响

图 3-11 所示为不同含量和载荷条件下蛇纹石自修复材料的摩擦学性能。对

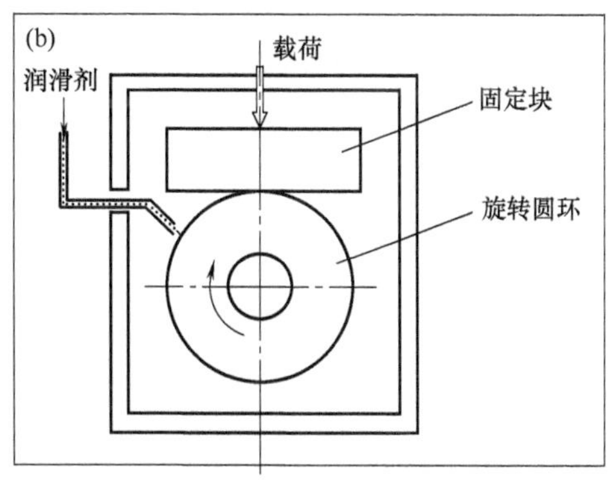

图 3-10 MRH-3 型环-块摩擦磨损试验机

(a) 试验过程实物图；(b) 工作示意图

比可见，蛇纹石微粉的加入，能够显著降低摩擦、减少磨损。对于基础油与添加不同含量蛇纹石矿物的油样，摩擦因数均呈现相似的变化趋势，即随载荷的增大先逐渐下降，并在 600N 时降至最低，之后，随着载荷的继续增加又逐渐升高；而不同油样润滑下的钢块试样磨痕宽度均随载荷的增加而不断增大。在不同载荷条件下，油品的摩擦因数及其润滑下的钢块磨痕宽度均随润滑油中蛇纹石矿物含量的增加呈先降低后升高的变化趋势，蛇纹石矿物的添加量为 0.5%时表现出最佳的抗磨减摩性能。在载荷为 600N 时，含蛇纹石矿物油样润滑下的摩擦因数和磨痕宽度分别较基础油润滑时下降约 9.7%和 40.7%。

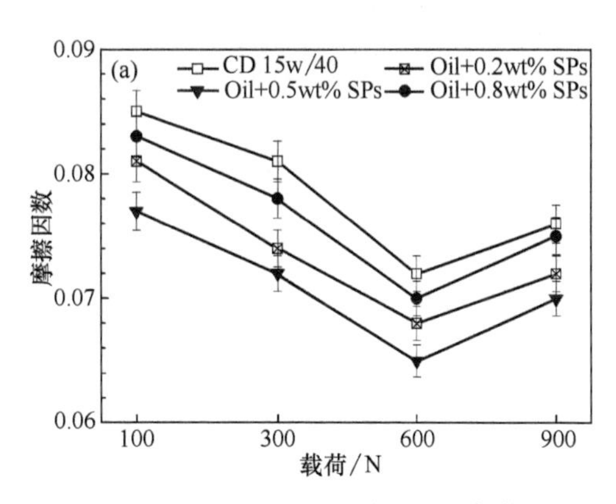

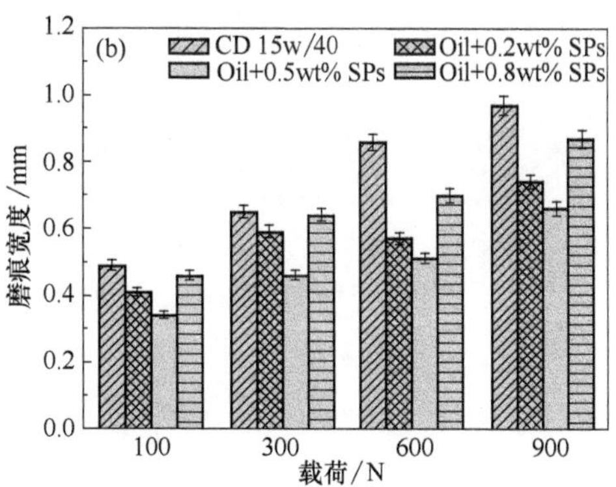

图 3-11 载荷和含量对摩擦学性能的影响

(a) 摩擦因数；(b) 磨痕宽度

图 3-12 为载荷 600N 条件下不同油样润滑后钢块磨痕表面形貌的 SEM 照片。基础油润滑时，磨痕的宽度较大，平行于旋转方向，存在着深而宽的犁沟和

划痕，沿着犁沟边缘具有较多的塑性变形，呈磨粒磨损的特征。而0.5%的蛇纹石微粉存在时，磨痕宽度明显减小，磨损表面较为光滑平整，摩擦表面仍然存在着犁沟或划痕，但其深度和宽度明显降低，摩擦表面损伤较为轻微。由此可见，在适当的载荷条件下，合适剂量的蛇纹石微粉自修复材料的存在，能够显著降低摩擦磨损，减少机械负载作用下摩擦表面的微观损伤。

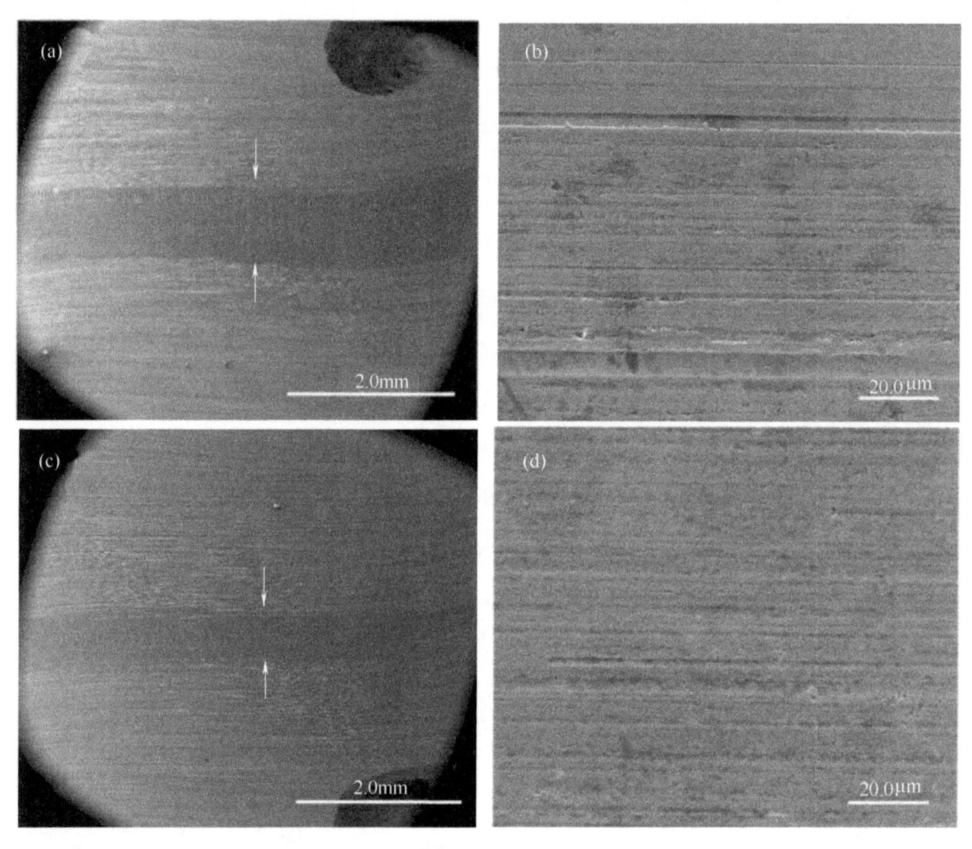

图 3-12　载荷 600N 时不同油样润滑下钢块磨痕表面形貌的 SEM 照片（箭头之间区域为磨痕）

(a)(b) CD15W/40；(c)(d) 含 0.5%SPs 油样

3.3.3 滑动时间对蛇纹石矿物摩擦学性能的影响

除载荷、滑动速度与蛇纹石含量等参数外，时间同样是影响层状硅酸盐矿物摩擦学性能与自修复效应的重要因素。这主要是由于硅酸盐矿物在摩擦表面形成自修复保护膜的过程是一个动态过程，膜层的完整性和致密性不仅与矿物颗粒的含量、摩擦热力耦合作用有关，而且是一个随时间变化的摩擦机械过程或摩擦化学反应过程。本节介绍了0.5%蛇纹石矿物油样润滑下，摩擦表面微观形貌随时间的演变过程。

图 3-13 所示为不同摩擦时间对应的基础油与含蛇纹石矿物油样润滑下钢块的磨痕宽度。不同润滑介质作用下钢块试样的磨痕宽度均随时间的增加而不断增大，其中，基础油润滑下的磨痕宽度随时间增加呈近似指数增长的变化趋势，磨痕宽度增加的幅度较大；含蛇纹石矿物油样润滑下的磨痕宽度则呈近似线性增长的变化趋势，磨痕宽度增速而随时间的延长逐渐趋缓。总体上，不同摩擦时间的情况下，润滑油中添加蛇纹石矿物均能显著改善油品的抗磨性能，钢块试样的磨痕宽度大幅减小。这主要与蛇纹石矿物对摩擦表面起到填充、抛光和研磨作用，并实现了微观损伤的自修复密切相关。

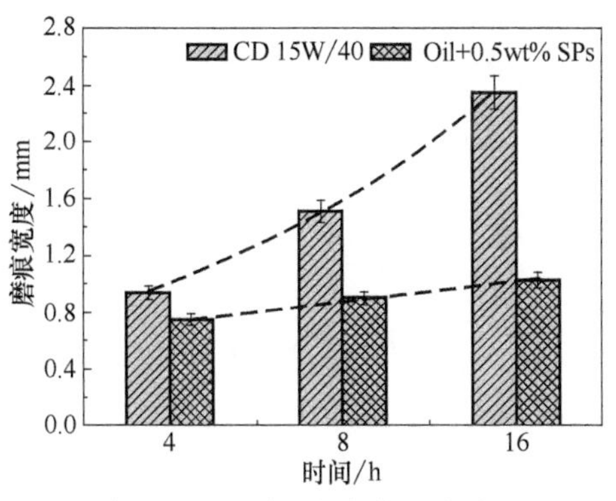

图 3-13　不同润滑条件下磨痕宽度随时间的变化

图 3-14 和图 3-15 分别为基础油与含蛇纹石矿物油样润滑下磨损表面形貌的 SEM 照片。基础油润滑时，摩擦副表面磨损较为严重，其上存在深而宽的犁沟和划痕，呈现典型的磨粒磨损形貌特征。随着磨损时间的延长，磨痕深度和宽度不断增大，磨损明显加剧。而在含蛇纹石矿物油样的润滑下，磨损表面在最初 4h 同样存在较多平行于滑动方向的划痕，但摩擦损伤程度明显减轻；至 8h 后，磨损表面犁沟和划痕数量减少，开始呈现出疏松多孔的形貌特征；当摩擦时间达到 16h 后，磨损表面除极少量的浅划痕外未见明显损伤，表面相对平整、光滑，疏松多孔的颗粒状形貌特征更加明显。

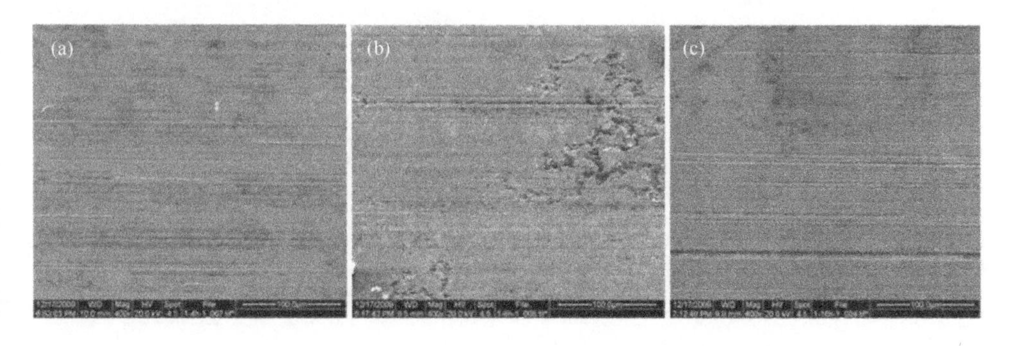

图 3-14　基础油润滑时磨损表面形貌随时间的变化

(a) 4h；(b) 8h；(c) 16h

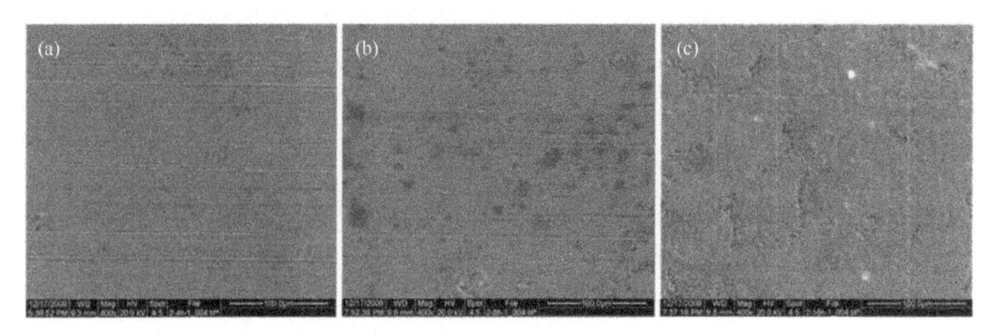

图 3-15 含蛇纹石矿物油样润滑时磨损表面形貌随时间的变化

(a) 4h；(b) 8h；(c) 16h

图 3-16 为不同润滑条件下磨损表面三维形貌的白光干涉显微镜照片。基础油润滑时 [图 3-16 (a)～(c)]，沿着滑动的方向平行分布着较深而宽的犁沟和划痕，且沿着犁沟的边缘呈现明显的塑性变形和材料去除，摩擦表面损伤随着时间

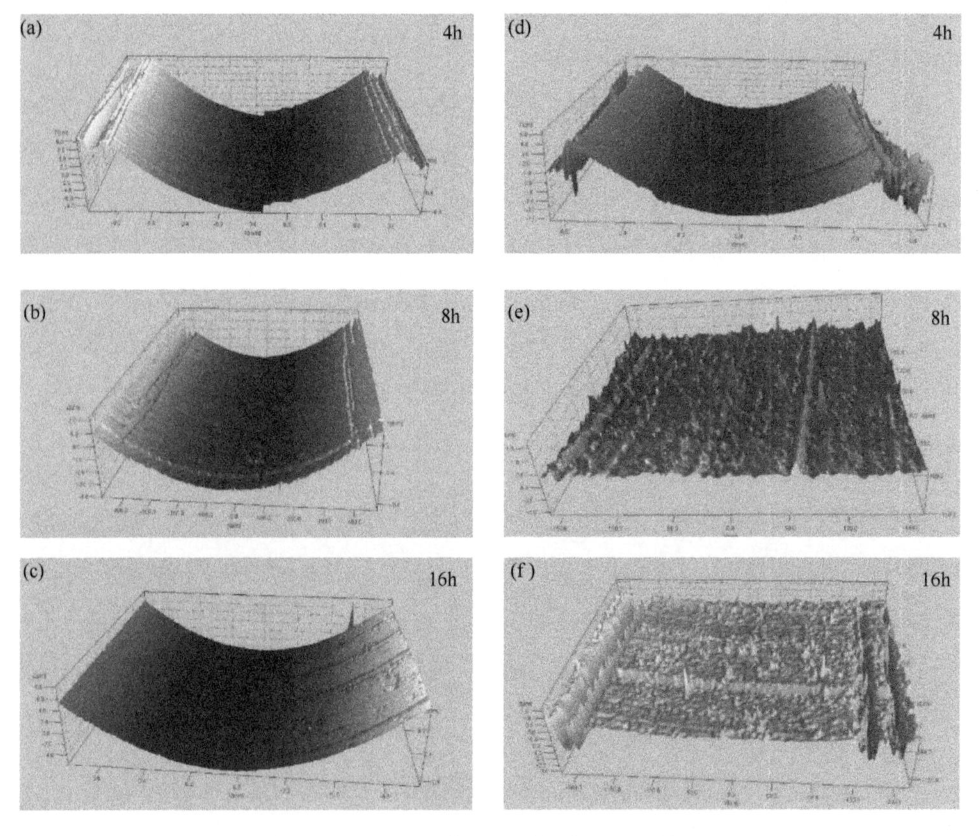

图 3-16 不同润滑条件下磨损表面的三维形貌

(a)～(c) CD15W/40；(d)～(f) 含 0.5%SPs 油样

的增加而逐渐加重。而含蛇纹石矿物油样润滑时［图 3-16（d）～(f)］，磨损表面划痕和犁沟在 8h 后基本消失，表面未见明显的塑性变形与严重损伤；摩擦时间达到 16h 后，磨损表面较为平整、光滑，呈现出与基础油润滑下表面明显不同的颗粒状形貌特征，表明磨损表面形成了相对完整的自修复膜[6-9]。以上结果证实了蛇纹石矿物对摩擦表面的自修复效应是一个与时间有关的动态变化过程。

3.3.4 摩擦表面分析

为进一步揭示不同油样润滑下磨损表面的化学组成，采用 XPS 对磨损表面主要元素进行了价态分析，结果如图 3-17 所示。由 XPS 全谱可知［图 3-17 (a)］，磨损表面均主要由 Fe、O 和 C 元素组成。蛇纹石矿物的作用下，磨损表面并未发现大量的 Mg、Si 等蛇纹石特征元素，而 O、C 元素的含量较基础油润滑下显著增加，表明蛇纹石矿物在摩擦机械效应与摩擦化学效应的作用下，在摩擦表面形成了富集 O、C 元素的自修复膜。基础油润滑时，Fe $2p_{3/2}$ 的结合能峰经拟合可得 707.2、708.1、709.1、710.2、711.6、713.4、714.9 和 715.6eV 等子峰，分别对应于 Fe、FeO、FeOOH、Fe_3O_4、Fe_2O_3、FeS 和含铁有机物[14,15]，所占的质量百分比分别为 11%、11%、16%、22%、18%、13%、5%和 4%；而蛇纹石矿物作用下，磨损表面 Fe $2p_{3/2}$ 可以拟合为 707.2、708.1、709.1、710.2、711.6、713.4 和 714.9eV 等子峰，分别对应于 Fe、FeO、FeOOH、Fe_3O_4、Fe_2O_3、FeS 和含铁有机物[14,15]，所占的比例分别为 15%、9%、21%、22%、21%、9%和 3%。对比可见，蛇纹石矿物存在时，磨损表面的氧化物，特别是高价氧化物的含量显著提高，表明蛇纹石矿物能够促进摩擦表面的氧化反应。两种润滑条件下，O 1*s* 的峰位均呈现出不同程度的宽化和不对称性，可拟合为 529.9、530.5、531.3、532.4 和 533.6eV 等子峰，分别对应于铁的氧化物和有机高分子[15-17]。基础油润滑时，C 1*s* 可拟合为 284.8、285.5eV 两个子峰，分别对应于污染碳峰和有机分子；而蛇纹石矿物存在时，C 1*s* 的峰强度较大，可以拟合为 284.8、285.5 和 284.4eV 三个子峰，分别对应于污染碳、有机分子和石墨，且石墨组元所占比例较大。

由上述结果可知，蛇纹石微粉的主要成分并未直接成为摩擦表面保护膜的主要组分，其主要作用是促进摩擦表面的氧化反应和石墨的生成。摩擦表面氧化物和石墨的大量生成无疑将对摩擦学性能的改善产生积极作用。通常，高价的氧化物能够强化摩擦表面，而低价的氧化物则具有良好的润滑性能，能够与残留的有机高分子、石墨等产生协同润滑作用，从而有效降低摩擦，减小磨损。

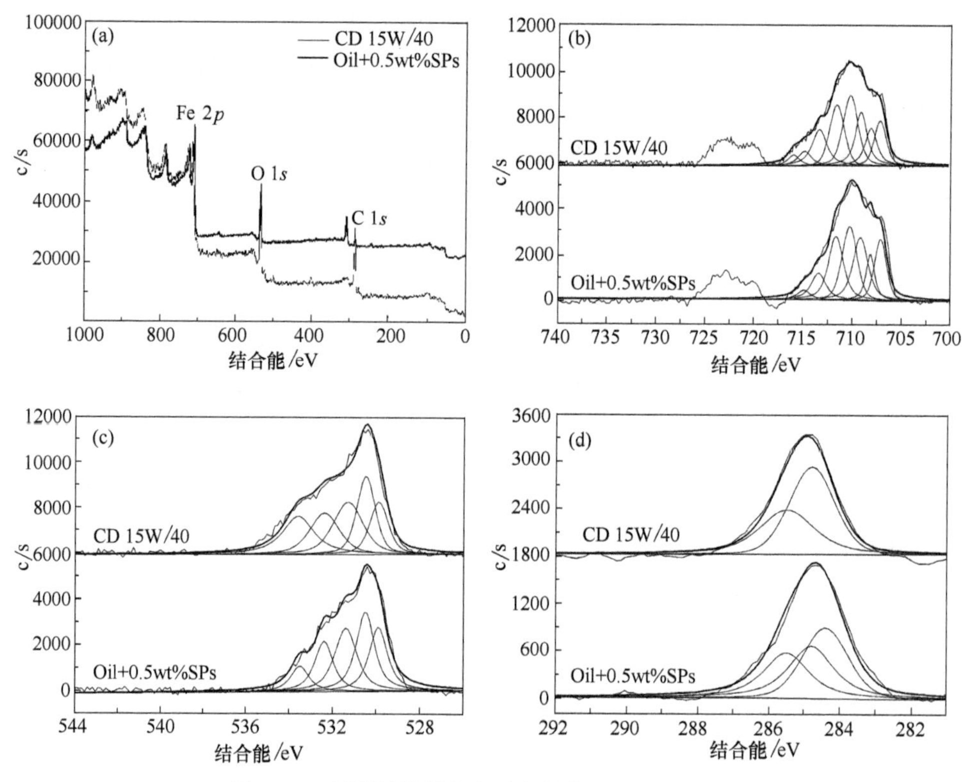

图 3-17 不同润滑剂存在时磨损表面的 XPS 分析

(a) 全谱；(b) Fe $2p_{2/3}$；(c) O 1s；(d) C 1s

为研究不同磨损表面的微观力学性能，采用纳米压痕仪测试了基础油与含蛇纹石矿物油样润滑下摩擦表面的纳米硬度与弹性模量，结果如图 3-18 及表 3-3 所示。蛇纹石矿物作用下磨损表面形成的自修复膜具有较低的塑性变形功，其硬度较基础油润滑下的磨损表面升高约 17.4%，而弹性模量则相应提高约 1.8%，

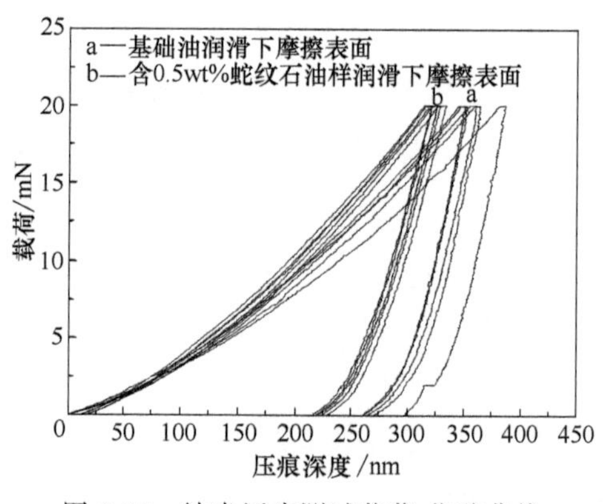

图 3-18 纳米压痕测试载荷-位移曲线

弹性特征参数 H/E 增大 15.6%。而 H/E 与材料的摩擦学特性有关，其值越大，材料的耐磨性往往越好[18,19]。

表 3-3 不同润滑剂存在时磨损表面的纳米力学性能

磨损表面	项目	测试点						H/E
		1	2	3	4	5	平均值	
a	H/GPa	7.14	7.60	6.98	7.59	7.07	7.28	0.032
	E/GPa	226.70	233.95	210.88	228.57	236.25	227.21	
b	H/GPa	9.20	8.34	8.46	8.54	8.29	8.57	0.037
	E/GPa	233.24	230.04	231.44	232.48	229.82	231.40	

由上述结果可知，线接触模式下蛇纹石矿物改善润滑油减摩抗磨性能并实现摩擦表面损伤自修复的作用机制与其摩擦过程中促进氧化物与石墨的形成有关。由于蛇纹石矿物超细粉体形状不规则，随润滑介质进入摩擦副的接触间隙时，在机械力的作用下首先会对摩擦表面起到精密研磨作用，提高金属表面的洁净程度与反应活性，降低表面粗糙度，从而改善摩擦接触表面的应力分布状态，在一定程度上减少摩擦并降低磨损[20,21]。同时，由于蛇纹石的层状晶体结构及微弱的层间结合力，易在摩擦力的作用下发生层间解理和化学键断裂，释放出大量的活性氧，参与高活性摩擦表面的氧化反应，促进氧化物的形成，对摩擦表面起强化和润滑作用[22]。此外，摩擦表面机械力诱发的高温高压条件，造成部分润滑油链的裂解并沉积于摩擦表面，对其起润滑作用，而部分碳化物被还原成石墨，进一步提高对摩擦表面的润滑能力[23]。

3.4 蛇纹石矿物的面接触/往复滑动摩擦学性能

3.4.1 摩擦学试验方法

采用 RFT-Ⅲ型往复滑动磨损试验机（图 3-19）研究蛇纹石矿物自修复材料的面接触/往复滑动摩擦学性能。摩擦副上试样为固定销，尺寸 ϕ8mm×30mm；下试样为滑动的方形钢块，尺寸为 70mm×14mm×10mm；上下试样材质均为 45＃钢，试样接触表面经 600Cw 和 1200Cw 的金相砂纸研磨并抛光，表面粗糙度 Ra 约为 0.76μm，表面硬度为 HRC42～45。试验条件为：载荷 50、100N，往复滑动行程 5cm，往复频率 10、20Hz（对应滑动速度 0.5、1.0m/s），时间

600min，蛇纹石矿物在 CD15W/40 柴油机油中的添加量为质量分数 0.5%，润滑方式为滴油润滑。试验前后采用电子天平测量试样的净重并计算得到材料的质量损失，磨损率定义为单位距离内单位载荷下的质量损失。

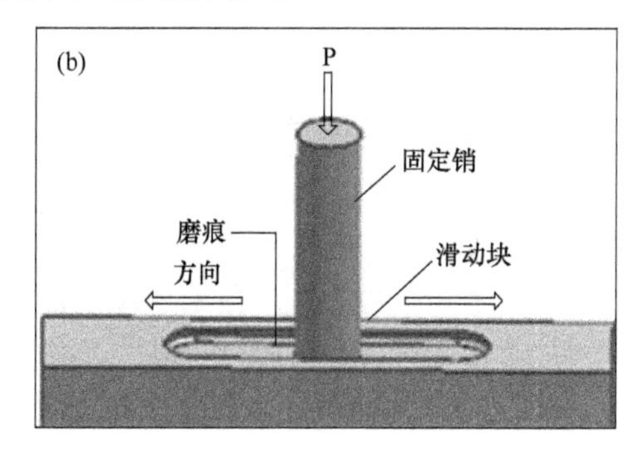

图 3-19　RFT-Ⅲ型往复摩擦磨损试验机

(a) 实物图；(b) 工作原理示意图

3.4.2　摩擦学性能

图 3-20 为含 0.5%蛇纹石矿物油样在不同润滑条件下的摩擦因数与材料磨损率变化。相对而言，含蛇纹石矿物油样在低载、高速（即 50N、1.0m/s）时具有较低的摩擦因数及磨损率，而在低载、低速（即 50N、0.5m/s）时的摩擦因数及磨损率最高。同时，在滑动速度相对较高的情况下，摩擦因数随时间的延长而逐步降低，特别是载荷为 50N 时的摩擦因数在试验进行至 200min 后发生骤降，可能与摩擦表面自修复膜的形成有关。而速度较低时，摩擦因数均随着时间的延长呈缓慢上升的趋势。因此，在试验选用的载荷与滑动速度范围内，低载、

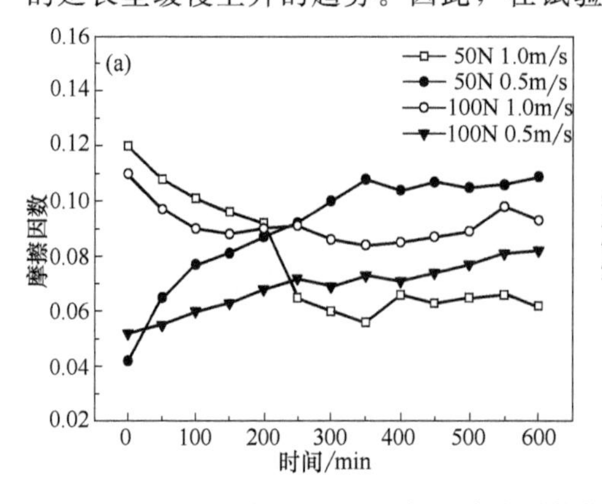

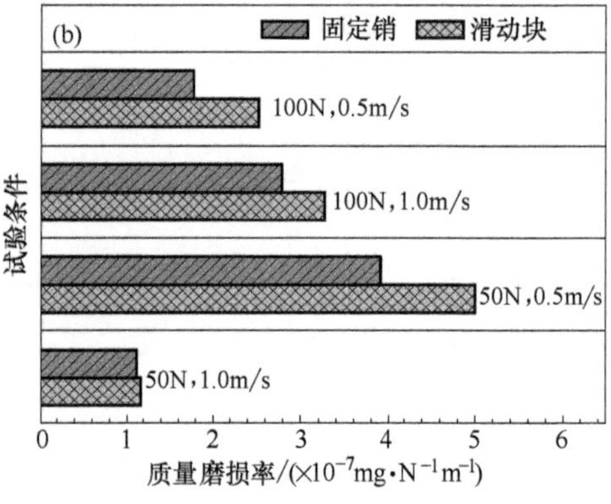

图 3-20　0.5%SPs 存在时载荷和速度对摩擦学性能的影响

(a) 摩擦因数；(b) 磨损率

高速的摩擦条件可能有利于抗磨减摩及修复层的形成。

图 3-21 所示为基础油与含蛇纹石矿物油样润滑下的摩擦因数与材料磨损率对比。基础油润滑时，摩擦因数逐渐升高并在 150min 后反复波动直至趋于稳定，总体上维持在 0.125 左右；而含蛇纹石矿物润滑油作用下，摩擦因数随时间增加逐步降低并在约 200min 后快速减小，在 250min 后逐渐趋于稳定，保持在 0.063 左右，较基础油降低约 49.6%，对应的材料磨损率较基础油润滑下降低约 83.3%。

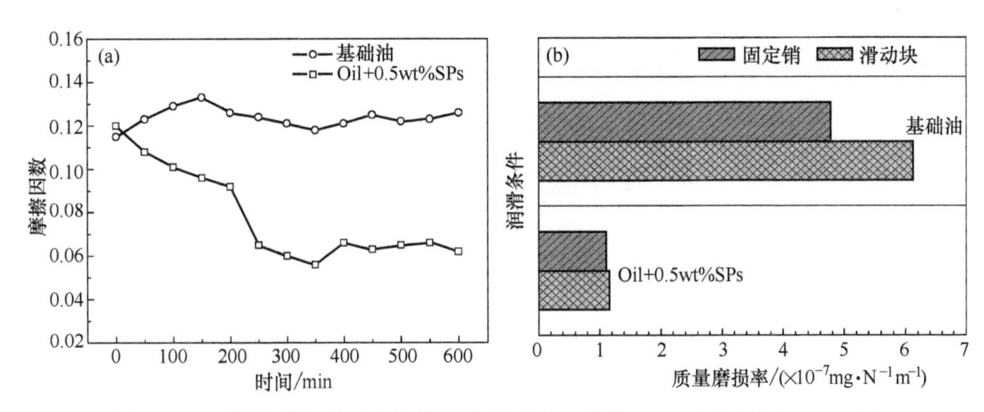

图 3-21　不同润滑条件下摩擦学性能的对比（载荷 50N，滑动速度 1.0m/s）

(a) 摩擦因数；(b) 磨损率

3.4.3　摩擦表界面分析

图 3-22 为基础油与含蛇纹石矿物油样润滑下磨损表面形貌的 SEM 照片。基础油润滑时，在法向载荷、剪切应力及往复滑动冲击的综合作用下，摩擦表面损伤严重，密布着深而宽的犁沟和划痕，且具有明显的材料翘起和塑性变形，呈磨粒磨损和材料塑性去除的形貌特征［图 3-22 (a)］。而含 0.5%蛇纹石油样作用下，尽管磨损表面仍存在着少量的划痕、褶皱和碾压痕迹，但多数区域较为平整、光滑，多孔状结构特征明显，与点接触和线接触形式下含蛇纹石矿物油样润滑下磨损表面的形貌特征一致［图 3-22 (b)］。

对不同润滑条件下磨损表面元素组成进行了分析，结果如图 3-23 及表 3-4 所示。两种润滑条件下，摩擦表面均主要由 Fe、C 和 O 元素组成。润滑油中添加 0.5%蛇纹石矿物时，磨损表面除含有微量的 Mg、Si 等蛇纹石特征元素外，C、O 元素的含量较基础油润滑时大幅升高，再次证实了自修复膜的形成，这与文献［24，25］的结论一致。

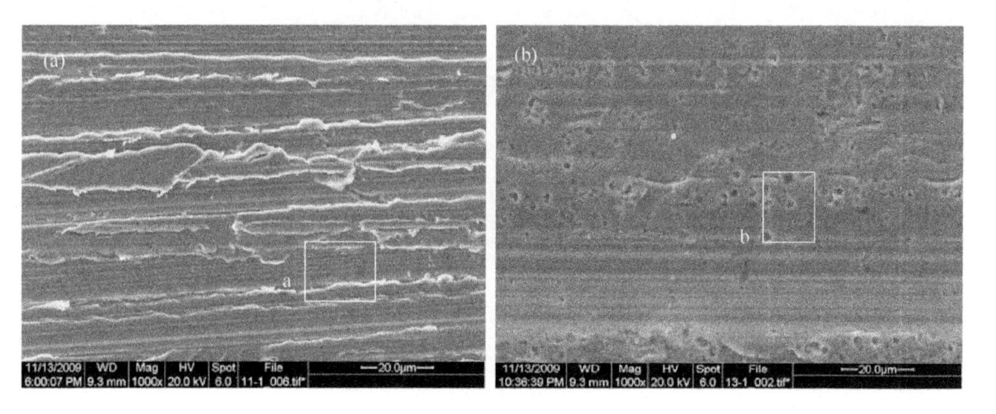

图 3-22　不同润滑条件下磨损表面形貌（载荷 50N，速度 1m/s）

（a）CD15W/40；（b）含 0.5%SPs 油样

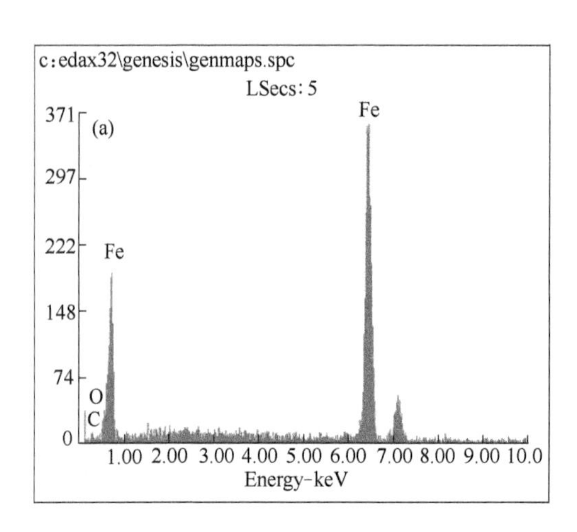

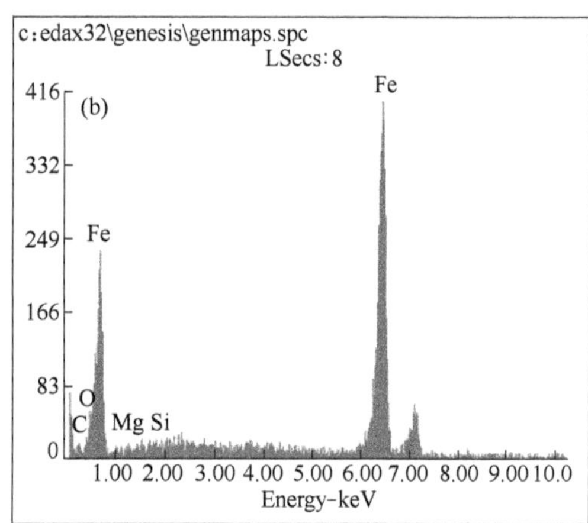

图 3-23　不同润滑条件下摩擦表面 EDS 分析（图 3-22 所选区域）

（a）a 区域；（b）b 区域

图 3-24 为不同润滑条件下钢块磨痕截面形貌的 SEM 照片。基础油润滑时，摩擦截面未发现自修复膜。而含蛇纹石矿物油样润滑下，摩擦表面沿着滑动磨损方向形成了较为连续、厚度不均匀的自修复膜，其最大厚度约为 1.08μm，膜层结构致密，与基体结合紧密，无明显界面。对图 3-24（b）所示摩擦截面基体及自修复膜进行选区元素分析（见图 3-25 及表 3-4）可知，基体上的 A 区和自修复膜内部的 B 区均主要由 Fe、C 和 O 元素组成，但 B 区的 C、O 含量远高于 A 区，且含有极其微量的 Mg、Si 元素，进一步表明蛇纹石矿物在摩擦过程中诱发金属表面氧化物摩擦反应膜（自修复膜）的形成。

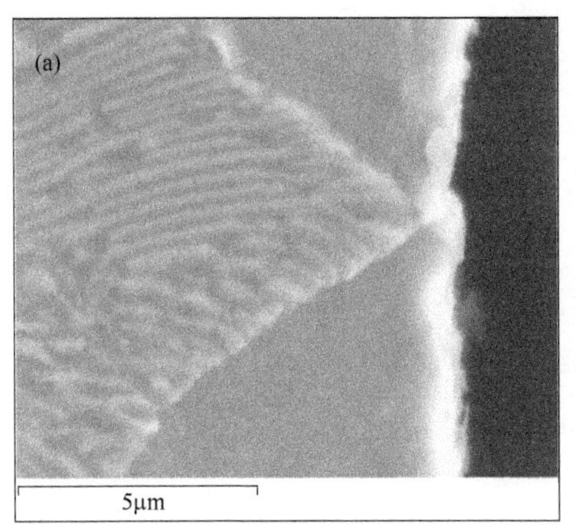

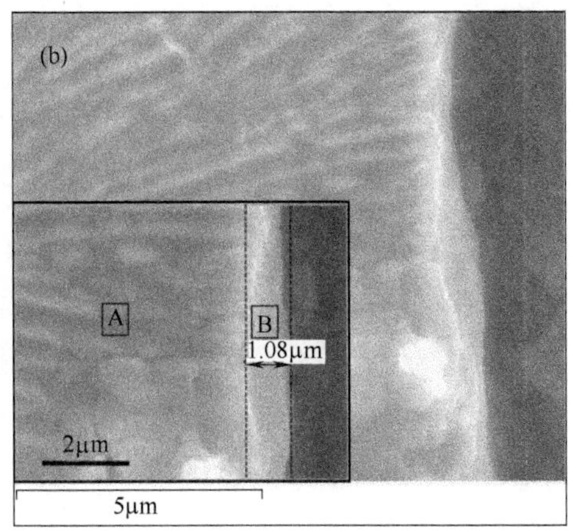

图 3-24　不同润滑条件下钢块试样磨痕截面形貌的 SEM 照片

(a) CD15W/40；(b) 含 0.5%SPs 油样

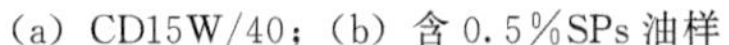

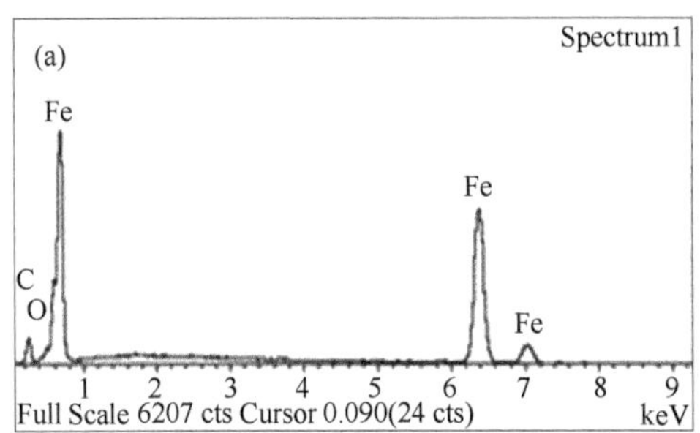

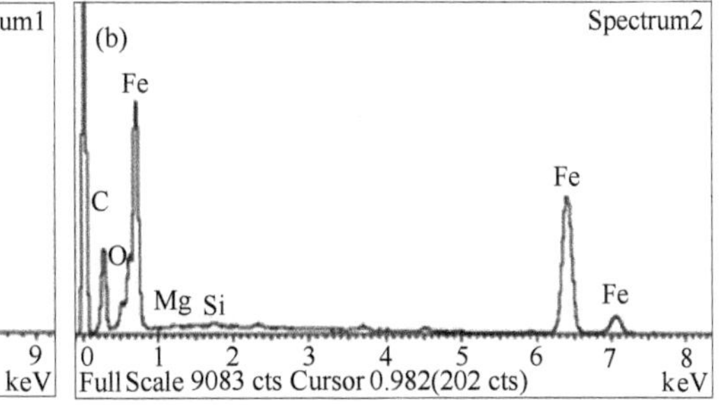

图 3-25　0.5%SPs 存在时磨损截面特征区域元素分析（图 3-24 所选区域）

(a) A 区域；(b) B 区域

表 3-4　不同条件下磨损表面及截面的元素分析

单位：%（原子分数）

EDS 分析位置	Fe	C	O	Mg	Si
a 区域[图 3-22(a)]	93.88	2.85	3.27	0.03	0.04
b 区域[图 3-22(b)]	84.09	8.63	6.28	0.29	0.31
A 区域[图 3-24(b)]	69.17	27.57	3.26	0.02	0.05
B 区域[图 3-24(b)]	43.63	42.73	13.25	0.08	0.22

图 3-26 示出了含 0.5%蛇纹石矿物油样润滑下磨损表面 Fe、O 和 C 元素的 XPS 精细结构图谱。基础油润滑时，Fe $2p_{3/2}$ 的精细结构谱可拟合为 707.2、708.1、709.5、710.5、711.6、713.4 和 714.9eV 等 7 个子峰，分别对应于 Fe、

FeO、FeOOH、Fe_3O_4、Fe_2O_3、FeS 和含铁有机物，其质量分数分别为 12%、13%、21%、20%、19%、9%和 6%；而蛇纹石矿物存在时，Fe $2p_{3/2}$ 可拟合为 707.1、708.2、709.5、710.5、711.6、713.4 和 714.9eV 等子峰，分别对应于 Fe、FeO、FeOOH、Fe_3O_4、Fe_2O_3、FeS 和含铁有机物，其对应的质量分数分别为 9%、16%、25%、19%、22%、7%和 2% [图 3-26 (a)][15]。由此可见，蛇纹石矿物能够促进摩擦表面的氧化反应，使高价态氧化物的含量明显提高，从而有利于提高摩擦表面的力学性能。O 1*s* 的结合能峰出现了宽化和不对称 [图 3-26 (b)]，经拟合后可得 529.5、530.4、531.3、532.4 和 533.6eV，分别对应于磨损表面中的氧化物、羟基氧化物或有机化合物[15-17]。C 1*s* 的结合能峰同样呈现不对称性 [图 3-26 (c)]。基础油润滑时，C 1*s* 可拟合为 284.8、284.5 和 285.5eV 三个特征峰，分别对应于污染碳、石墨和有机分子，其质量分数分别为 41%、16%和 43%；而蛇纹石矿物存在时，C 1*s* 可拟合为 284.8、284.4 和 285.4eV 三个子峰，分别对应于污染碳、石墨和有机物，其质量分数分别为 40%、30%和 30%，磨损表面石墨含量明显高于基础油润滑时的磨损表面，

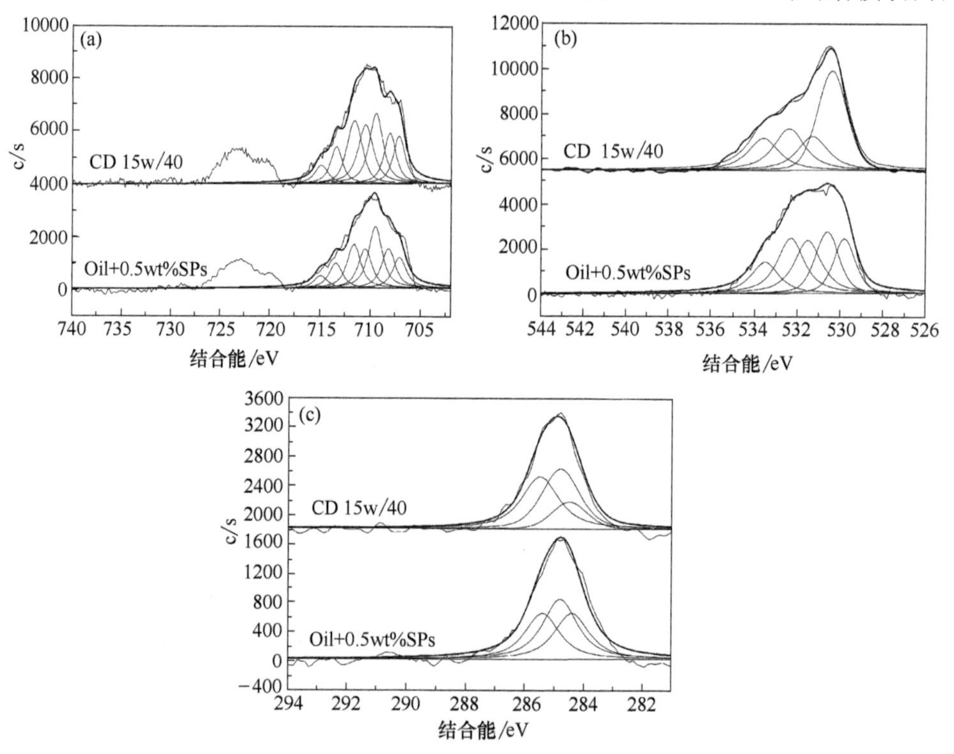

图 3-26 不同润滑介质作用下磨损表面主要元素的 XPS 谱

(a) Fe $2p_{2/3}$；(b) O 1*s*；(c) C 1*s*

表明蛇纹石微粉能够促进摩擦表面的碳化石墨化反应，有利于提高摩擦表面的自润滑能力。

图 3-27 所示为不同摩擦表面及未摩擦的 45＃钢基体在纳米压痕过程中的载荷-位移曲线。可以看出，相同压痕载荷作用下，含蛇纹石矿物油样润滑下摩擦表面的压入深度最小，表明其整体硬度最高。由表 3-5 列出的不同表面纳米硬度及弹性模量可知，基础油润滑下的磨损表面硬度及弹性模量分别较未摩擦的 45＃钢基体提高约 12.9%和 3.3%，而含蛇纹石矿物油样润滑下的磨损表面硬度及弹性模量较基体分别提高约 32.4%和 4.7%。而从弹性特征值 H/E 来看，基础油润滑时，磨损表面 H/E 值较基体增大约 10.7%；而蛇纹石矿物存在时，则提高约 28.6%。通常认为，油品润滑下磨损表面硬度的少量升高是摩擦过程中机械热力耦合作用引起材料加工硬化的结果。但相比之下，含蛇纹石矿物油样作用下摩擦表面硬度及弹性特征值的大幅升高，显然不只是摩擦过程引起的硬化效应造成的，而是与自修复膜的原位生成及其自身具有优异力学性能密切相关。

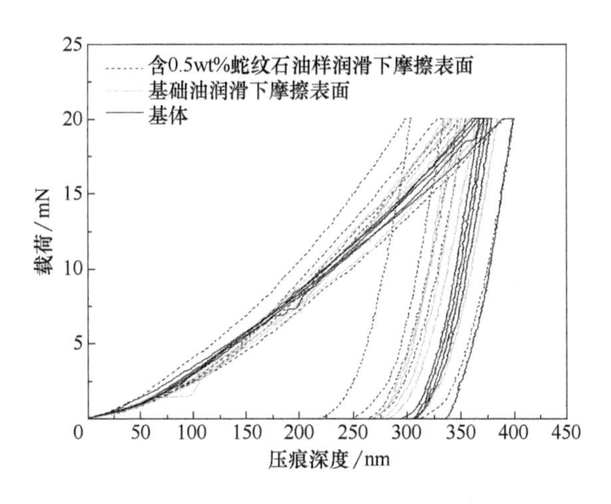

图 3-27　纳米压痕测试载荷-位移曲线

表 3-5　不同润滑条件下磨损表面的纳米力学性能

测试表面	性能	位置					平均值	H/E
		1	2	3	4	5		
未摩擦 45＃钢	H/GPa	5.57	6.23	6.63	6.50	6.40	6.27	0.028
	E/GPa	215.43	219.17	224.33	223.83	217.64	220.08	
基础油润滑	H/GPa	6.14	7.60	6.98	7.59	7.07	7.08	0.031
	E/GPa	210.70	233.95	226.88	238.27	228.05	227.44	
0.5%SPs 油样润滑	H/GPa	7.69	8.29	9.78	7.65	8.10	8.30	0.036
	E/GPa	221.82	233.34	251.86	220.08	224.91	230.40	

3.5 蛇纹石矿物的面接触/旋转滑动摩擦学性能

3.5.1 摩擦学试验方法

采用济南产 MMW-1 型端面磨损试验机（图 3-28）研究蛇纹石矿物的面接触/旋转滑动摩擦学性能，采用浸油润滑方式。摩擦副上试样为旋转钢环，尺寸为 ϕ25.5mm × ϕ20.5mm × 6mm；下试样为固定钢盘，尺寸为 ϕ30mm × 6.5mm。上下试样材质均为 45＃钢，试样接触表面经 600Cw 和 1200Cw 的金相砂纸研磨并抛光，表面粗糙度 Ra 约为 0.76μm，表面硬度为 42～45HRC。试验条件为：载荷 100、200、300 和 400N，时间 120min，滑动速度 1.51m/s，试验自室温（25℃±2℃）开始。采用精度为 0.1mg 的电子天平测量试样钢盘的质量损失，磨损率定义为单位滑动距离内的质量损失。基础油为 50CC 柴油机油，蛇纹石矿物的制备、改性与分散方法与前述章节相同。

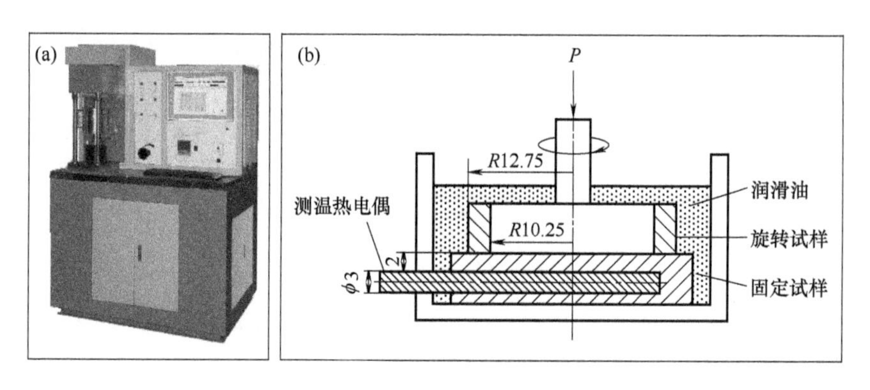

图 3-28 MMW-1 型端面磨损试验机

(a) 实物图；(b) 工作原理示意图

3.5.2 摩擦学性能

图 3-29 所示为不同润滑介质下钢环/钢盘界面处的摩擦因数与钢盘磨损率随载荷的变化。可以看出，随着基础油中蛇纹石矿物含量的增加，摩擦因数和磨损率均呈近似线性降低。当蛇纹石矿物含量为质量分数 1.5％时，可以获得最低的摩擦因数和钢盘磨损率。与未添加蛇纹石矿物的基础油相比，含 1.5.％蛇纹石矿物油样的摩擦因数降低了 58％，其润滑下钢盘的磨损率降低了 89％。当蛇纹

石矿物含量高于 1.5%时，摩擦因数与磨损率均有所增加，但油品的减摩抗磨性能仍优于纯 50CC 润滑油。

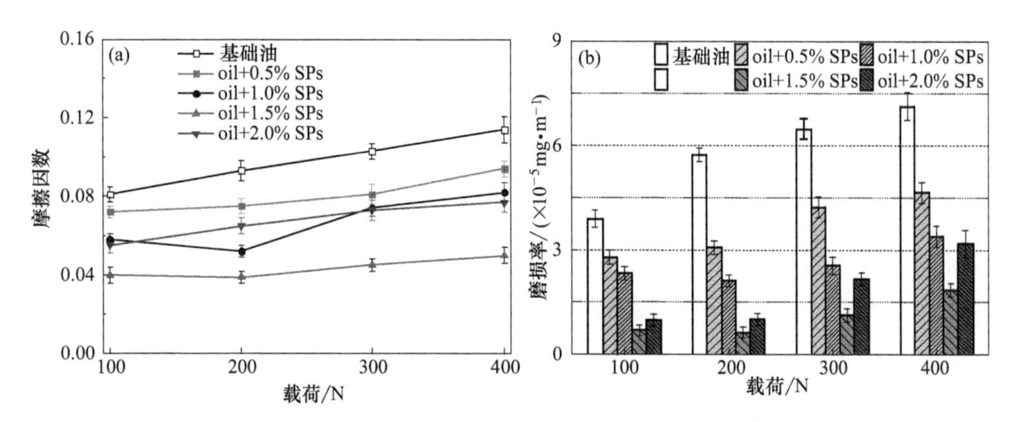

图 3-29　不同蛇纹石矿物含量润滑油的摩擦因数及其润滑下材料磨损率随载荷的变化

(a) 摩擦因数；(b) 磨损率

在摩擦试验过程中，可通过测温热电偶实时监测钢盘试样邻近摩擦接触表面区域的温度变化［图 3-28 (b)］。图 3-30 为钢盘试样温度随摩擦时间变化的关系曲线。众所周知，当摩擦副表面发生长时间相对滑动时，摩擦耗散的能量几乎全部以热的形式通过摩擦接触界面传递向润滑介质与摩擦副内部，使试样和润滑油的温度迅速升高，由此导致了不同润滑介质作用下的钢盘试样温度均随摩擦时间增加而不断上升。含蛇纹石矿物油样润滑下的钢盘试样温度较基础油润滑下明显降低。与摩擦因数的测试结果相似，当蛇纹石矿物含量为 1.5%时，试样的升温最小，与纯 50CC 基础油相比降低了 13.5%。摩擦副的温升大小是油品润滑性能优劣的间接反映，以上结果进一步表明含蛇纹石矿物油样具有良好的减摩性能。

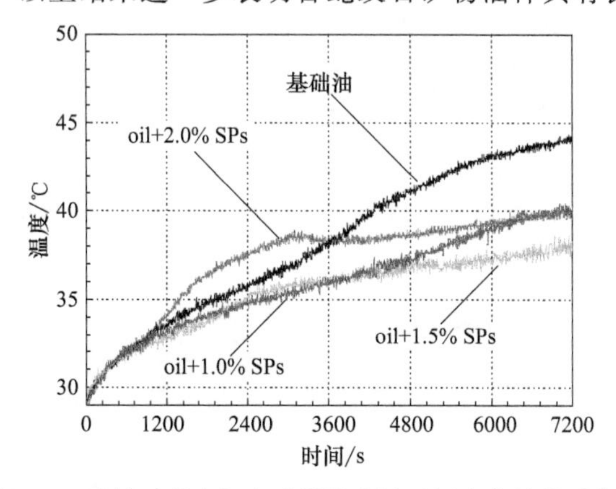

图 3-30　摩擦过程中钢盘试样温度随时间变化的关系曲线

3.5.3 摩擦表面分析

图 3-31 为 50CC 基础油中不同蛇纹石含量条件下磨损表面形貌的 SEM 照片。可见，纯 50CC 润滑下的磨损表面存在大量深划痕，擦伤较严重，属典型的磨粒磨损；而含 1.0%蛇纹石矿物油样润滑下磨损表面擦伤有所减轻，划痕宽度与深度均显著降低，且磨损表面出现大量微坑和孔洞；当蛇纹石含量达到 1.5%时，钢盘磨损明显减轻，磨损表面仅见少数细小划痕，微坑与孔洞增多且分布均匀；当粉体含量增至 2.0%时，磨损表面微坑与孔洞减少，同时划痕增宽。以上分析与磨损率的测量结果一致，即面接触/旋转滑动摩擦条件下含 1.5%蛇纹石矿物油样对铁基摩擦表面的减摩润滑效果最佳。

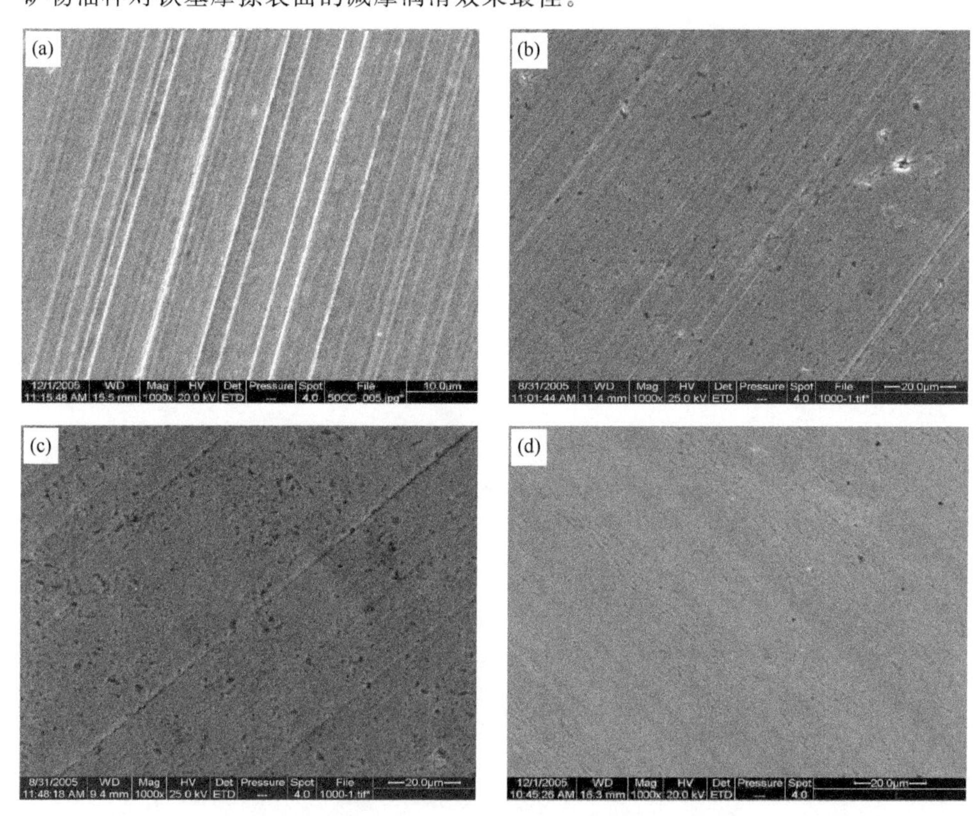

图 3-31 基础油及不同蛇纹石矿物含量油样润滑下磨损表面形貌的 SEM 照片

(a) 50CC；(b) 含 1.0%SPs 油样；(c) 含 1.5%SPs 油样；(d) 含 2.0%SPs 油样

图 3-32 所示为含 1.5%蛇纹石矿物油样润滑下磨损表面局部形貌及元素面分布照片。由 SEM 照片可见，磨损表面形成了 3 种典型形貌：①光滑、平整表面，如区域 A 所示；②嵌有微米颗粒（0.5～1μm）或其团聚体（2～3μm）

的微坑（孔洞），如区域B、C所示；③均匀吸附在磨损表面的纳米颗粒（0.1～0.2μm），如颗粒D。元素面分布结果表明，磨损表面元素主要包括Fe、O、Al、Si和Mg。其中，Fe元素含量最高，主要来自摩擦副基体；Mg、Si元素分布较为均匀，Al、O元素主要分布在微坑区域，均来自润滑油中的蛇纹石矿物粉体。

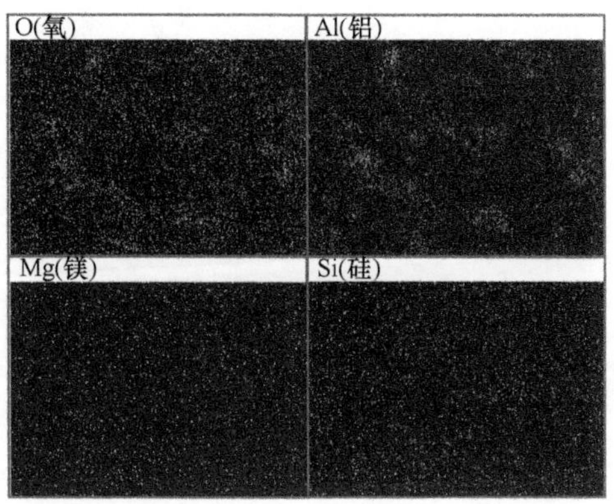

图3-32 含1.5%SPs的50CC润滑下磨损表面元素面分布照片

分别对图3-31（a）和图3-32中A、B、C、D所示区域（或颗粒）进行EDS半定量分析，结果列于表3-6。可见，区域A的O元素含量远高于纯50CC润滑下摩擦表面，表明此类区域有氧化膜形成；区域B、C两处的颗粒成分相近，主要由O、Al元素构成，且O、Al原子个数比约为3∶2，可初步推断此类颗粒为Al_2O_3；颗粒D主要由O、Si和Mg元素组成，推测此类颗粒为细化的蛇纹石颗粒。

表3-6 不同磨损区域的EDS半定量分析结果

单位：%（原子分数）

分析区域	Fe	O	Si	Mg	Al	其他元素
图3-31(a)	96.93	1.80	0	0	0	1.27
图3-32A	84.51	9.68	0.26	0.38	0.25	0.42
图3-32B	37.34	33.52	0.60	0.82	27.52	0.20
图3-32C	41.92	33.96	0.15	0.20	23.40	0.37
图3-32D	77.96	12.40	3.60	5.42	0.17	0.45

为进一步研究含蛇纹石矿物油样润滑下磨损表面的微观力学性能，分别对纯50CC和含1.5%蛇纹石矿物油样作用下的磨损表面进行纳米压痕测试。图3-33所示为磨损表面的加载-卸载曲线。可见，相同载荷下，50CC润滑下磨损表面的

最大压痕深度和塑性变形深度均大于含蛇纹石油样润滑下的磨损表面，再次证实了添加到润滑油中的蛇纹石矿物粉体所形成的自修复膜的硬度高于纯50CC润滑油润滑下的磨损表面。

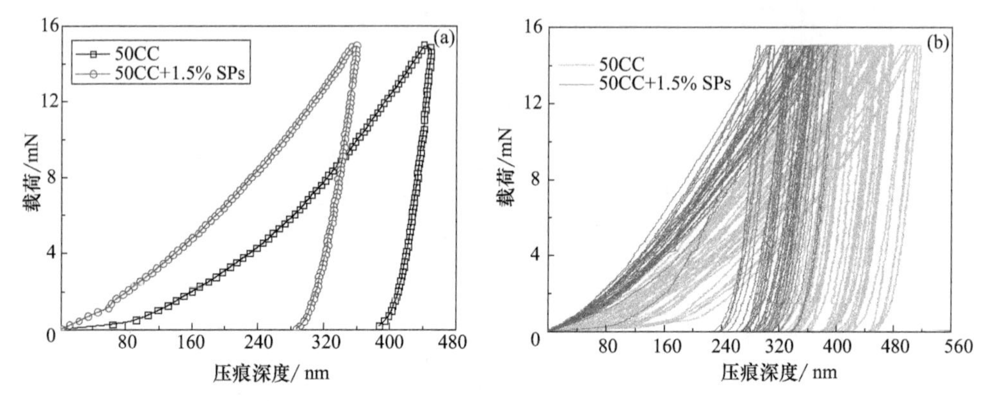

图 3-33 基础油与含1.5%SPs矿物油样润滑下磨损表面的加载-卸载曲线

(a) 典型曲线结果；(b) 所有测试结果

表3-7列出了不同润滑条件下磨损表面压痕最大深度、塑性变形深度、纳米硬度（H）、弹性模量（E）、H/E等参数的平均值及其标准偏差。由表中数据可知，蛇纹石矿物粉体所形成的自修复膜具有优异的微观力学性能，其H值较纯50CC润滑下的磨损表面提高约58%，H/E值提高约33%。

表 3-7 不同润滑条件下磨损表面的纳米压痕测试结果

磨损表面	微观力学性能				
	最大压痕深度/nm	塑性变形深度/nm	H/GPa	E/GPa	H/E
50CC润滑	440.87±39.50	415.94±39.94	3.47±0.58	214.66±22.27	1.62×10^{-2}
1.5%SP油样润滑	348.60±22.41	321.46±23.17	6.51±0.76	236.62±19.96	2.75×10^{-2}

3.6 摩擦表面自修复膜的力学特征与摩擦学性能

3.6.1 摩擦学试验方法

采用CETR产UMT-2型磨损试验机（图3-34）研究变载荷/变滑动速度条件下蛇纹石矿物的摩擦学性能，摩擦副接触方式为球-盘接触，旋转运动模式，转动直径为30mm。上试样为GCr15钢球（59～61HRC，ϕ4.0mm），下试样为

45＃钢圆盘（29～31HRC，ϕ40mm×5.0mm），借助载荷与转速自动设置程序，分两个阶段进行变速、变载荷条件下的摩擦磨损试验，主要试验参数详见表 3-8，采用浸油润滑方式。针对 500SN 基础油与含 1.5%蛇纹石矿物油样分别进行 5 组试验，计算 5 组摩擦因数的平均值，得到不同油样的试验结果。选择 2 组磨损试样进行表面形貌、元素组成和力学性能分析，其余磨损试样用于进行 Stribeck 测试。

图 3-34　UMT-2 型磨损试验机（球盘转动模式）

表 3-8　变载荷/变速滑动摩擦学试验参数

阶段	载荷/N	初始赫兹接触应力/MPa	转速/(r/min)	换算后滑动速度/(m/s)	时间/min
1	5	1477	60	0.094	60
2	10	1860	120	0.188	60

分阶段变速、变载荷摩擦磨损试验结束后，将下试样清洗并重新安装到 UMT-2 型磨损试验机上，以纯 500SN 矿物基础油为润滑介质，借助载荷与转速自动设置程序，通过改变转速和载荷获得较大范围的速度/载荷比（试验参数见表 3-9），研究蛇纹石矿物在摩擦表面形成的自修复膜和基础油润滑下的普通磨损表面在不同润滑状态下的摩擦学性能，获得矿物基础油与不同磨损表面作用时的 Stribeck 曲线。

表 3-9　Stribeck 试验参数

阶段	载荷/N	初始赫兹接触应力/MPa	转速/(r/min)	换算后滑动速度/(m/s)	时间/min
1	180	4876	1	0.0016	2
2	40	2953	2	0.0031	2
3	40	2953	4	0.0063	2
4	30	2683	15	0.0236	2
5	30	2683	30	0.0471	2
6	20	2344	100	0.1570	2
7	20	2344	200	0.3142	2
8	10	1860	500	0.7854	2
9	10	1860	1000	1.5708	2
10	4	1370	2000	3.1416	1
11	2	1088	2000	3.1416	1
12	1	864	2000	3.1416	1

3.6.2　变载/变速条件下蛇纹石矿物的摩擦学性能

图 3-35 示出了矿物基础油和含蛇纹石矿物油样润滑下的摩擦因数及试样磨损率变化。可以看出，两种润滑油润滑下的摩擦因数波动较大，这主要是由于试验过程中试样旋转方向按试验设置发生周期性变化所致。基础油润滑下的摩擦因数较大，波动范围约为 0.2，其值在摩擦条件发生改变时发生突降。在 10N、120r/min 条件下，基础油润滑下的摩擦因数平均值约为 0.28；含蛇纹石矿物油样润滑下的摩擦因数随时间延长而降低，其波动逐渐减少，在相同条件下约为 0.12，表现出较好的减摩性能。

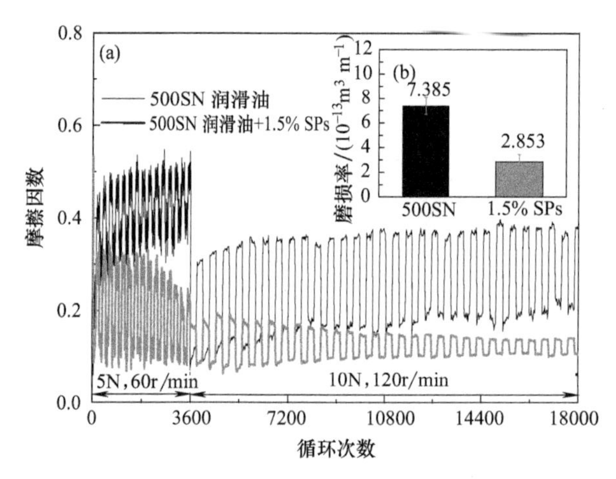

图 3-35　基础油和含蛇纹石矿物油样润滑下的摩擦因数及试样磨损率变化

(a) 摩擦因数随时间变化曲线；(b) 磨损率

3.6.3　摩擦表面分析

图 3-36 所示为基础油与含蛇纹石矿物油样润滑下磨损表面形貌的 SEM 照片。可见，基础油润滑下的磨损表面存在较多划痕和严重擦伤；而含蛇纹油样润滑下的磨损表面则较光滑、平整，存在大面积多孔区域。

图 3-37 所示为含蛇纹石矿物油样润滑下的磨损表面元素分布照片。需要指出的是，磨损表面除了存在大量源于蛇纹石的 O、Al 等特征元素，还存在大量的 Si 元素，表明蛇纹石矿物粉体作为润滑油添加剂可在磨损表面形成含微孔、镶嵌氧化硅和氧化铝颗粒的自修复膜。事实上，自修复膜表面多孔状结构的形成是大量氧化铝或氧化硅陶瓷颗粒嵌入后导致的结果。

图 3-38 所示为含蛇纹石添加剂油样润滑下的磨损表面（即自修复膜）微孔

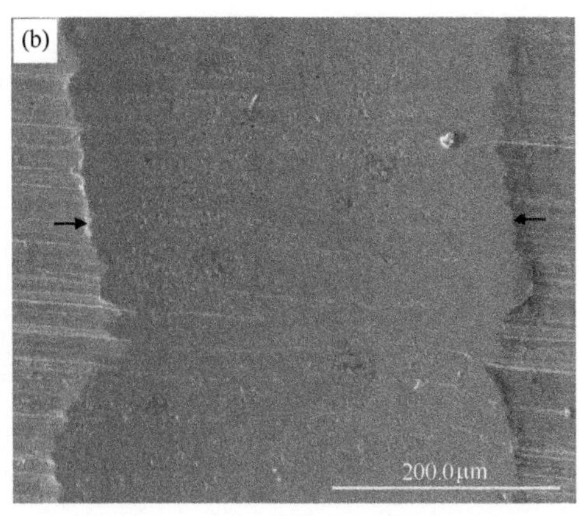

图 3-36　基础油与含 SPs 油样润滑下磨损表面形貌的 SEM 照片（箭头之间区域为磨痕）

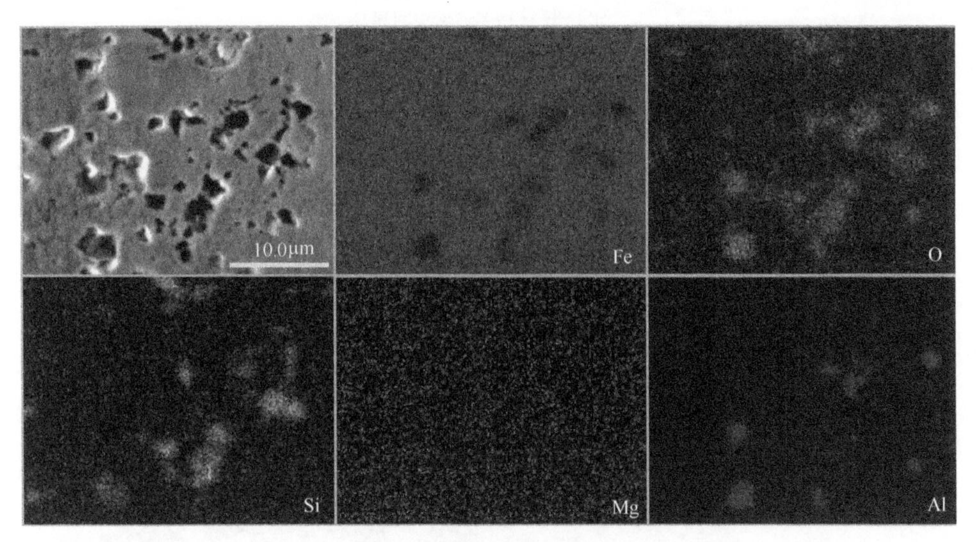

图 3-37　含 SPs 油样润滑下的磨损表面（自修复膜）元素面分布照片

区域的微观形貌及其内部嵌入物颗粒的 EDS 图谱。可见，蛇纹石矿物形成的自修复膜表面微孔内除嵌有氧化物颗粒外，还存在铁基颗粒（见颗粒 A），初步推断其为摩擦过程中产生的磨粒，为摩擦过程中反应膜内部微孔结构捕获的铁基磨粒。

为研究蛇纹石矿物形成的自修复膜的微观结构和化学成分，对含蛇纹石矿物油样润滑下的磨痕截面进行了透射电镜分析，结果如图 3-39 所示。图 3-39（a）的明场透射电镜照片证实了摩擦表面形成了厚度为 350～550nm、薄膜均匀、表面光滑、内部有少量气孔的自修复膜，膜层与摩擦副基体结合紧密，界面处没有明显的过渡层。此外，自修复膜内部均匀分布大量尺寸为 10～20nm 的纳米晶。

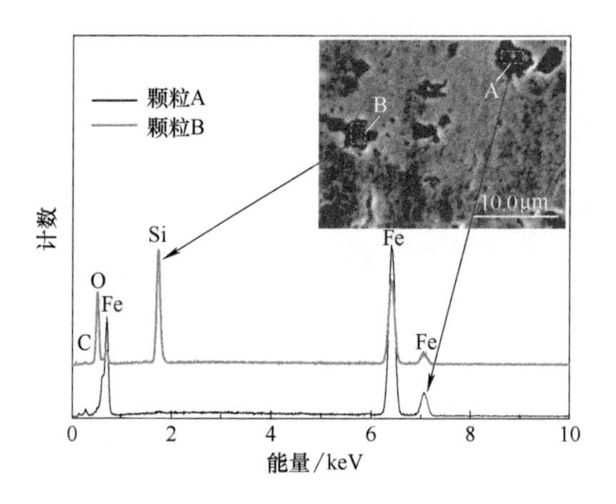

图 3-38　自修复膜微孔区域和镶嵌物形貌的 SEM 照片及对应的 EDS 图谱

选区电子衍射花样分析结果表明自修复膜的成分复杂，包括：①FeSi、AlFe 和 Fe_3O_4 的化合物［图 3-39（b）］；②Fe_3O_4 和 FeSi 的化合物［图 3-39（c）］；

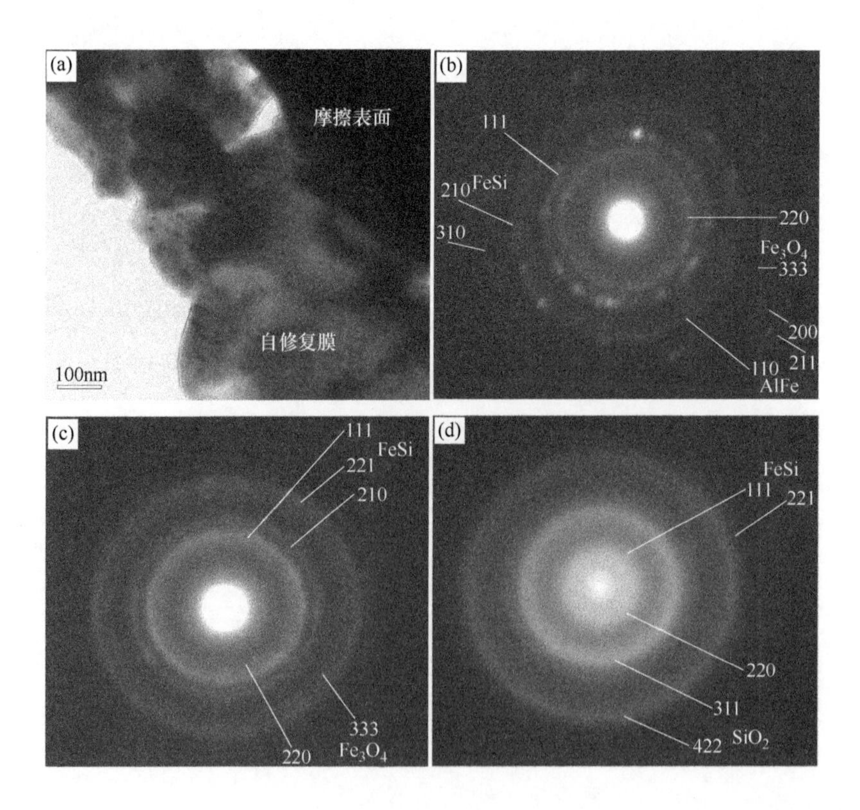

图 3-39 含 SPs 油样润滑下摩擦表面形成的自修复膜的 TEM 分析结果

(a) 自修复膜的 TEM 明场像；(b) FeSi，AlFe 和 Fe_3O_4 的衍射花样；(c) Fe_3O_4 和 FeSi 衍射花样；(d) FeSi 和 SiO_2 非晶衍射花样；(e) Fe_3C 衍射花样

③非晶态 FeSi 和 SiO_2 化合物［图 3-39 (d)］；④Fe_3C［图 3-39 (e)］。由以上结果可知，蛇纹石矿物在摩擦表面形成的自修复膜含有的复杂氧化物，具有非晶纳米晶的结构特征。

3.6.4 自修复膜的力学性能

分别对纯 500SN 润滑下的普通磨损表面和含蛇纹石矿物油样润滑下的磨损表面（自修复膜）进行纳米压痕测试，测试采用 MML 公司 NanoTest 600 型纳米压痕仪连续加载/部分卸载的测试模式，控制压头最大位移。图 3-40 所示为最大压头深度为 500nm、1000nm 和 1500nm 条件下不同测试表面的典型载荷-位移曲线。在相同的压头位移下，自修复膜表面所需载荷均大于 500SN 润滑下的普通磨损表面，表明自修复膜的硬度相对较高。

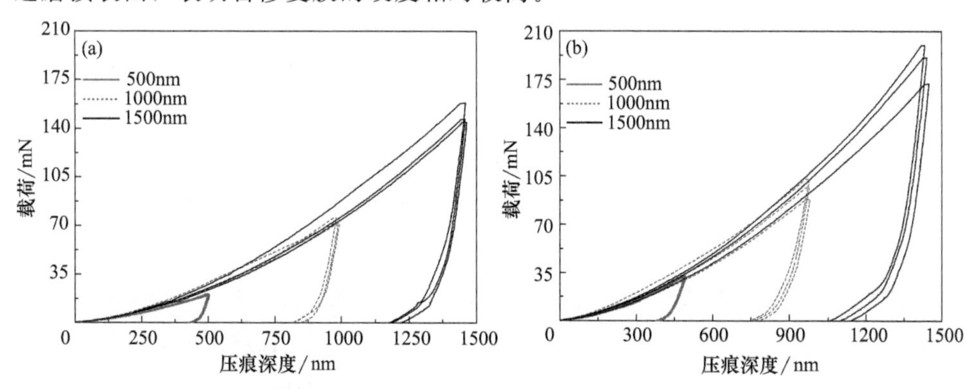

图 3-40 自修复膜与普通磨损表面的载荷-位移曲线（固定压痕最大深度）

(a) 基础油润滑下的普通磨损表面；(b) 蛇纹石矿物形成的自修复膜

为研究嵌入颗粒物对自修复膜力学性能的影响，在自修复膜表面嵌入颗粒的不同距离处选取典型特征点进行了15次循环加载-部分卸载的纳米压痕测试。同时，对基础油润滑下的磨损表面进行了对比压痕测试，以便比较不同表面在力学性能上的差异。图3-41为普通磨损表面与蛇纹石矿物形成的自修复膜的加载-卸载曲线及硬度与弹性模量变化。不同表面的纳米硬度均随压入深度的增加而减小，而弹性模量则呈逐渐升高的变化趋势。

对于基础油润滑下的普通磨损表面，表层（100～200nm范围内）纳米硬度约为4.5GPa，略高于未经磨损的抛光后45＃钢纳米硬度的标准值（3.5～4.0GPa[12]），这可能与滑动磨损过程中的热力耦合作用引起材料摩擦硬化有关。随着压痕深度的增加，纳米硬度逐渐减小，并在压头位移为800nm时下降到45＃钢的标准值。磨损表面弹性模量随压头位移的增加而增大，在1500nm的压痕深度范围内逐渐增至240GPa并趋于稳定。

自修复膜上A点中心距离镶嵌颗粒较远（＞5μm），其表层（＜100nm）硬度约为8GPa，与自修复膜表面光滑区域平均硬度小于8.3GPa；B点中心距镶嵌颗粒约3μm，其表层硬度较A点明显增加，约为9.5GPa；C点中心距镶嵌颗粒约1μm，其表层硬度最高，达到10.4GPa。以上结果证实，嵌入的氧化物陶瓷颗粒对自修复膜具有颗粒增强作用，且距离颗粒越近，硬度越高。此外，自修复膜各点硬度随深度增加不断降低，表明基体对薄膜测试结果的影响不断增大，但在1000nm范围内仍高于45＃钢基体的硬度。值得注意的是，3个测试点的弹性模量变化趋势相似：100～550nm范围内相对稳定，在230～240GPa波动；500～1500nm范围内逐渐增大，在1500nm深度后达到265～290GPa。显然，550nm深度内弹性模量相对较低且变化不大，这与TEM分析获得的自修复膜厚度为350～550nm的结果具有相关性。

同基础油润滑下的普通磨损表面相比，自修复膜的纳米硬度在200nm以内的表层区域提高近1倍，但其弹性模量仍与普通磨损表面相当。材料的硬度与弹性模量的比值（H/E）称为塑性指数，代表了材料抵抗弹性变形的能力，可用来表征涂层或薄膜材料的耐磨性。根据图3-41测试结果计算得到的普通磨损表面和自修复膜表面硬度/弹膜比（H/E）的变化如图3-42所示。可以看出，自修复膜的H/E值明显高于普通磨损表面，膜上B、C两点的H/E值在500nm的深度范围内高于A点，表明距离嵌入颗粒物越近，自修复膜的微观力学性能越好。深度大于500nm后，自修复膜上各点的H/E值趋于相同，表明嵌入颗粒物的增强作用趋于减弱。此外，在1000nm深度内，自修复膜的力学性能仍优

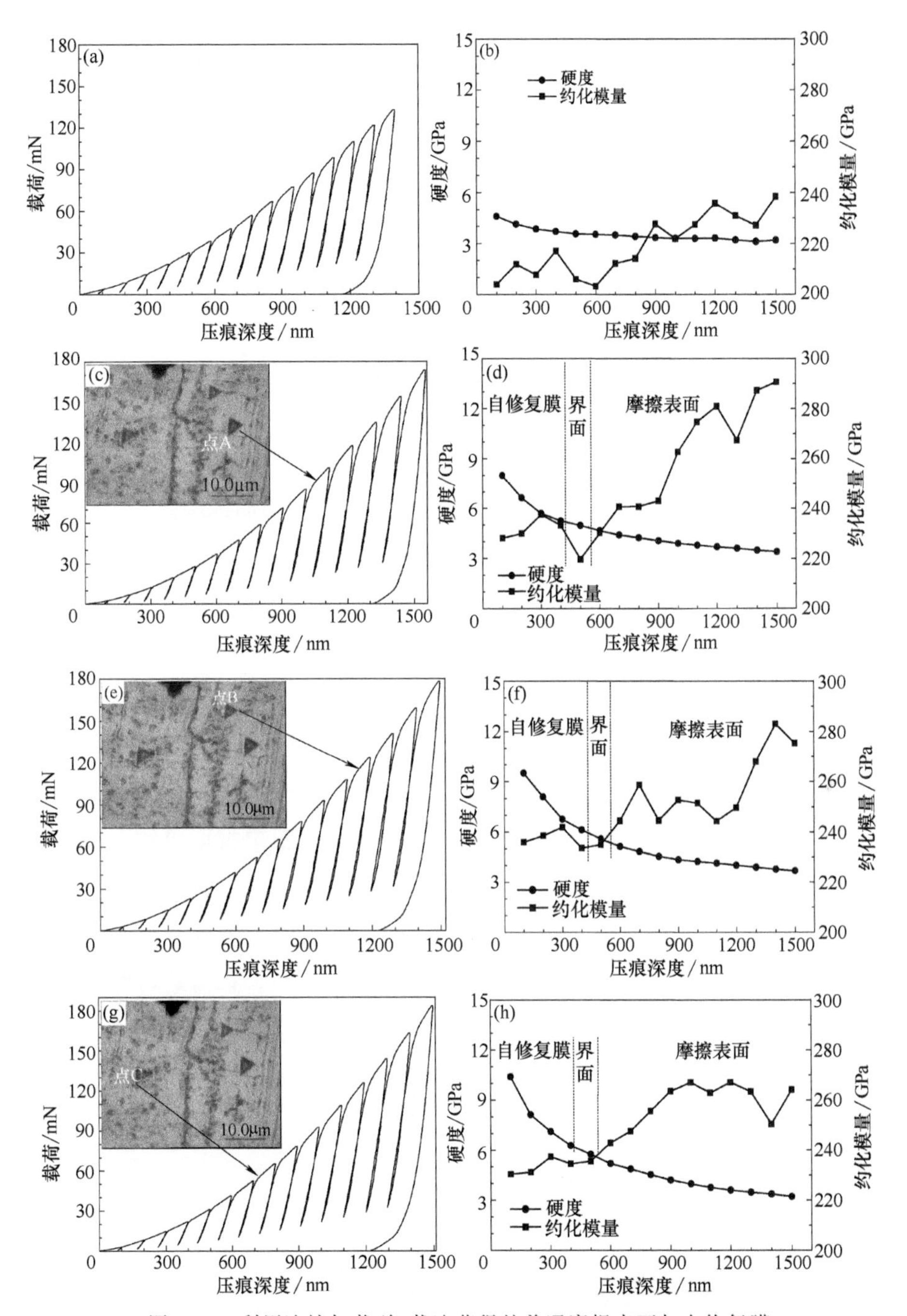

图 3-41　利用连续加载/卸载法获得的普通磨损表面与自修复膜表面不同位置的微观力学性能[22]

(a)，(b) 500SN 润滑下的普通磨损表面；(c)～(h) SPs 油样润滑形成的自修复膜

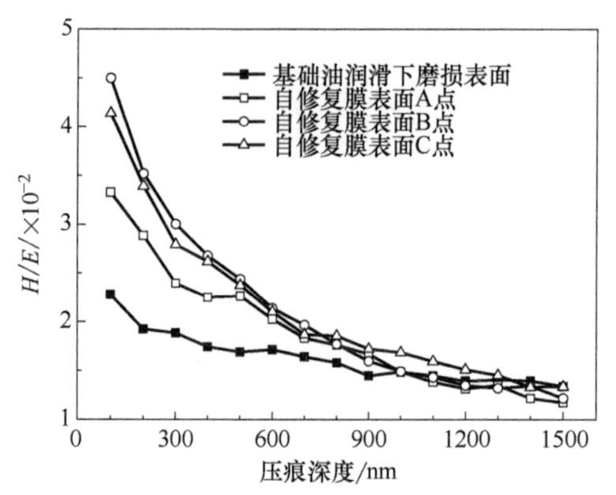

图 3-42 普通磨损表面与自修复膜表面不同位置的 H/E 值随压痕深度变化的关系曲线

于基础油润滑下的普通摩擦表面，深度超过 1000nm 后则与普通磨损表面的接近。据此可知，含蛇纹石矿物油样润滑下形成的自修复膜的硬度较高，而弹性模量与金属接近，且嵌入氧化物颗粒具有增强作用，可进一步改善微区力学性能，因而使蛇纹石矿物表现出优异的摩擦学性能。

3.6.5 Stribeck 曲线

分阶段磨损试验结束后，分别将基础油和含蛇纹石矿物油样润滑下的下试样圆盘卸下、清洗并重新安装，按照表 3-9 所列试验条件进行 Stribeck 测试，考察不同润滑状态下 500SN 润滑下的普通磨损表面与蛇纹石矿物形成的自修复膜的摩擦学性能。试验用润滑油均采用新矿物基础油 500SN，对偶钢球采用未磨损的新钢球。试验结束后，利用仪器自带软件得出不同速度/载荷比下的平均摩擦因数，绘制得到图 3-43 所示的 Stribeck 曲线。可以看出，在高载、低速的边界

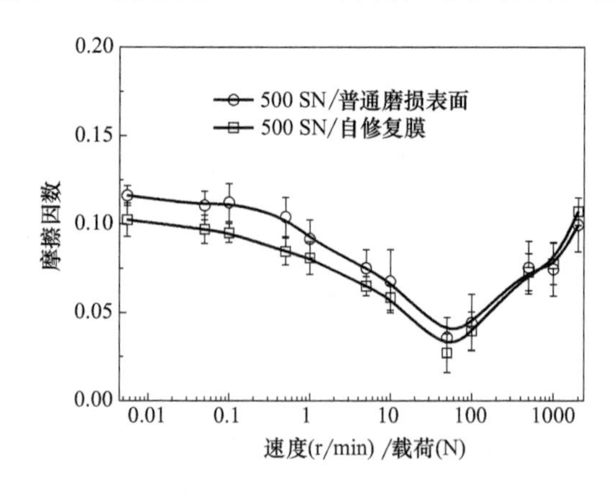

图 3-43 500SN/普通磨损表面和 500SN/自修复膜的 Stribeck 曲线

润滑区域以及混合润滑区域，500SN/自修复膜体系具有较好的摩擦学性能，即 500SN 润滑下的自修复膜与对偶钢球具有更小的摩擦因数；而在高速、低载的流体润滑区域，由于摩擦因数的变化主要取决于油品本身的性能，与摩擦副材质的力学性能关系不大，因此自修复膜的减摩性能不明显。

3.7 蛇纹石矿物对铁基摩擦表面的减摩自修复机理

由不同摩擦接触形式及运动模式下蛇纹石矿物的摩擦学性能研究结果可知，表面改性蛇纹石矿物粉体作为润滑油添加剂，可显著改善油品对钢/钢摩擦副的润滑性能，含蛇纹石矿物润滑油作用下的铁基磨损表面形成了一层复合摩擦表面膜，即自修复膜，其结构示意图如图 3-44 所示。

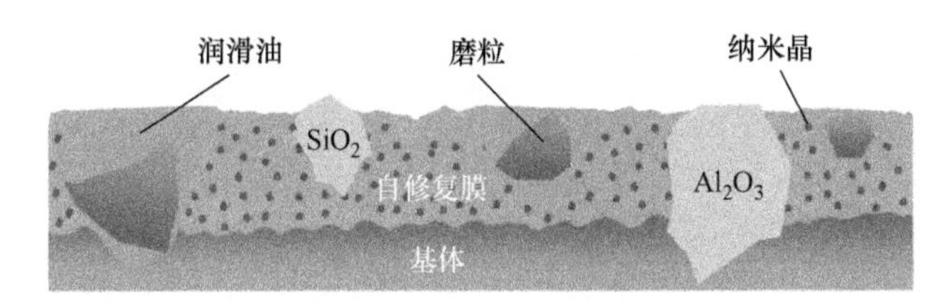

图 3-44　蛇纹石矿物在摩擦表面形成的自修复膜的结构示意图[22]

结合对含蛇纹石矿物油样润滑下摩擦表面的各类表征分析可以推断，蛇纹石矿物改善油品润滑性能与其在摩擦表面形成自修复膜密切相关，其减摩润滑机理体现在以下几方面：

① 蛇纹石矿物形成的自修复膜是一层具有优异力学性能的氧化物膜。蛇纹石属典型层状硅酸盐矿物，其晶体结构由硅氧四面体层和镁氧八面体层构成，层间由微弱的分子键或氢键相连，易于解理断裂并释放氧原子，具有较好的释氧能力。由此可推断[26]，在摩擦接触表面相互剪切所产生的机械作用和摩擦热的综合作用下，摩擦接触表面间的蛇纹石超细粉体发生层间解理断裂，释放氧原子并与摩擦表面反应形成摩擦氧化膜。该氧化膜硬度较高，能有效抵制磨屑的压入及材料表层的塑性变形，从而减少磨粒切削，显著改善材料的抗磨粒磨损特性；另外，摩擦氧化膜的弹性模量较低。现代摩擦学理论认为[27]，材料的硬度/弹模比（H/E）较单纯的硬度值（H）更能反映材料的耐磨性能，因为高硬度有利于提高材料的抗磨粒磨损性能，而低弹性模量可改善摩擦副对偶表面的贴合情况，降低接触应力。同时，当接触表面间存在磨粒时，磨粒可因弹性变形而脱离接触区

域，有利于进一步降低磨损。

② 蛇纹石矿物形成的自修复膜表面嵌入了氧化铝或氧化硅颗粒。蛇纹石矿物通常含有一定杂质，其中 Al 可以呈 6 次配位，存在于硅氧骨干之外，作为阳离子形成铝的硅酸盐，即 Al^{3+} 容易取代 Mg^{2+}，与［SiO_4］中的非桥氧原子相连，从而形成 Al—O 八面体。显然，摩擦表面嵌入的 Al_2O_3 颗粒来自蛇纹石中的含铝杂质。而蛇纹石中铝杂质主要以铝氧八面体结构存在，易于解理断裂[28]。在摩擦产生的局部高压、高温作用下，铝氧八面体结构中的 Al—O 键进一步断裂，释放出氧原子与 Al_2O_3。其中，氧原子在摩擦过程中将参与摩擦表面的氧化反应，而作为陶瓷相的 Al_2O_3 颗粒由于硬度较高，易于在摩擦过程中嵌入碳钢或摩擦氧化膜内，并作为硬质点，在相对较软的基体材料的支承下，形成典型的“软基体＋硬质点”的耐磨组织，提高摩擦表面的承载能力，降低接触应力。另外，Al_2O_3 颗粒的嵌入使摩擦表面形成大量分布均匀的微坑和孔洞，可在摩擦过程中起到改善润滑油供给和改善磨粒磨损的作用[29-31]：a. 作为微小储油单元，在苛刻润滑或边界润滑条件下提供润滑油；b. 捕获磨屑，抑制磨粒磨损和犁沟的产生；c. 在一定程度上增强摩擦表面的润湿性，有助于润滑油膜的形成与吸附。

③ 自修复膜表面均匀吸附了一定量的蛇纹石纳米颗粒。摩擦过程中，在局部过热和高压的作用下，蛇纹石超细粉体可能在保持蛇纹石晶体结构的同时，脱失部分结晶水，导致其粒径得到细化，硬度下降，比表面积增大，对金属表面的吸附能力增强[32]。在摩擦接触表面的剪切和研磨作用下，粉体粒径进一步细化至纳米尺寸，其表面活性与吸附能力进一步提高，从而均匀吸附在摩擦表面。而层状硅酸盐由于其层间结合力弱，可用作固体润滑材料[33]。由此推断，吸附在摩擦表面的蛇纹石纳米颗粒可在摩擦过程中充当具有减摩作用的“第三体”颗粒，通过层间的滑移，显著降低磨损[34]。

参考文献

[1] Xu T，Zhao J Z，Xu K，The ball-bearing effect of diamond nanoparticles as an oil additive [J]. Journal of Physics D：Applied Physics，1996，29：2932-2937.

[2] Stempfel E M. Practical experience with highly biodegradable lubricants，especially hydraulic oils and lubricating grease [J]. NLGI. Spokesman，1998，62：8-23.

[3] Huang W J，Dong J X，Wu G F，et al. A study of S- [2- (acetamido) benzothiazol-1-

yl] N，N-dibutyl dithiocarbamate as an oil additive in liquid paraffin [J]. Tribology International，2004，37：71-76.

[4] Wang F，Bi A L，Wang X B. Sliding friction and wear performance of Ti6Al4V in the presence of surface-capped copper nanoclusters lubricant [J]. Tribology International，2008，41：158-265.

[5] 杨玲玲，于鹤龙，杨红军，等. 摩擦试验条件对凹凸棒石黏土润滑油添加剂摩擦学性能的影响 [J]. 粉末冶金材料科学与工程，2015，20 (2)：273-303.

[6] 尹艳丽，于鹤龙，周新远，等. 基于正交试验方法的蛇纹石润滑油添加剂摩擦学性能研究 [J]. 材料工程，2020，48 (7)：146-153.

[7] Yin Y L，Yu H L，Wang H M，et al. Friction and wear behaviors of Steel/Tin bronze tribopairs improved by serpentine natural mineral additive [J]. Wear，2020，457：203387.

[8] Yu H L，Wang H M，Yin Y L，et al. Tribological behaviors of natural attapulgite nanofibers as lubricant additives investigated through orthogonal test method [J]. Tribology International，2020，151：106562.

[9] Zhang Z，Yin Y L，Yu H L，et al. Tribological behaviors and mechanisms of surface-modified sepiolite powders as lubricating oil additives [J]. Tribology International，2022，173：107637.

[10] Lee J，Cho S，Hwang Y，et al. Enhancement of lubrication properties of nano-oil by controlling the amount of fullerene nanoparticle additives [J]. Tribology Letters，2007，28：203-208.

[11] 于鹤龙，许一，史佩京，等. 蛇纹石润滑油添加剂摩擦反应膜的力学特征与摩擦学性能 [J]. 摩擦学学报，2012，32 (5)：500-506.

[12] Yu H L，Xu Y，Shi P J，et al. Tribological behaviors of surface-coated serpentine ultrafine powders as lubricant additive [J]. Tribology International，2010，43：667-675.

[13] Zhang B S，Xu B S，Xu Y，et al. An amorphous Si-O film tribo-induced by natural hydrosilicate powders on ferrous surface [J]. Applied Surface Science，2013，285：759-65.

[14] Wagner C D，Riggs W M，Davis L E，et al. Handbook of X-ray photoelectron spectroscopy [M]. Eden Prairie：Perkin-Elmer Corporation，1979.

[15] McIntyre N S，Zetaruk D G. X-ray photoelectron spectroscopic studies of iron oxides [J]. Analytical Chemistry，1977，49：1521-1529.

[16] Chen Y，Li X H，Wu P L，et al. Enhancement of structural stability of nanosized amorphous Fe_2O_3 powders by surface modification [J]. Materials Letters，2007，61：1223-1226.

[17] BabaU K, Hatada R. Synthesis and properties of TiO_2 thin films by plasma source ion implantation [J]. Surface & Coatings Technology, 2001, 136: 241-243.

[18] Pharr G M. Measurement of mechanical properties by ultra-low load indentation [J]. Materials Science and Engineering, 1998, 253: 151-159.

[19] 张保森，许一，徐滨士，等. 45 钢表面原位摩擦化学反应膜的形成过程及力学性能 [J]. 材料热处理学报，2011，32 (1)：87-91.

[20] Zhang B, Xu B S, Xu Y, et al. Tribological characteristics and self-repairing effect of hydroxy-magnesium silicate on various surface roughness friction pairs [J]. Journal of Central South University of Technology, 2011, 18 (5): 1326-1333.

[21] 于鹤龙，杨红军，钱耀川，等. 硅铝型天然陶瓷矿物添加剂对柴油机油润滑性能的影响 [J]. 粉末冶金材料科学与工程，2012，17 (6)：724-728.

[22] Yu H L, Xu Y, Shi P J, et al. Microstructure, mechanical properties and tribological behavior of tribofilm generated from natural serpentine mineral powders as lubricant additive [J]. Wear, 2013, 297: 802-810.

[23] 尹艳丽，于鹤龙，王红美，等. 不同结构层状硅酸盐矿物作为润滑油添加剂的摩擦学性能 [J]. 硅酸盐学报，2019，48 (2)：299-308.

[24] 杨鹤，王闽南，王锋，等. 金属磨损自修复技术（ART）在 100 台大功率内燃机车上的应用试验 [J]. 材料保护，2004，37 (7)：60-62.

[25] 张保森，徐滨士，许一，等. 蛇纹石微粉对球墨铸铁摩擦副的减摩抗磨作用机理 [J]. 硅酸盐学报，2009，37 (12)：2037-2042.

[26] Jin Y S, Li S H, Zhang Z Y, et al. In situ mechanochemical reconditioning of worn ferrous surfaces [J]. Tribology International, 2004, 37 (7): 561-567.

[27] Galvan D, Pei Y T, De Hosson J Th M. Deformation and failure mechanism of nanocomposite coatings under nano-indentation [J]. Surface and Coatings Technology, 2006, 200: 6718-6726.

[28] 潘群雄. 无机材料科学基础 [M]. 北京：化学工业出版社，2007.

[29] Gualtieri E, Borghi A, Calabri L, et al. Increasing nanohardness and reducing friction of nitride steel by laser surface texturing [J]. Tribology International, 2009, 42 (5): 699-705.

[30] Parry A O, Swain P S, Fox J. Fluid adsorption at a non-planar wall: roughness-induced first-order wetting [J]. Journal of Physics: Condensed Matter, 1996, 8 (45): L659-L666.

[31] Chow T S. Wetting of rough surfaces [J]. Journal of Physics: Condensed Matter, 1998, 10 (27): L445-L451.

[32] 谢鸿森，周文戈，李玉文，等. 高温高压下蛇纹岩脱水的弹性特征及其意义 [J]. 地

球物理学报，2000，43（6）：806-811.

[33] 唐有祺，王夔. 化学与社会 [M]. 北京：高等教育出版社，1999.

[34] 于鹤龙，许一，史佩京，等. 蛇纹石超细粉体作润滑油添加剂的摩擦学性能 [J]. 粉末冶金材料科学与工程，2009，14（5）：310-315.

第4章
蛇纹石矿物对不同摩擦材料的减摩自修复行为

4.1 概述

蛇纹石矿物因其独特的层状结构和晶体学特征，可与铁基摩擦表面发生复杂的物理化学作用，形成高硬度、低弹性模量的复合自修复膜，显著改善钢、铸铁等铁基材料的摩擦学性能。由于储量丰富，细化和提纯工艺简单，以及环境友好性突出，以蛇纹石矿物为代表的天然层状硅酸盐润滑材料有望成为传统润滑添加剂的替代品。

机械设备摩擦件种类繁多、材质多样，利用层状硅酸盐矿物材料改善润滑剂对不同摩擦材料抗磨减摩性能研究，对于指导新型润滑材料开发应用、改善机械设备运行可靠性、促进摩擦件微观损伤原位自修复与延寿，均具有重要意义。然而，当前研究主要集中在油脂润滑下铁基材料的摩擦学行为及减摩润滑机理方面，关于层状硅酸盐矿物作为润滑材料改善铜、铝及其合金等常用摩擦副材料摩擦磨损的研究相对较少。此外，面向装备轻量化的发展趋势，钛、镁等轻合金材料在机械装备零部件中应用的比例越来越大，但受制于材料本身的摩擦学性能劣势限制，特别是常规润滑剂难以实现高效润滑的问题，使钛、镁等轻合金作为装备摩擦件材料的大规模应用受到极大限制。

本章将在不同摩擦条件下蛇纹石矿物改善钢/钢摩擦副材料摩擦学性能研究的基础上，系统介绍蛇纹石矿物减摩自修复润滑材料作用下，铜合金、铝合金、钛合金和镁合金等不同摩擦材料与钢配副时的摩擦学性能，借助各类材料表面分析技术对铜、铝、钛、镁等合金摩擦表/界面进行表征测试，探讨蛇纹石矿物对不同摩擦材料的减摩自修复机理。

4.2 蛇纹石矿物对铜合金/钢摩擦副的减摩自修复行为

4.2.1 摩擦学试验材料与方法

选用壳牌（中国）有限公司产 CD 5W/40 柴油机油作为基础油。按照 3.2.1 节所述方法制备含油酸改性后蛇纹石粉体的质量分数分别为 0.1%、0.3%和 0.5%的待测油样（SPs 油样）。如无特殊说明，本章其余试验均采用上述基础油及含蛇纹石矿物油样制备方法。

采用 Optimal SRV4 磨损试验机研究蛇纹石矿物粉体对油润滑条件下铜合金/钢摩擦副的减摩自修复行为，采用四因素三水平正交试验方法，分别考察载荷、往复频率、试验时间和添加量对蛇纹石矿物减摩润滑性能的影响，试验条件与正交试验设计如表 4-1 所示。选用球-盘接触的往复滑动模式，滑动行程为 0.8mm，往复运动的上试样为 GCr15 钢球（HRC59-61，ϕ10mm），保持固定的下试样为锡青铜圆盘（$HV_{0.2}$160-170，ϕ25.4mm×6.88mm），锡青铜的化学成分见表 4-2。

表 4-1　铜合金/钢摩擦副的正交试验方案

序号	A:载荷/N (20,30,40)	B:频率/Hz (10,20,30)	C:时间/min (60,120,180)	D:含量/% (0.1,0.3,0.5)
1	Ⅰ(20)	Ⅰ(10)	Ⅰ(60)	Ⅰ(0.1)
2	Ⅰ(20)	Ⅱ(20)	Ⅱ(120)	Ⅱ(0.3)
3	Ⅰ(20)	Ⅲ(30)	Ⅲ(180)	Ⅲ(0.5)
4	Ⅱ(30)	Ⅰ(10)	Ⅱ(120)	Ⅲ(0.5)
5	Ⅱ(30)	Ⅱ(20)	Ⅲ(180)	Ⅰ(0.1)
6	Ⅱ(30)	Ⅲ(30)	Ⅰ(60)	Ⅱ(0.3)
7	Ⅲ(40)	Ⅰ(10)	Ⅲ(180)	Ⅱ(0.3)
8	Ⅲ(40)	Ⅱ(20)	Ⅰ(60)	Ⅲ(0.5)
9	Ⅲ(40)	Ⅲ(30)	Ⅱ(120)	Ⅰ(0.1)

为了便于评价蛇纹石矿物粉体的减摩抗磨性能，引入 f_R 和 w_R 分别表示添加蛇纹石粉体润滑油的摩擦因数及锡青铜磨损体积同基础油相比降低的百分比[1,2]。

$$f_R=(f_b-f_a)/f_b\times 100\% \tag{4-1}$$

式中，f_R 为添加蛇纹石粉体润滑油的摩擦因数同基础油相比降低的百分比；f_b 与 f_a 分别为 CD 5W/40 与含蛇纹石油样润滑下的摩擦因数。

$$w_R=(w_b-w_a)/w_b\times 100\% \tag{4-2}$$

式中，w_R 为添加蛇纹石粉体润滑油润滑下的材料磨损体积同基础油相比降低的百分比；w_b 与 w_a 分别为 CD 5W/40 润滑下和含蛇纹石油样润滑下锡青铜圆盘试样的磨损体积。

表 4-2 锡青铜的化学成分 单位：%（质量分数）

元素	Sn	Pb	P	Al	Fe	Si	Sb	Bi	Cu
含量	6.0～6.5	0.01～0.02	0.15～0.20	≤0.002	≤0.05	≤0.02	≤0.002	≤0.002	余量

4.2.2 摩擦学性能

4.2.2.1 正交试验

图 4-1 为正交试验结果。可以看出，在多数试验条件下，含蛇纹石油样的摩擦因数低于基础油，最大降幅为 23.7%［图 4-1（a）］。除 3 号和 6 号试验外，

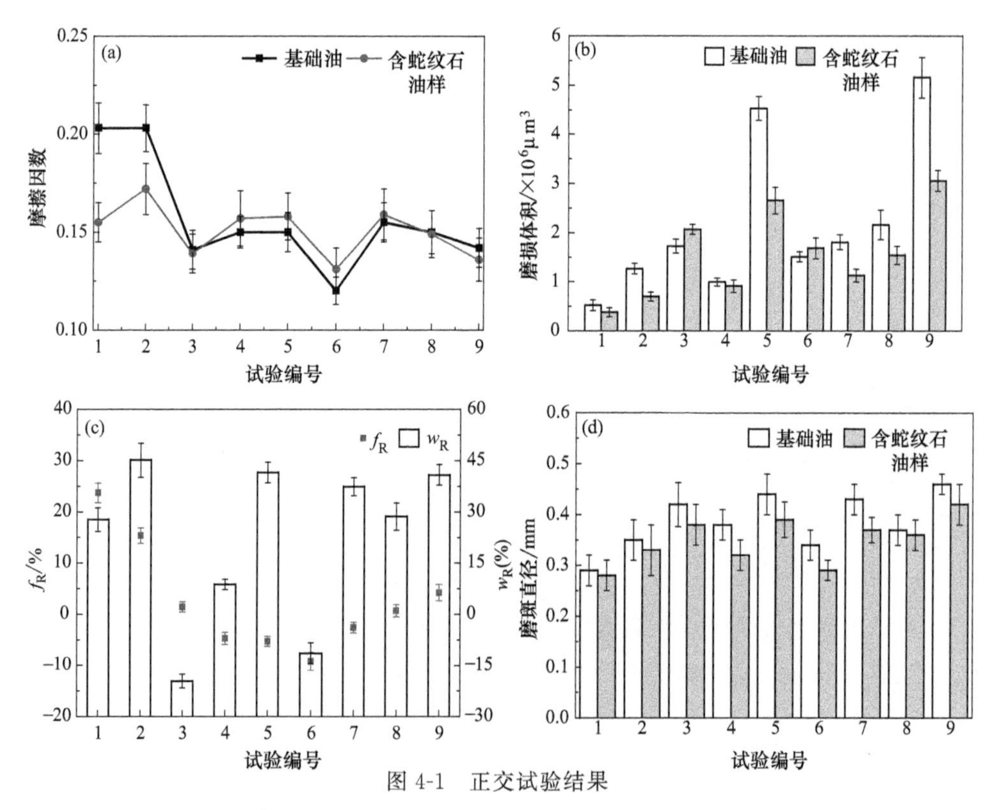

图 4-1 正交试验结果

（a）摩擦因数；（b）锡青铜的磨损体积；（c）f_R 和 w_R；（d）钢球磨斑直径

含蛇纹石油样润滑下锡青铜试样的磨损体积明显减小［图 4-1（b）］，与基础油润滑下相比最多减少 41.5%，说明在适当的摩擦学条件下蛇纹石作为润滑油添加剂能够显著改善与钢对磨时铜合金的摩擦学性能。如图 4-1（c）所示，部分试验条件下获得的 f_R 与 w_R 值为负，表明部分摩擦学条件不利于蛇纹石矿物改善钢/铜合金摩擦副的减摩润滑。图 4-1（d）所示为与锡青铜对磨的钢球磨斑直径，在所有试验条件下含蛇纹石油样润滑的钢球磨斑直径均明显减小，表明蛇纹石矿物能够有效改善铜合金/钢摩擦副的磨损。

对正交试验数据进行直观分析和因素指标分析，结果如图 4-2 所示。各因素对蛇纹石矿物改善铜合金减摩性能影响的主次顺序为：载荷（A）＞添加量（D）＞滑动时间（C）＞往复频率（B），最优组合为 $A_{Ⅰ}B_{Ⅰ}C_{Ⅰ}D_{Ⅰ}$，即载荷 20N、频率 10Hz、时间 60min、蛇纹石含量 0.1%；对抗磨性能影响的主次顺序为：往复频率（B）＞添加量（D）＞载荷（A）＞滑动时间（C），最优组合为 $A_{Ⅲ}B_{Ⅱ}C_{Ⅱ}$

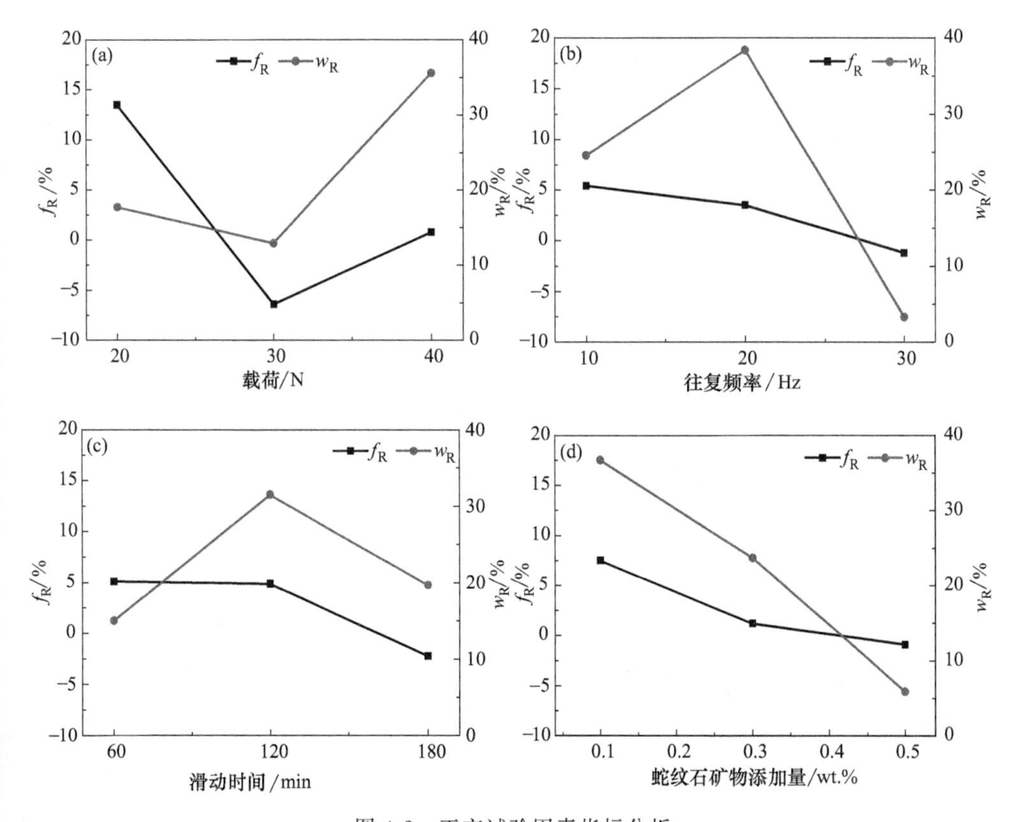

图 4-2　正交试验因素指标分析

（a）载荷；（b）往复频率；（c）滑动时间；（d）蛇纹石矿物添加量

D_I，即载荷 40N、频率 20Hz、时间 120min、蛇纹石含量 0.1%。

4.2.2.2 最优水平试验

蛇纹石矿物改善铜合金减摩性能的最优组合为 $A_I B_I C_I D_I$（20N、20Hz、60min、0.1%）。图 4-3 所示为该条件下基础油和含蛇纹石油样润滑下的摩擦因数与摩擦接触电阻随时间变化的关系曲线。可以看出，基础油的摩擦因数随时间波动较大，稳定后维持在 0.2 左右，摩擦接触电阻在 0 附近波动；而含 0.1%蛇纹石油样润滑时获得的摩擦因数曲线较平稳，同基础油相比降低约 23.7%，摩擦接触电阻在 300s 后迅速升高至约 0.3Ω，表明摩擦过程中摩擦副表面形成了不导电的自修复膜。同时，基础油中添加 0.1%蛇纹石矿物粉体能够使铜合金的磨损体积降低 27.7%。

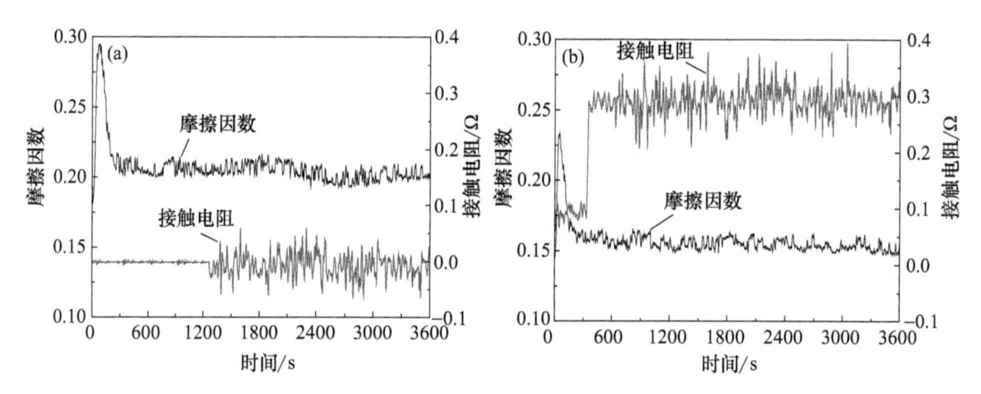

图 4-3 $A_I B_I C_I$ 条件下 CD 5W/40 与含 0.1%SPs 油样的摩擦因数与摩擦接触电阻随时间变化的关系曲线

(a) CD 5W/40 的摩擦因数和摩擦接触电阻；(b) 0.1%蛇纹石油样的摩擦因数和摩擦接触电阻

蛇纹石矿物改善铜合金抗磨性能的最优组合为 $A_{III} B_{II} C_{II} D_I$（40N，20Hz，120min，0.1%），由于正交试验中未出现该条件，为此补充了相关最优水平试验。图 4-4 所示为上述条件时基础油与含蛇纹石油样润滑下的摩擦因数和摩擦接触电阻变化曲线。可以看出，摩擦因数与接触电阻的变化趋势与 $A_I B_I C_I$ 条件下相似，含 0.1%蛇纹石矿物油样的摩擦因数较基础油减小约 17.7%，摩擦接触电阻随时间不断升高，在 1000s 后迅速升高至 0.25Ω 以上，并在摩擦试验结束时接近 0.33Ω。此外，含 0.1%蛇纹石油样润滑下铜合金磨损体积同基础油润滑下相比降低了 45.7%，对磨钢球的磨斑直径降低约 9.5%。以上试验结果证实了润滑油中蛇纹石矿物的加入，使磨损表面在滑动摩擦过程中形成了不导电的自修复膜[3]，适当的摩擦学条件有利于自修复膜的形成，从而有助于铜合金摩擦学性

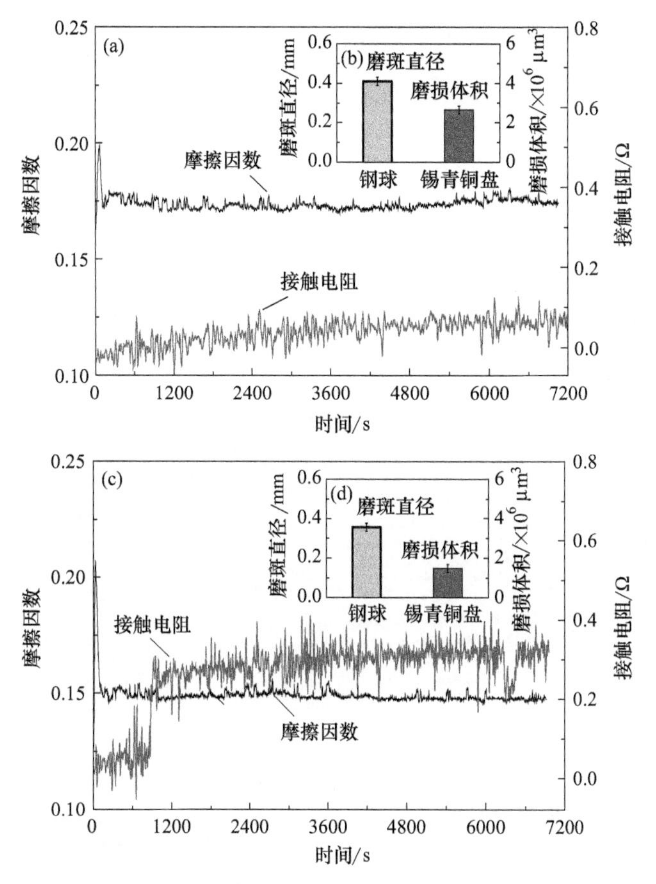

图 4-4　$A_{Ⅲ}B_{Ⅱ}C_{Ⅱ}$ 条件下 CD 5W/40 与含 0.1%SPs 油样的摩擦因数与摩擦接触电阻随时间变化的关系曲线

(a) CD 5W/40 的摩擦因数和摩擦接触电阻；(b) CD 5W/40 的磨损体积；(c) 0.1%蛇纹石油样的摩擦因数和摩擦接触电阻；(d) 0.1%SPs 油样的磨损体积

能的改善。

4.2.3　摩擦表面分析

4.2.3.1　摩擦表面形貌及成分分析

图 4-5 为 $A_{Ⅲ}B_{Ⅱ}C_{Ⅱ}$ 条件下基础油润滑后铜合金磨损表面形貌的 SEM 照片及 EDS 谱图。可以看出，磨损表面沿滑动摩擦方向分布着大量较深的犁沟和孔洞，局部存在明显的塑性变形和材料撕裂损伤，表现为典型的磨粒磨损和黏着磨损特征[4]。此外，大量片状和球形磨粒嵌入犁沟中或吸附在磨损表面。EDS 分析表明，磨损表面区域及球形磨粒主要由 Cu、Sn、Fe、O、C 和 S 等元素构成。其

中，C、S元素可能来源于基础油中的碳链及其中的含硫添加剂，少量Fe元素来源于对磨钢球。

通常情况下，油润滑下磨损表面因润滑油膜隔绝空气而不会发生氧化，因此O元素的存在有几种可能：①钢/铜合金的高接触应力和剪切力引起边界润滑下油膜的破坏，从而导致微凸体可能直接接触，使摩擦表面与空气之间发生氧化反应[5]；②摩擦试验结束后样品表面在清洗后自然放置过程中发生的氧化。无论如何，摩擦过程中微凸体的直接接触导致磨损表面发生磨粒磨损和黏着磨损，材料从铜合金表面撕裂，形成大量的划痕、材料剥落、撕裂损伤及微区塑性变形。

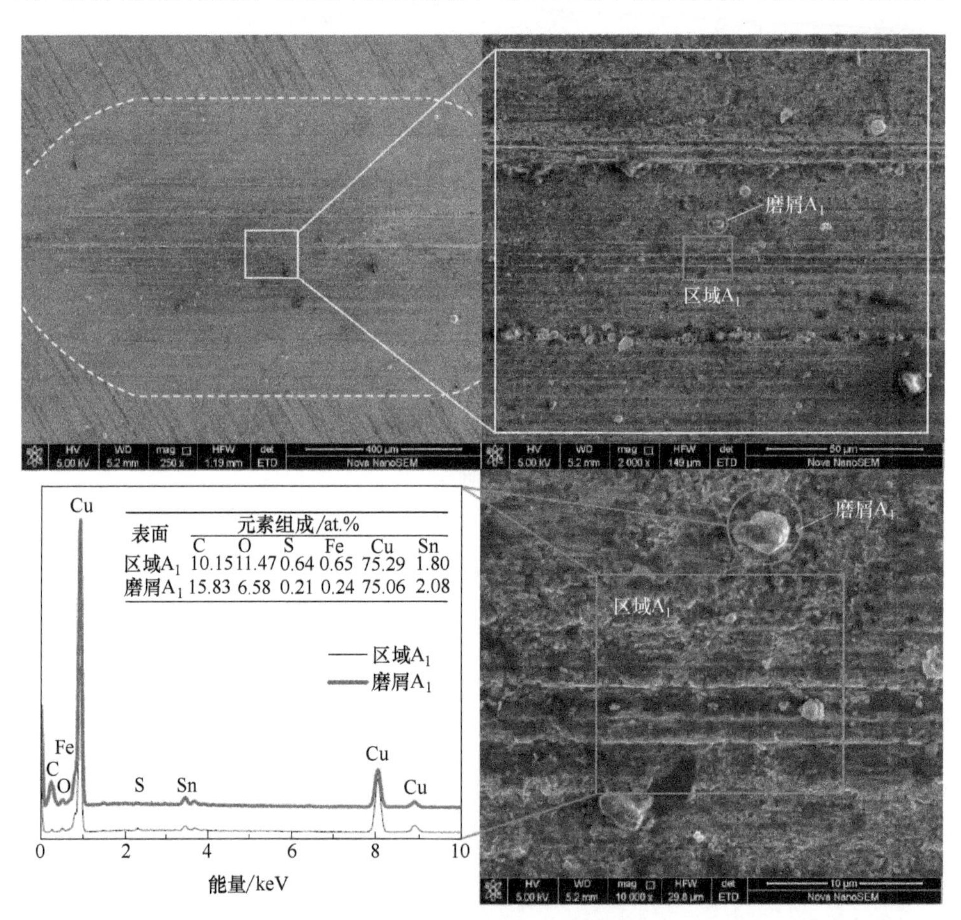

表面	元素组成/at.%					
	C	O	S	Fe	Cu	Sn
区域A_1	10.15	11.47	0.64	0.65	75.29	1.80
磨屑A_1	15.83	6.58	0.21	0.24	75.06	2.08

图 4-5 在 $A_{Ⅲ}B_{Ⅱ}C_{Ⅱ}$ 条件下基础油润滑的铜合金磨损表面形貌照片及 EDS 谱图

图4-6所示为$A_{Ⅲ}B_{Ⅱ}C_{Ⅱ}$条件下，含0.1%蛇纹石油样作用下铜合金磨损表面形貌的SEM照片及EDS谱图。可见，摩擦表面较为光滑，仅观察到少量沿滑动方向的轻微划痕，磨损形式为单一的磨粒磨损。与基础油润滑下相比，磨损表

面除Cu、Sn、Fe、C、O和S等元素外，还含有Si、Al等蛇纹石矿物的特征元素，且C和O元素的含量明显升高。结合前期对含蛇纹石矿物油样润滑下铁基摩擦表面的分析可知，分散在润滑油中的蛇纹石矿物粉体可能在铜合金摩擦表面形成了自修复膜。

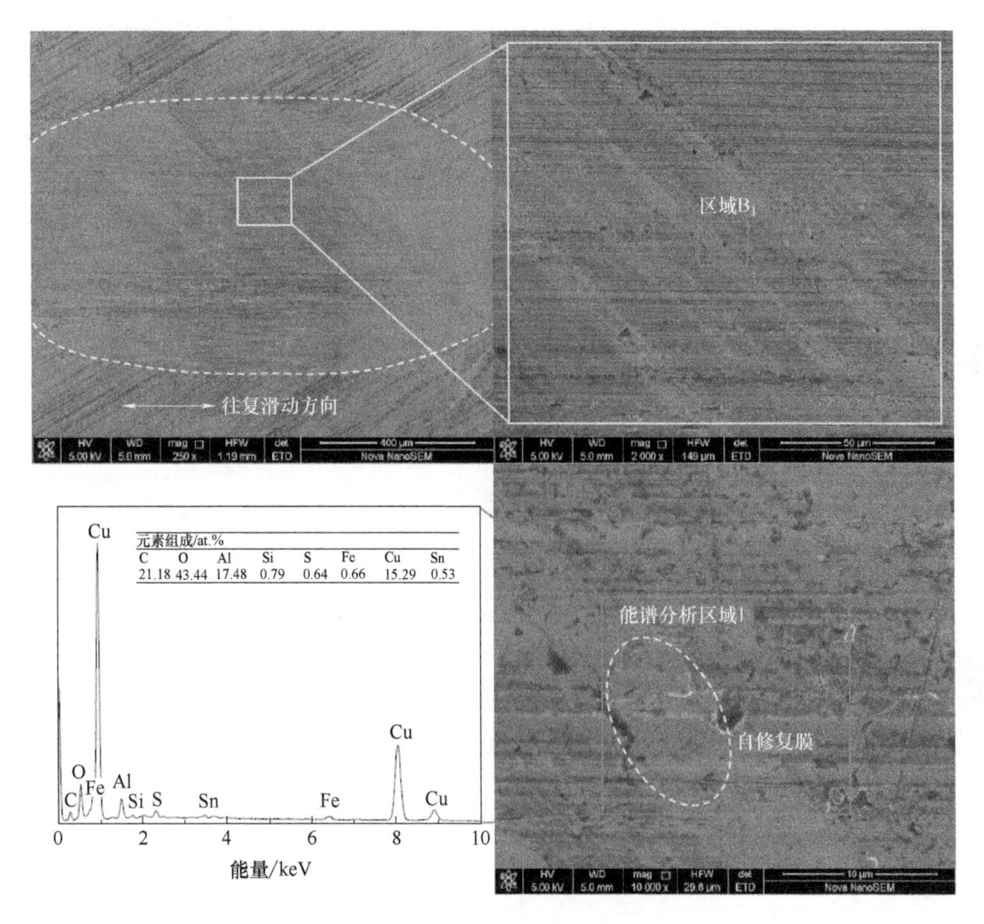

图4-6　在$A_{Ⅲ}B_{Ⅱ}C_{Ⅱ}$条件下含0.1%SPs油样润滑下铜合金磨损表面形貌及EDS谱图

为研究对磨钢球的磨损情况，对其磨痕表面进行了扫描电镜观察和EDS分析。图4-7为钢球磨损表面形貌的SEM照片及相应的EDS谱图。与铜合金的磨损相似，基础油润滑下钢球的主要磨损机制仍然为磨粒磨损和黏着磨损，在磨损表面上观察到大量的犁沟、撕裂损伤和塑性变形区域。EDS分析表明，钢球磨损表面存在大量的Cu元素，这是由于铜合金的表面能（$\approx 1.10\times 10^{-4}J/cm^2$）比钢（$\approx 1.50\times 10^{-4}J/cm^2$）高[6-7]，材质较软，在对偶摩擦过程中铜元素极易转移到铁基材料表面，从而使铜合金的磨损进一步加剧。此外，磨损表面吸附的

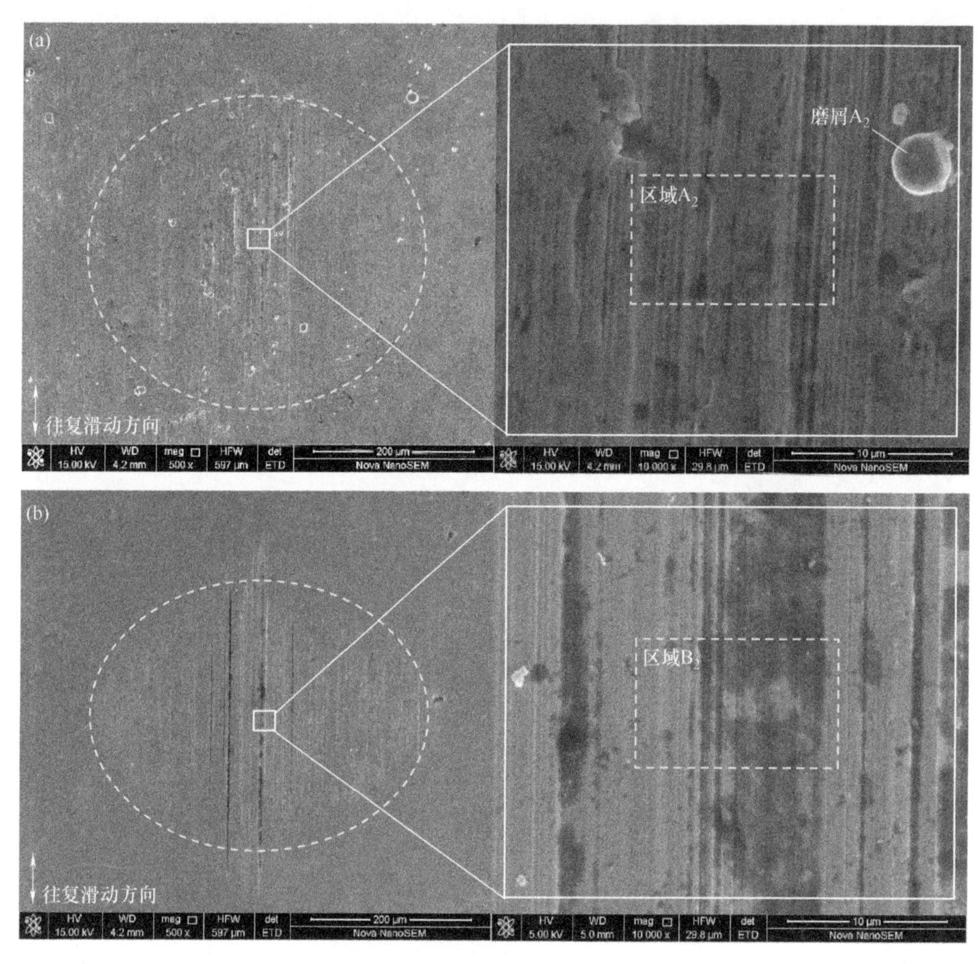

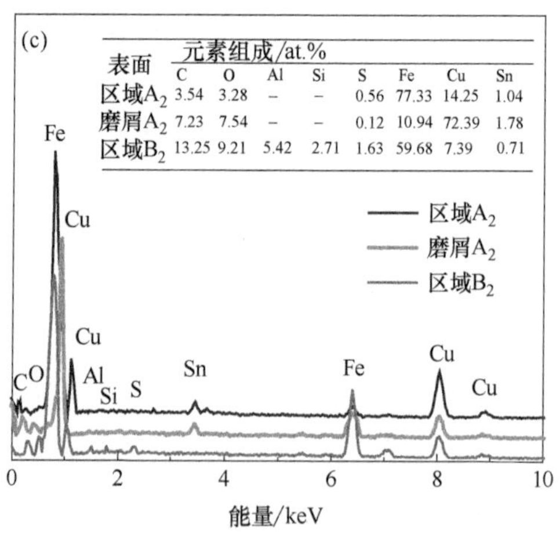

表面	元素组成/at.%							
	C	O	Al	Si	S	Fe	Cu	Sn
区域A_2	3.54	3.28	–	–	0.56	77.33	14.25	1.04
磨屑A_2	7.23	7.54	–	–	0.12	10.94	72.39	1.78
区域B_2	13.25	9.21	5.42	2.71	1.63	59.68	7.39	0.71

图 4-7 在 $A_{Ⅲ}B_{Ⅱ}C_{Ⅱ}$ 条件下钢球的磨损表面形貌及 EDS 谱图

(a) 基础油润滑下磨损表面形貌；(b) 含 0.1%SPs 油样润滑下磨损表面形貌；(c) EDS 谱图

球形磨粒同样被证实为摩擦对偶的铜合金磨损后形成的磨粒。相比之下，蛇纹石油样润滑的钢球磨损表面仅出现少量较浅的划痕，Cu元素含量显著降低，且出现了Al、Si及大量C、O元素。不同润滑条件下钢球磨损表面元素含量的对比结果表明，钢/铜合金摩擦副表面形成了富含C、O、Al和Si等元素的自修复膜，避免了铜合金与钢组成的摩擦界面直接接触，防止了Cu元素在摩擦界面的转移，从而显著降低磨损。

4.2.3.2 磨损表面XPS分析

为确定铜合金摩擦表面自修复膜的构成，对$A_{Ⅲ}B_{Ⅱ}C_{Ⅱ}$条件下基础油和含0.1%蛇纹石油样润滑下的铜合金表面进行了XPS对比分析，结果如图4-8所示。基础油润滑下摩擦表面Cu 2*p*结构谱可拟合为单质Cu（932.4eV）特征峰，而含蛇纹石油样润滑下摩擦表面可拟合为Cu_2O（932eV）、Cu（932.4eV）和CuO（932.8eV）等多个特征峰[8]。除此之外，对于两种摩擦表面，均可将Sn 3*d*谱图拟合为Sn（484.7、492.4eV）和SnO（486、494.4eV），Fe $2p_{3/2}$拟合为Fe（706.9eV）、Fe_3O_4（708.5eV）、FeS（710eV）和Fe_2O_3（711.4eV）[9-12]，S 2*p*拟合为FeS（161.5eV）、有机硫化物（162.1eV）和FeS_2（162.9eV），O1*s*拟合为金属氧化物（530.1eV）和有机化合物（531.8eV）[9-13]，C 1*s*拟合为石墨（284.4eV）和有机物（286、287.5和289eV）等特征峰[9,13]。此外，含蛇纹石油样润滑下的摩擦表面特有的Al 2*p*谱图可以拟合为Al_2O_3（77.2、74.8eV）特征峰，而Si 2*p*可拟合为SiO（101.6eV）、SiO_x（102.5eV）和SiO_2（103.4eV）等子峰[14]。

4.2.3.3 摩擦表面微观力学性能

图4-9所示为不同摩擦表面压痕载荷、纳米硬度和弹性模量随压入深度的变化曲线。为便于比较，图4-9同时给出了未摩擦锡青铜磨抛后表面的纳米压痕测试结果。由完整的载荷-深度曲线可以看出，在2000nm深度范围内，自修复膜表面达到一定压入深度所需的载荷最大，其次为未摩擦的铜合金，基础油润滑下的摩擦表面最小，表明三者的平均硬度由高至低。而观察局部放大的载荷-深度曲线则可发现，在0～300nm的深度范围内，自修复膜的硬度最低，而后随深度增加逐渐增大并高于未摩擦的锡青铜基体。

磨抛过程中产生的加工硬化导致锡青铜表面200nm深度内的纳米硬度高达3.5GPa以上，而后逐渐降低并在1000nm深度后稳定至正常硬度水平，平均值约为2.1GPa。基础油润滑下摩擦表面的纳米硬度在几十至二三百纳米深度内逐

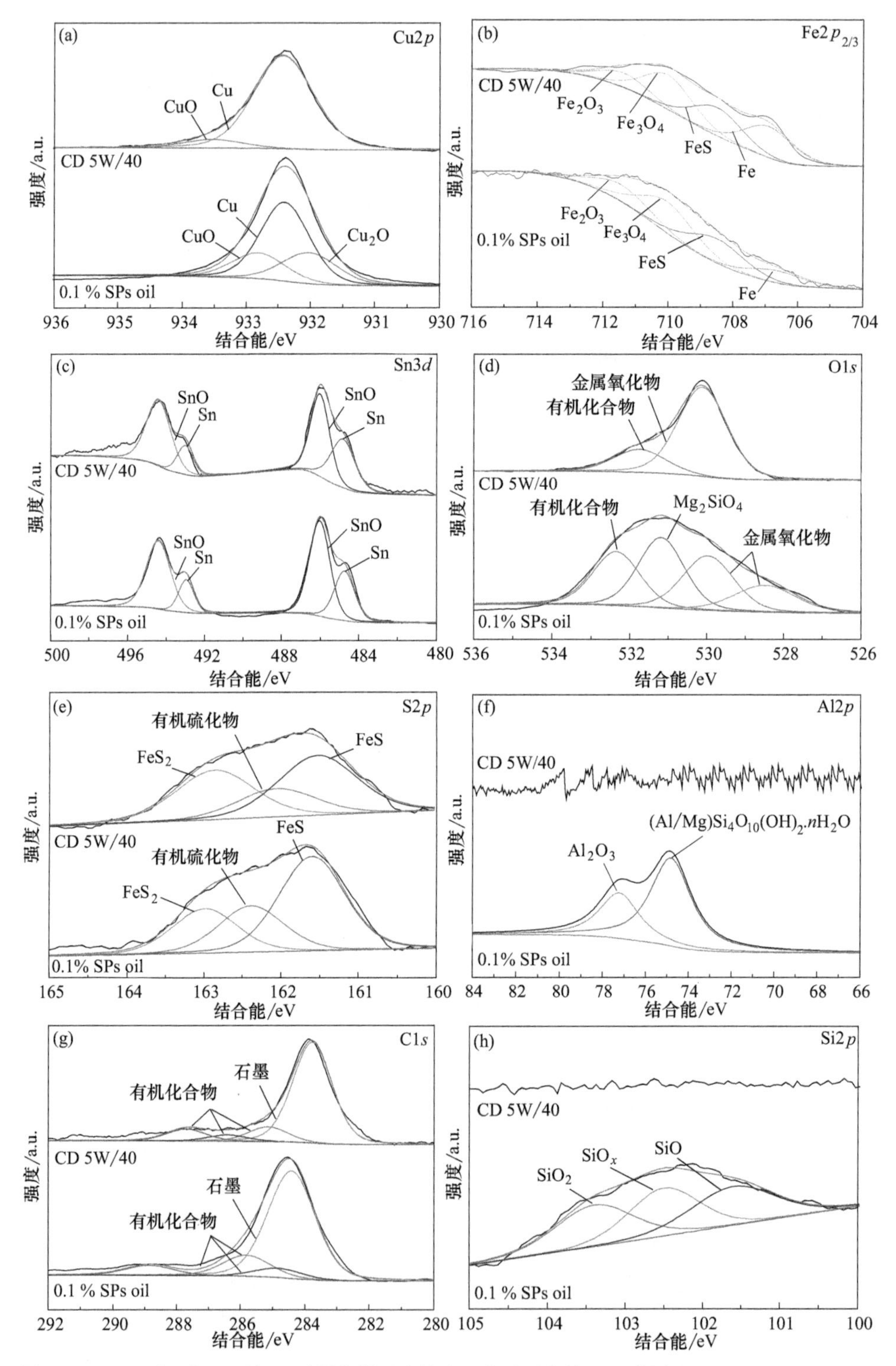

图 4-8 CD 5W/40 与 0.1%SPs 油样润滑下摩擦表面主要元素的 XPS 谱图（40N，20Hz，120min）

渐增至3GPa以上，而后逐渐降低并趋于平稳，其稳定后平均值约为2.4GPa，略高于锡青铜基体。含0.1%蛇纹石油样润滑时，摩擦表面纳米硬度曲线在500nm深度内基本平稳，平均值约为1.9GPa，而后逐渐升高并在1000nm后稳定在约3.5GPa，表明蛇纹石在锡青铜表面形成的自修复膜硬度和弹性模量具有表面低、内部高的梯度变化特征。需要指出的是，在最初的几十纳米深度范围内，由于受压痕尺寸效应的影响，纳米压痕测试获得的材料压痕硬度和弹性模量会迅速升高，通常情况下，超过这一深度后获得的压痕测试结果真正反映材料的实际性能。

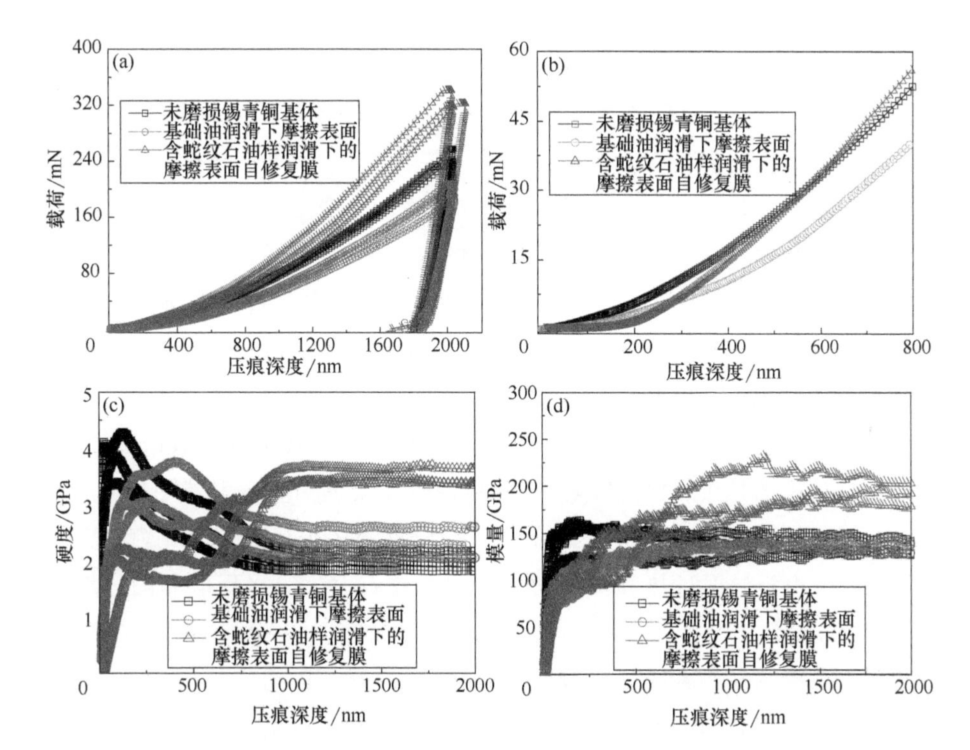

图4-9 未摩擦铜合金及基础油和含SPs油样润滑下的摩擦表面力学性能

(a)，(b) 载荷随压入深度的变化；(c) 纳米硬度随压入深度变化；(d) 弹性模量随压入深度变化

4.2.4 蛇纹石矿物对铜合金的减摩自修复机理

XPS和EDS分析表明，摩擦过程中悬浮在润滑油中的蛇纹石粉体与摩擦表面发生了摩擦化学反应，形成了具有优异力学性能和复杂成分的自修复膜，由Cu_2O、CuO、Al_2O_3、SnO、Fe_3O_4、Fe_2O_3等金属氧化物，Al_2O_3、SiO、SiO_2和SiO_x等氧化物陶瓷，FeS和FeS_2等硫化物以及石墨和有机化合物组成。

其中，Cu_2O、CuO、Al_2O_3、SiO、SiO_2、SiO_x 等氧化物属于自修复膜的特有成分，其余成分为基础油和含蛇纹石油样润滑下的摩擦表面共有。根据 XPS 和 EDS 分析，含蛇纹石油样形成的自修复膜内 Cu_2O、CuO、Al_2O_3 和石墨等成分的含量较高，而其余成分在不同的摩擦表面含量均相对较低。由摩擦副材料成分可知，锡青铜摩擦表面的 Al、Si 元素应来自添加到润滑油中的蛇纹石粉体，S 元素应来自 CD 5W/40 润滑油中的含 S 极压抗磨剂，C 元素应来自润滑油中的有机碳链，而 Fe 元素则应来自对偶的 GCr15 钢球。

前期研究中发现，蛇纹石矿物粉体作为润滑油添加剂对铁基摩擦副表现出优异的摩擦学性能，主要归因于摩擦表面形成硬度较高的自修复膜，该膜层由铁的氧化物（包括 FeO、Fe_2O_3 和 FeOOH）、氧化陶瓷（如 SiO_2、SiO_x 和 Al_2O_3）和石墨组成[14,15]。蛇纹石是一种富水含镁铝层状硅酸盐矿物，由 Mg/Al-O 八面体（O）层和 Si-O 四面体（T）层按 TO 排列而成，矿物在摩擦过程中表现出独特的释放活性氧原子的能力[16,17]。普遍认为，自修复膜是通过 Fe 与活性 O 原子发生摩擦化学反应，以及由摩擦和磨损引起的蛇纹石活性键断裂、脱水等释放的氧化物共同形成的[18]。此外，具有高活性的硅酸盐矿物（如蛇纹石和凹凸棒石）对润滑油具有一定的催化作用，可诱导碳链分解形成石墨或无定形碳，在滑动摩擦过程中提供良好的减摩润滑[14,19,20]。

蛇纹石矿物粉体对铁基摩擦副的减摩润滑机制对锡青铜摩擦表面同样适用。分散在润滑油中的蛇纹石极易吸附于摩擦副表面，在局部高压和高剪切应力作用下释放出活性 O 原子，与磨损表面的 Cu 和 Sn 发生反应，形成 Cu_2O，CuO 和 SnO。同时，由于局部过热和高剪切力导致蛇纹石发生脱水反应和晶体结构破坏，释放出 Al_2O_3、SiO_2、SiO 和 SiO_x 等颗粒。此外，具有较高活性的蛇纹石矿物促进了润滑油有机碳链分解为石墨和有机化合物。因此，在含蛇纹石油样润滑下的锡青铜磨损表面上形成了以氧化铜、陶瓷颗粒、石墨和有机物为主的复合自修复膜，对磨损表面微观损伤起到自修复作用的同时，显著降低摩擦，减少磨损。含蛇纹石油样对锡青铜/钢摩擦副的减摩自修复效应是摩擦表面自修复膜的形成与磨损之间动态平衡的综合作用，与摩擦试验条件（包括施加载荷、滑动持续时间、频率和矿物粉体添加量）有关。同时，这也是蛇纹石矿物在某些摩擦条件下不能有效降低铜合金摩擦磨损的主要原因。

值得注意的是，含蛇纹石油样形成的自修复膜中硫化物含量明显高于基础油润滑的磨损表面，表明蛇纹石矿物粉末尽管不会与抗磨添加剂直接发生反应，但矿物促进了硫与磨损表面之间的摩擦化学反应。同时，含蛇纹石矿物油样润滑下的钢球磨损表面也检测到了 Al、Si 和 O 元素，表明对磨钢球表面同样形成了自修复膜。

纳米压痕试验结果表明，蛇纹石在锡青铜磨损表面形成的自修复膜硬度呈现出表面低、内部高的梯度变化。结合 XPS、EDS 分析结果可以推断，自修复膜表面为软层，主要由石墨、SnO、Cu_2O 和 CuO 组成；而次表面为硬层，除铜和锡的氧化物外，主要由 Al_2O_3、SiO_2、SiO 和 SiO_x 组成。基于上述推断，建立了如图 4-10 所示的自修复膜结构示意图。应当强调的是，由于含量很低，自修复膜结构中忽略了硫化物和氧化铁的存在。同时，由于摩擦表面接触微区的应力和温度分布不均匀，在摩擦表面形成的自修复膜不可能十分完整且厚度均匀。图 4-11 显示了含蛇纹石油样润滑下锡青铜磨损表面压痕硬度和弹性模量随深度变化的关系曲线。从图中圆形线框标注的硬度和弹性模量曲线的拐点可以推断，自修复膜表面软层的厚度约为 500nm，次表面硬层的厚度约为 2000nm。当压入深度超过 500nm 时，由于受到亚表层的影响，自修复膜的硬度和模量逐渐增加，在 1000nm 后趋于稳定。当压头深度超过 2000nm 时，曲线开始下降，并在 2500nm 左右达到锡青铜的水平，表明压头已完全穿透自修复膜并作用于青铜基体上。

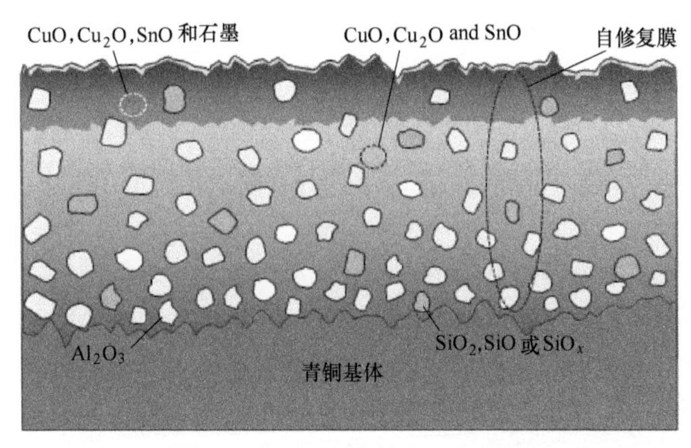

图 4-10　含蛇纹石油样润滑下铜合金磨损表面形成的自修复膜的结构示意图[21]

蛇纹石矿物在铜合金表面形成的自修复膜基质相主要由 Cu_2O、CuO 和 SnO 组成，表层为富含石墨的软层，内层为 Al_2O_3 和硅的氧化物复合增强的硬层。首先，摩擦过程中低弹性模量的软外层具有较低的滑动剪切阻力，在加载时由于接触面积的增加而容易发生弹性变形，导致摩擦接触应力大幅降低。因此，在滑动过程中磨粒或对磨表面硬质微凸体很容易通过铜合金接触表面而避免严重损伤。同时，自修复膜较硬的内层可以为软表层提供足够的支承，增强在高接触应

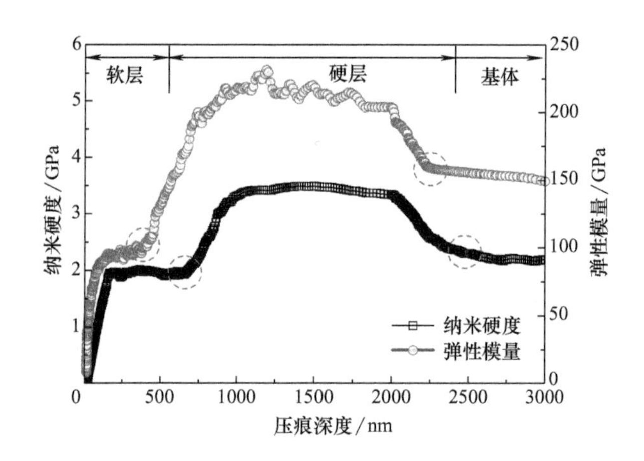

图 4-11 含蛇纹石矿物油样润滑下锡青铜磨损表面纳米硬度和弹性模量随压入深度变化的关系曲线（40N，20Hz，120min，0.1%SPs）

力下的塑性变形和犁削阻力。其次，自修复膜的形成将钢/锡青铜摩擦副微凸体有效隔开，防止其直接接触，从而避免铜合金摩擦表面 Cu 元素向对磨的钢表面转移。最后，自修复膜中的石墨和 CuO 具有优异的润滑效果，一方面由于石墨层间范德华力较弱，被广泛用作固体润滑剂或润滑剂添加剂；另一方面，当用作润滑油添加剂时，CuO 可以通过沉积在磨损表面形成自修复膜，起到减摩润滑作用[22-24]。因此，正是由于这种具有润滑相、强化相和特殊力学性能的复合自修复膜的形成，使含蛇纹石矿物油样润滑下的锡青铜材料表现出优异的摩擦学性能。

显然，铜合金表面自修复膜的厚度、完整性和均匀性等结构特征对其摩擦学性能具有重要影响，包括影响摩擦副直接接触区域的有效分离、接触应力的降低以及摩擦化学反应产物的数量等。然而，自修复膜的形成与蛇纹石矿物和摩擦表面之间的相互作用密切相关。自修复膜的最终形态与结构取决于摩擦化学反应膜的生成与磨损之间的动态平衡过程，该过程随摩擦过程中施加的载荷、往复频率、滑动时间和润滑油中蛇纹石矿物的含量等摩擦学条件变化。由于摩擦学系统的复杂性，当前仍然无法精确调控自修复膜的厚度、完整性或均匀性。此外，由于缺乏原位表征方法，很难有效地建立蛇纹石矿物形成的自修复膜结构与摩擦学性能之间的定量关系。因此，关于蛇纹石矿物作为润滑剂添加剂的作用机制仍有很多不清楚的地方，有大量的工作需要进一步深入开展。

此外，根据纳米压痕硬度测试结果，基础油润滑下的铜合金磨损表面显示出了一定的硬度升高，表面硬化层的厚度约为 1000nm。由于磨损表面摩擦化学反应产物的数量有限，硬度的增加可能主要是由于摩擦应力引起的加工硬化所致[25]。对纯铜或铜合金滑动摩擦变形（SFD）过程的研究[26,27] 表明，摩擦诱导的表面变形导致形成由细变形晶粒和低角度位错边界组成的梯度纳米结构，引起 FCC 金属在滑动过程中表面硬度的增加。通常认为，层错能（SFE）、熔化温度和摩擦条件（如滑动距离和施加载荷）在表面硬化过程中起着重要作用[28]。

4.3　蛇纹石矿物对铝合金/钢摩擦副的减摩自修复行为

4.3.1　摩擦学试验材料与方法

试验所用基础油与含蛇纹石油样制备方法与 3.2.1 节相同。采用 Optimal SRV4 磨损试验机研究蛇纹石矿物粉体对油润滑条件下铝合金/钢摩擦副的减摩自修复行为，采用四因素三水平正交试验方法，分别考察载荷、往复频率、试验时间和添加量对蛇纹石矿物减摩润滑性能的影响，正交试验方案如表 4-3 所示。选用球-盘接触的往复滑动模式，滑动行程为 0.8mm，往复运动的上试样为 GCr15 钢球（59～61HRC，ϕ10mm），保持固定的下试样为 5083 铝合金圆盘（98～114$HV_{0.2}$，ϕ25.4mm×6.88mm），铝合金的化学成分为 Al-0.4%Si-4.4%Mg。蛇纹石矿物粉体的抗磨减摩性能的评价方法参照 4.2.1 节。

表 4-3　铝合金/钢摩擦副的正交试验方案

序号	A:载荷/N (5,10,20)	B:频率/Hz (5,10,20)	C:时间/min (60,120,180)	D:含量/% (0.1,0.3,0.5)
1	Ⅰ(5)	Ⅰ(5)	Ⅰ(60)	Ⅰ(0.1)
2	Ⅰ(5)	Ⅱ(10)	Ⅱ(120)	Ⅱ(0.3)
3	Ⅰ(5)	Ⅲ(20)	Ⅲ(180)	Ⅲ(0.5)
4	Ⅱ(10)	Ⅰ(5)	Ⅱ(120)	Ⅲ(0.5)
5	Ⅱ(10)	Ⅱ(10)	Ⅲ(180)	Ⅰ(0.1)
6	Ⅱ(10)	Ⅲ(20)	Ⅰ(60)	Ⅱ(0.3)
7	Ⅲ(20)	Ⅰ(5)	Ⅲ(180)	Ⅱ(0.3)
8	Ⅲ(20)	Ⅱ(10)	Ⅰ(60)	Ⅲ(0.5)
9	Ⅲ(20)	Ⅲ(20)	ⅠI(120)	Ⅰ(0.1)

4.3.2 摩擦学性能

4.3.2.1 正交试验

图 4-12 所示为正交试验条件下摩擦学试验结果。可以看出，1 号、2 号、4 号、7 号和 9 号试验，含蛇纹石油样润滑的摩擦因数与基础油润滑相比出现不同程度降低，最大降幅为 37.5%；而其他试验条件下，含蛇纹石油样的摩擦因数高于基础油的摩擦因数，蛇纹石粉体的减摩效果不理想。除 9 号试验外，含蛇纹石油样润滑下铝合金的磨损体积与基础油润滑下相比均减小，其中 2 号、3 号和 6 号试验减幅超过 50%，最大达到 93.5%。由此可知，在合适的摩擦学试验条件下，蛇纹石粉体能够有效改善铝合金的抗磨减摩性能，且对抗磨性能的改善效果明显好于减摩性能。

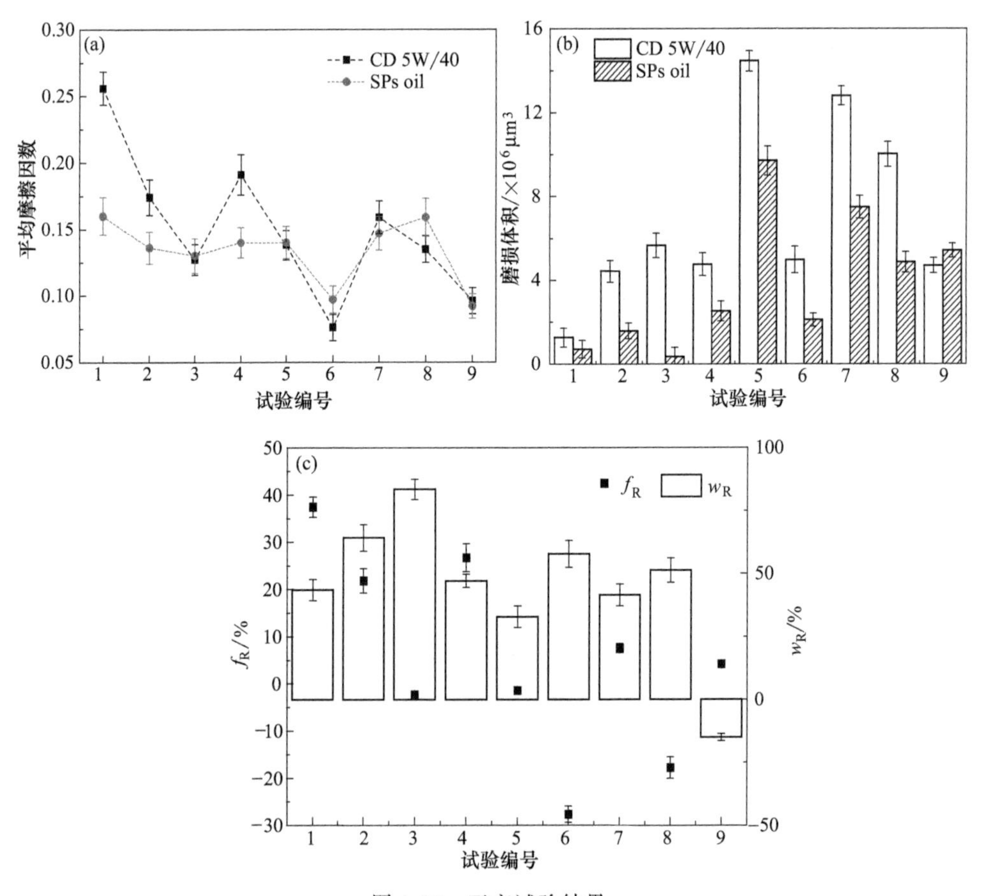

图 4-12 正交试验结果

(a) 摩擦因数；(b) 磨损体积；(c) f_R 和 w_R

表 4-4 列出了正交试验的因素指标分析结果。可以看出，摩擦过程中各因素对蛇纹石矿物粉体减摩性能影响的主次顺序为：往复频率（B）＞载荷（A）＞滑动时间（C）＞添加量（D），改善减摩性能的最优试验条件为 $A_{Ⅰ}B_{Ⅰ}C_{Ⅱ}D_{Ⅰ}$，即 5N，5Hz，120min，0.1%；蛇纹石矿物对抗磨性能影响的顺序依次为：添加量（D）＞载荷（A）＞滑动时间（C）＞往复频率（B），改善抗磨性能的最优试验条件为 $A_{Ⅰ}B_{Ⅱ}C_{Ⅲ}D_{Ⅲ}$，即 5N，10Hz，180min，0.3%。

表 4-4　四因素三水平正交试验因素指标分析结果

T	f_R				w_R			
	载荷 (A)/N	往复频率 (B)/Hz	滑动时间 (C)/min	添加量 (D)/%	载荷 (A)/N	往复频率 (B)/Hz	滑动时间 (C)/min	添加量 (D)/%
T_1	56.9	71.8	−7.9	40.2	201.3	132.1	152.6	61.3
T_2	−2.4	2.6	52.7	1.8	137.8	148.4	96.3	163.6
T_3	−6.1	−25.8	3.7	6.6	77.7	136.2	167.9	192.0
t_1	19.0	23.9	−2.6	13.4	67.1	44.1	50.9	20.4
t_2	−0.8	0.9	17.6	0.6	45.9	49.5	32.1	54.5
t_3	−2.02	−8.6	1.3	2.2	25.9	45.4	56.0	64.0
R	21.0	32.5	20.2	12.8	41.2	5.4	23.9	43.5
最优试验条件	$A_{Ⅰ}$	$B_{Ⅰ}$	$C_{Ⅱ}$	$D_{Ⅰ}$	$A_{Ⅰ}$	$B_{Ⅱ}$	$C_{Ⅲ}$	$D_{Ⅲ}$
影响排序	B＞A＞C＞D				D＞A＞C＞B			

4.3.2.2　最优水平试验

通过正交试验分析得到蛇纹石粉体改善铝合金减摩抗磨性能的最优条件分别为 $A_{Ⅰ}B_{Ⅰ}C_{Ⅱ}D_{Ⅰ}$ 与 $A_{Ⅰ}B_{Ⅱ}C_{Ⅲ}D_{Ⅲ}$，两组条件未包含在表 4-3 的 9 组正交试验条件中，因此针对最优试验条件开展了单一水平的摩擦学试验。图 4-13 所示为最优试验条件下基础油 CD 5W/40 和含蛇纹石油样润滑下的摩擦因数及下试样磨损体积变化。可以看出，基础油润滑下的摩擦因数在整个试验过程中随时间剧烈波动，持续维持在较高水平，介于 0.25～0.35，摩擦接触电阻在 0 附近上下波动；添加表面改性的蛇纹石矿物粉体后，润滑油的摩擦因数显著下降，随时间变化仅出现微小波动，摩擦接触电阻在 1000s 后迅速升高。含蛇纹石矿物油样的摩擦因数与基础油润滑下相比分别降低 60.5%（$A_{Ⅰ}B_{Ⅰ}C_{Ⅱ}D_{Ⅰ}$）和 41.5%（$A_{Ⅰ}B_{Ⅱ}C_{Ⅲ}D_{Ⅲ}$），摩擦接触电阻由 0 分别升高到 0.42Ω 和 0.29Ω；含蛇纹石矿物油样润滑下铝合金的磨损体积大幅减小，较基础油润滑下分别减小 64.3%和 94.4%。两组最优条件下，含蛇纹石矿物油样摩擦因数和磨损体积的降幅均明显高于9组正交试验条件下f_R和w_R的最大值（37.5%和83.5%）。由接触电阻测试结果可知，蛇纹石的加入使铝合金在摩擦过程中形成不导电的自修复膜[21]，能够显著改善铝合金的摩擦学性能，而适当的摩擦学条件则影响自修复膜的形成过程及结构完整性，进而影响蛇纹石矿物的减摩润滑及自修复性能。

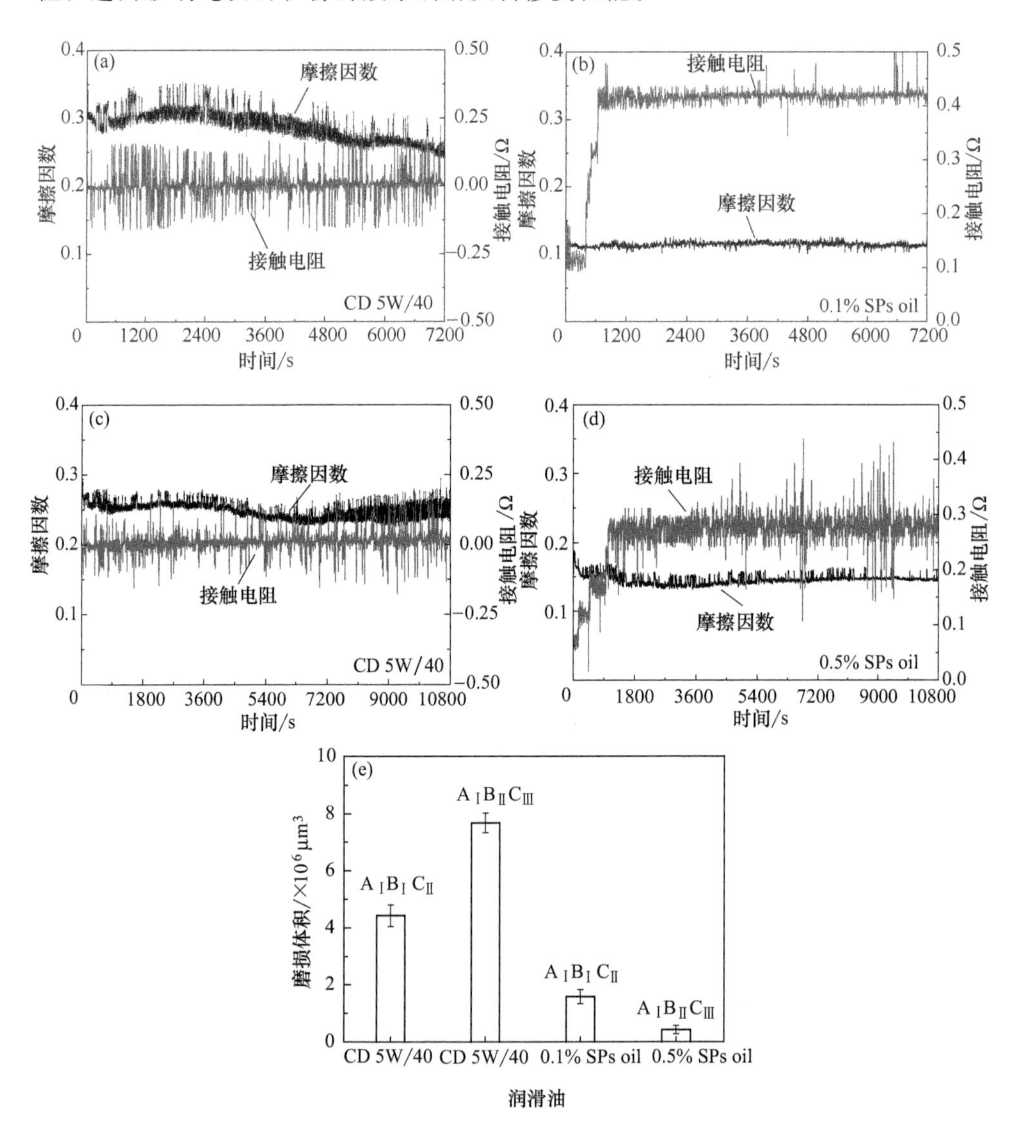

图4-13　两组最优条件下CD 5W/40与含SPs油样的摩擦学性能

(a)(b) $A_IB_IC_{II}$条件下CD 5W/40和0.1%SPs油样的摩擦因数和摩擦接触电阻；(c)(d) $A_IB_{II}C_{III}$条件下CD 5W/40和0.5%SPs油样的摩擦因数和摩擦接触电阻；(e) CD 5W/40与含SPs油样润滑下铝合金的磨损体积

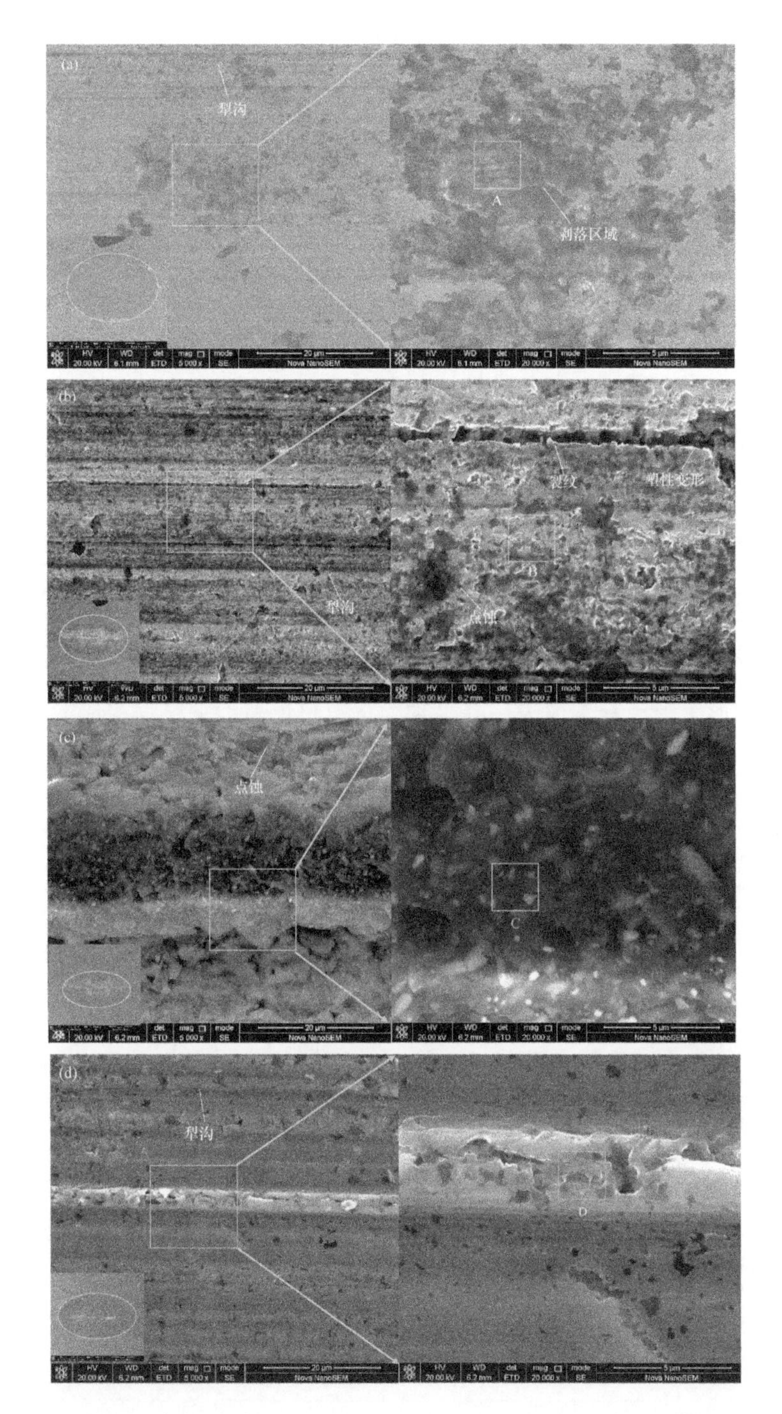

图 4-14　两组最优试验条件下 CD 5W/40 与含 SPs 油样润滑下铝合金磨损表面形貌的 SEM 照片

(a) $A_I B_I C_{II}$ 条件下 CD 5W/40 润滑；(b) $A_I B_{II} C_{III}$ 条件下 CD 5W/40 润滑下；

(c) $A_I B_I C_{II}$ 条件下 0.1% SPs 油样润滑；(d) $A_I B_{II} C_{III}$ 条件下 0.5% SPs 油样润滑

4.3.3 摩擦表面分析

4.3.3.1 摩擦表面形貌及成分分析

图 4-14 所示为 $A_{Ⅰ}B_{Ⅰ}C_{Ⅱ}$ 和 $A_{Ⅰ}B_{Ⅱ}C_{Ⅲ}$ 的最优试验条件下，CD 5W/40 润滑油和含蛇纹石油样润滑下铝合金磨损表面形貌的 SEM 照片。图 4-15 所示为图 4-14 中线框内典型区域的 EDS 图谱，表 4-5 列出了对应的元素组成及其原子百分含量。可以看出，基础油润滑下的磨痕较宽，磨损表面存在明显的贯穿性犁沟、大面积的材料剥落，以及严重的裂纹损伤和塑性变形，磨损表面主要由 Al、Mg、Si、C、O 元素组成。在 $A_{Ⅰ}B_{Ⅱ}C_{Ⅲ}$ 条件下形成的磨损表面还出现 Fe 元素，且 O 元素的含量较高，说明在该条件下磨损严重，导致对偶钢球表面的 Fe 元素以磨屑形式转移到铝合金表面。润滑油中加入蛇纹石粉体后，铝合金试样表面磨痕宽度明显减小，划痕损伤明显减轻，磨损表面较为光滑平整，材料剥落、裂纹、塑性变形等形貌基本消失，并出现大量灰白色超细颗粒物构成的不连续膜状物，Si、C 和 O 元素含量也同基础油润滑下相比大幅升高。此外，与 $A_{Ⅰ}B_{Ⅱ}C_{Ⅲ}$ 条件相比，$A_{Ⅰ}B_{Ⅰ}C_{Ⅱ}$ 条件下的磨损表面含有的 Si 和 O 元素含量较高，表明蛇纹石矿物粉体参与了铝合金表面的摩擦化学反应，形成了高 Si、O 和 C 含量的自修复膜。

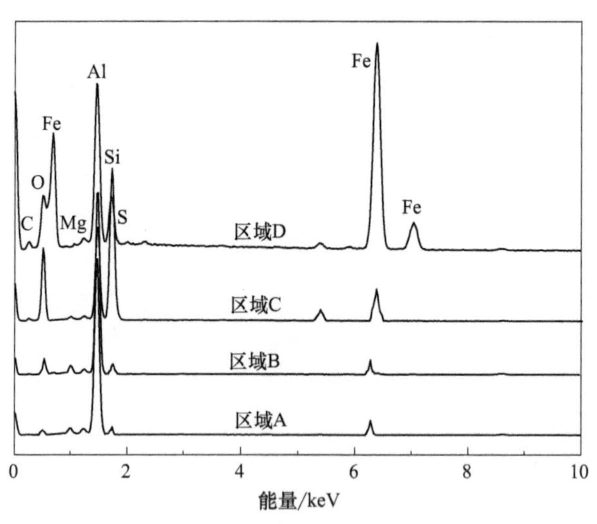

图 4-15 铝合金摩擦表面选定区域的 EDS 能谱图

表 4-5　铝合金摩擦表面选定区域的元素组成及含量

单位：%（原子分数）

选定区域	Al	Mg	C	O	Si	Fe	S
A	76.35	2.62	8.83	10.32	0.72	0.54	0.62
B	61.14	1.64	18.11	16.44	0.56	1.18	0.93
C	14.6	0.59	10.21	43.08	26.08	4.11	1.33
D	27.23	4.36	13.62	34.61	8.67	9.44	2.07

4.3.3.2　摩擦表面 XPS 分析

为进一步揭示蛇纹石矿物粉体对铝合金的减摩润滑及自修复机理，利用 XPS 分析了 $A_{Ⅰ}B_{Ⅱ}C_{Ⅲ}$ 条件下含 0.5%蛇纹石油样润滑的铝合金摩擦表面，并与基础油润滑的摩擦表面进行对比。图 4-16 所示为不同摩擦表面对应的 Al 2p、Mg 2p、Fe 2$p_{2/3}$、Si 2p、C 1s、O 2p、S 2p 的 XPS 图谱。可以看出，基础油润滑下摩擦表面 Al 2p 和 Mg 2p 分别在结合能为 74.4eV 和 1303.6eV 处出现独立峰，对应的物质分别为 Al_2O_3 和 MgO，含蛇纹石油样润滑下磨损表面 Al 2p 和 Mg 2p 谱峰变宽，分别可拟合为 73.6eV、74.2eV、74.9eV 以及 1302.5eV、1304eV、1304.5eV 的特征峰，对应的物质为 Al_2O_3、$Al(OH)_3$、Al_2OSiO_4[29,30] 以及 $Mg(OH)_2$、$MgSiO_3$ 和（Al/Mg）Si_4O_{10}（$OH)_2.nH_2O$[14,15]。除此之外，对于两种摩擦表面，Fe 2$p_{3/2}$ 谱图均可拟合为 Fe（706.9eV）、Fe_3O_4（708.5eV）、FeO（710eV）和 Fe_2O_3（711.4eV），S 2p 拟合为有机硫化物（162.2eV、168.3eV）的特征峰[9-12]。

基础油润滑下摩擦表面的 O 1s 谱可拟合为 530.7eV、531.5eV 和 532.3eV 子峰，分别对应有机化合物和金属氧化物；而含蛇纹石油样润滑时，O 1s 谱发生宽化，各子峰的位置和对应物质发生变化，其中，532.6eV 处的子峰对应有机物，531.5eV 对应 $MgSiO_3$，530.8eV 和 532eV 均对应金属氧化物[9-13]。对于 C 1s，基础油润滑的摩擦表面仅可拟合为 284eV 和 284.3eV 子峰，均为有机物，而添加蛇纹石粉体后磨损表面还出现了石墨的特征峰（284.5 eV）和 SiC 的特征峰（238.8eV）[9,13]。此外，对于 Si 2p，基础油润滑的摩擦表面仅出现硅的有机物（101.5eV），而含蛇纹石油样润滑的摩擦表面没发现硅的有机物，但存在 SiO_x（101eV）、SiC（101.4eV）和 SiO（101.9eV）等特征峰[1,21]。由 XPS 分析结果并结合以往研究结论，摩擦过程中蛇纹石矿物不仅参与了铝合金摩擦表面的摩擦化学反应，还促进了润滑油的石墨化反应，在摩擦表面形成了由金属氧化物、氧化物陶瓷、石墨和有机化合物等组成的自修复膜。

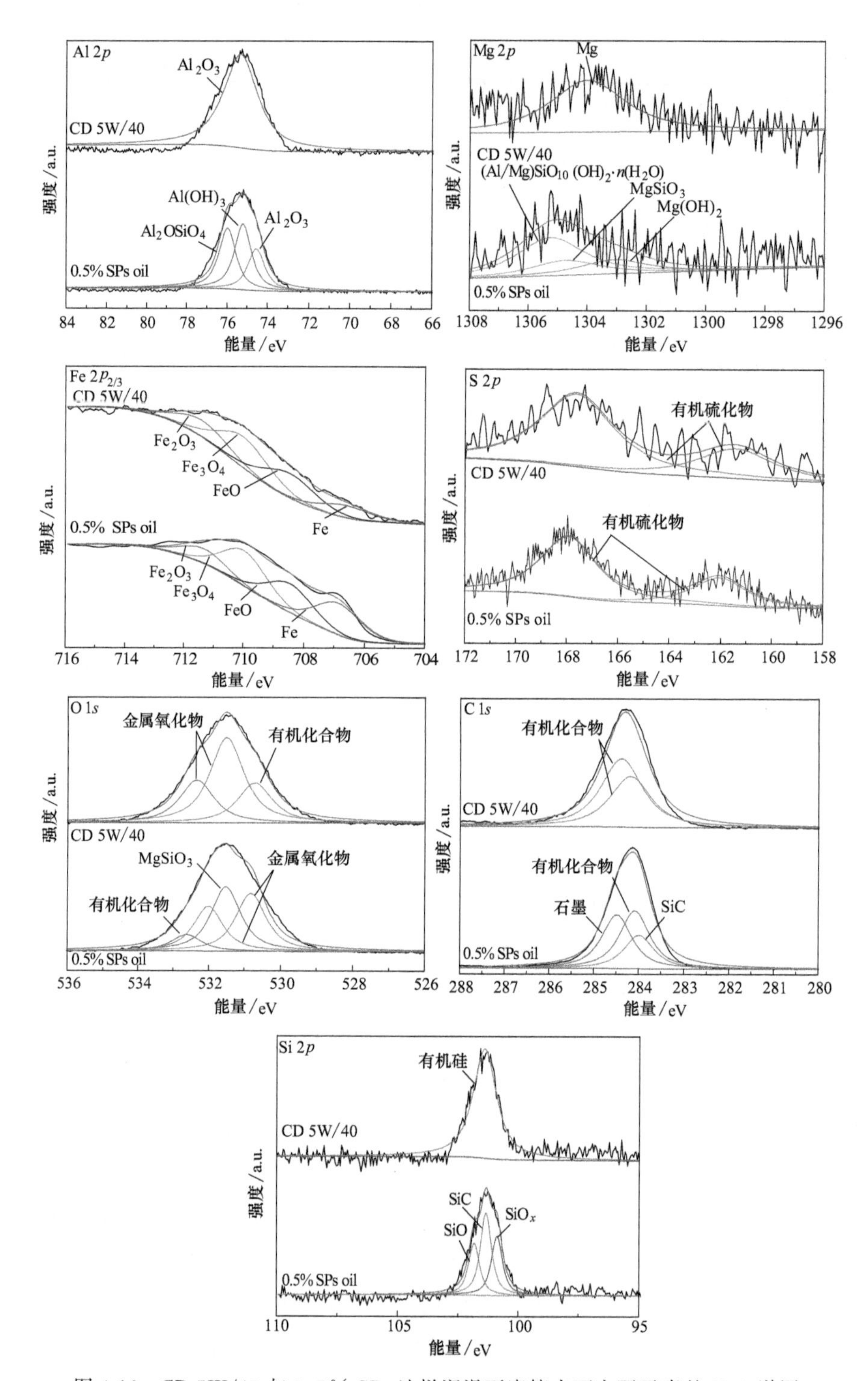

图 4-16 CD 5W/40 与 0.5% SPs 油样润滑下摩擦表面主要元素的 XPS 谱图

4.3.3.3　力学性能分析

为研究蛇纹石矿物粉体在铝合金表面形成的自修复膜的力学特征，对基础油和含 0.5%蛇纹石矿物油样润滑下的摩擦表面进行了纳米压痕测试，同时对未经摩擦的铝合金磨抛表面也进行了对比测试。图 4-17 所示为不同测试表面压痕载荷、纳米硬度、弹性模量及纳米硬度/弹性模量比（H/E）随压痕深度变化的关系曲线。从图 4-17（a）可以看出，在压入深度达到 2000nm 的情况下，含蛇纹石油样润滑的摩擦表面所需载荷最大，其次为基础油润滑的摩擦表面和原始铝合金基体，表明 3 种测试表面的平均硬度由高至低。

压痕测试初期（0～200nm），3 种测试表面受小尺寸效应的影响，其纳米硬度均随压入深度的增加迅速升高，而后逐渐下降并趋于稳定。含蛇纹石油样润滑的摩擦表面的纳米硬度在 100nm 深度内升高到 4.0GPa，当压入深度继续增大时，由于受基体的影响，其纳米硬度逐渐降低，稳定阶段的平均硬度约为 3.1GPa；基础油润滑的摩擦表面和铝合金基体的纳米硬度在测试初始阶段分别升高至 3.0GPa 和 1.6GPa，二者稳定阶段的平均纳米硬度分别为 2.2GPa 和 1.9GPa，远低于含蛇纹石油样润滑下铝合金摩擦表面，表明铝合金表面形成的自修复膜具有较高的硬度。

3 种测试表面的弹性模量随压入深度的变化趋势与纳米硬度变化基本相同，含蛇纹石油样形成的自修复膜表面平均弹性模量略高于其他测试表面。同时，自修复膜稳定阶段的 H/E 值为 0.036，分别较基础油润滑的摩擦表面及原始铝合金基体高约 33.3%和 47.2%。由此可知，摩擦过程中蛇纹石粉体在铝合金摩擦表面形成的自修复膜具有高硬度和良好的塑性（较高的塑性指数，H/E），这与含蛇纹石油样润滑下铁基摩擦表面形成的自修复膜力学性能特征相似，是蛇纹石矿物改善铝合金摩擦学性能的关键[31,32]。

4.3.4　蛇纹石矿物对铝合金的减摩润滑机理

润滑油中蛇纹石矿物粉体的加入显著降低了铝合金/钢摩擦副在一定摩擦学条件下的摩擦因数与磨损体积，并在铝合金表面生成了不导电的自修复膜，该自修复膜主要由 Al_2O_3、MgO、$MgSiO_3$、$Mg(OH)_2$、SiC、SiO_x、SiO、石墨及多种 Fe 的化合物组成，自修复具有较高的硬度及塑性指数。

结合已有蛇纹石矿物粉体改善金属材料摩擦学性能的机理研究及本节得到的试验结果，可以推测得出蛇纹石矿物作为润滑油添加剂提升铝合金摩擦学性能的作用机制主要体现在以下几个方面：

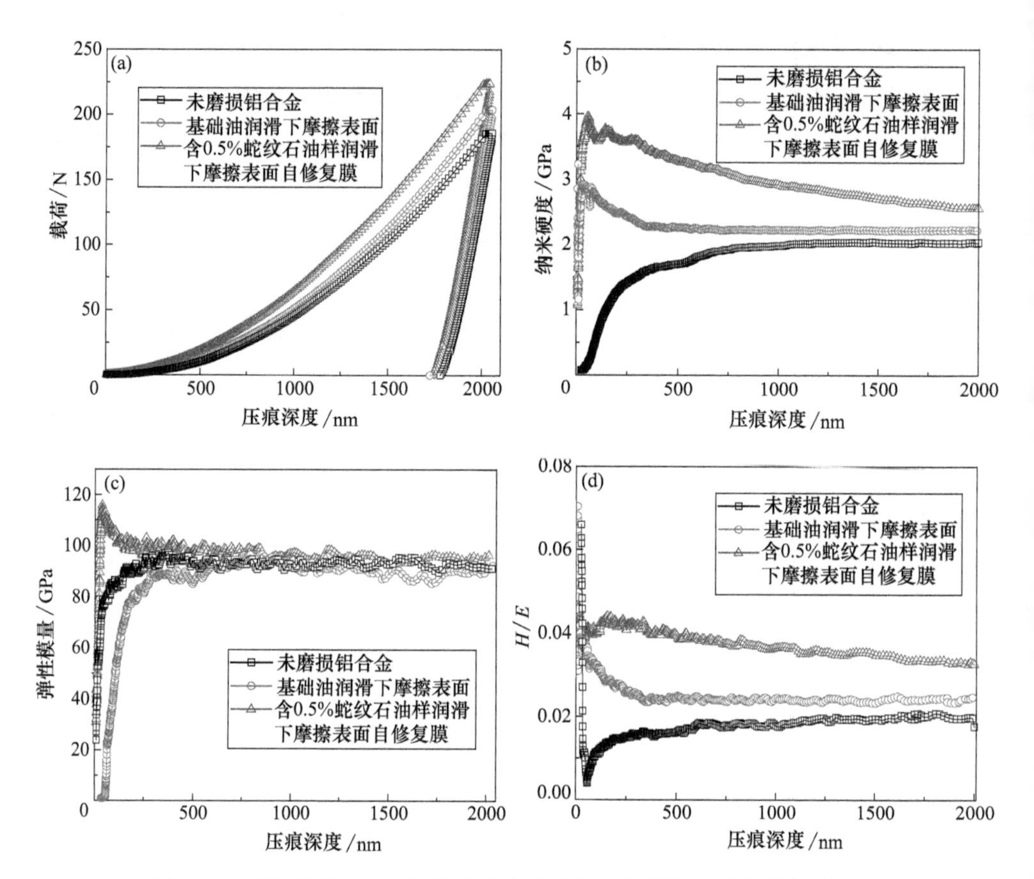

图 4-17 基础油和含 0.5%蛇纹石油样润滑下的摩擦表面微观力学性能

(a) 载荷随深度变化；(b) 硬度随深度变化；(c) 弹性模量随深度变化；(d) H/E 随深度的变化

① 摩擦过程中分散在润滑油中的蛇纹石颗粒迅速吸附到铝合金表面，对摩擦表面微凸体起到研磨与损伤填充修复作用，使铝合金表面粗糙度显著降低[31-33]。

② 在摩擦产生的局部高压及闪温作用下，蛇纹石晶体结构被破坏，释放出大量高反应活性的-Si-O、Si-、-Mg（Al）-OH、OH-、O-、-O-等基团，一方面含氧活性基团与摩擦表面的 Al、Mg 和 Si 元素，以及来自对偶钢球的 Fe 元素发生摩擦化学反应，形成 Al_2O_3、Fe_2O_3、Fe_3O_4、FeO、MgO 等金属氧化物；另一方面，蛇纹石矿物的活性基团发生重组或分解，生成 Al_2OSiO_4、SiO_2、SiO、SiO_x、$MgSiO_3$ 等硬质陶瓷颗粒嵌入摩擦表面[33-35]，从而形成具有较高力学性能的颗粒增强复合氧化物自修复膜，避免了铝合金与钢之间的直接摩擦接触。

③ 蛇纹石矿物粉体能够对摩擦过程中润滑油的石墨化反应起到催化促进作

用，使摩擦表面生成大量石墨，从而显著改善润滑[1-3]。以上几方面作用均与蛇纹石矿物的层状结构及其在不同摩擦条件下解理释氧、晶体结构破坏与活性基团重组相关，即蛇纹石在铝合金摩擦表面形成自修复膜受自身晶体结构、理化性能及摩擦学条件的综合影响。

摩擦过程中，4 个试验条件中频率、添加量是影响蛇纹石矿物改善铝合金摩擦学性能最重要的因素。随着蛇纹石矿物添加量的增加，蛇纹石颗粒通过基础油被不断传递至磨损区域，在摩擦产生的闪温和高压作用下发生解理、活性键断裂等，生成大量的活性基团，为自修复膜的形成提供足够多的反应物，但过多的蛇纹石颗粒容易在摩擦表面团聚，造成磨损的加剧[21]。同时，随着频率的升高，摩擦热力耦合作用下产生的能量不断累积，有利于摩擦表面发生摩擦化学反应，形成自修复膜；而当滑动速度增加到一定程度时，材料磨损速率逐渐大于自修复层的生成速率，使磨损加剧。与滑动速度的影响类似，适当的载荷可以使摩擦工况保持在边界润滑或混合润滑的状态，同样有利于添加剂发生摩擦化学反应。此外，自修复膜的形成与磨损还与时间密切相关，蛇纹石的细化、活化及其与基体元素的反应均需要一定时间，即滑动时间同样影响磨损表面修复过程与磨损过程的动态平衡[1,2,21]。

总体上，适当的摩擦学试验条件有利于蛇纹石在铝合金表面形成自修复膜。摩擦过程中的载荷、滑动时间、往复频率和蛇纹石含量等因素影响蛇纹石矿物对摩擦表面金属的氧化过程、自身发生脱水反应并分解形成陶瓷相，以及石墨的生成，从而影响自修复膜形成与磨损之间的动态平衡过程，造成蛇纹石矿物改善铝合金减摩抗磨性能的同时，在不同摩擦条件下存在较大的性能差异。此外，由于摩擦学试验过程中采用的铝合金试样含有 Al、Si 和 Mg 元素，因此自修复膜中的 Al_2O_3 除了来自蛇纹石矿物的分解产物外，还有一部分来自摩擦表面本身的氧化。

4.4　蛇纹石矿物对钛合金/钢摩擦副的减摩自修复行为

4.4.1　摩擦学试验材料与方法

试验所用基础油与含蛇纹石油样制备方法与 3.2.1 节相同。采用 Optimal SRV4 磨损试验机研究蛇纹石矿物粉体对油润滑条件下钛合金/钢摩擦副的减摩自修复行为。摩擦副上试样为GCr15标准钢球（HRC59-61，ϕ10mm），下试样为Ti6Al4V钛合金圆盘（310$HV_{0.2}$，ϕ25.4mm×6.88mm），化学成分见表4-6。试验条件为：往复滑动位移0.8mm，时间120min，润滑油中蛇纹石矿物粉体添加量分别为0.1%、0.3%、0.5%和0.7%（质量分数）。

表4-6 Ti6Al4V钛合金的化学成分 单位：%（质量分数）

元素	Al	V	Si	Fe	C	O	N	H	Ti
质量分数	6.70	4.21	0.07	0.10	0.03	0.14	0.15	0.03	余量

4.4.2 摩擦学性能

4.4.2.1 蛇纹石矿物含量对钛合金摩擦学性能的影响

图4-18所示为基础油CD 5W/40及不同蛇纹石矿物含量油样润滑下钛合金的摩擦因数和磨损体积。基础油润滑时，摩擦因数在起始阶段急剧增大且剧烈波动，2600s后逐渐进入稳定阶段，并维持在0.23左右；当润滑油中蛇纹石矿物粉体的含量为0.1%和0.5%时，摩擦因数在500s后达到稳定阶段，稳定阶段的摩擦因数与基础油润滑下基本相同；当蛇纹石矿物含量为0.3%和0.7%时，摩擦因数随时间波动较小，在200s后快速进入稳定阶段，二者稳定阶段平均摩擦因数与基础油润滑下相比显著降低，降幅分别为63.3%和18.5%。同时，基础油润滑下钛合金的磨损体积较大，添加不同含量的蛇纹石矿物粉体后，磨损体积均出现不同程度降低，降低程度随蛇纹石粉体含量的增加呈先减小后增大的变化，在蛇纹石矿物含量为0.3%时达到最大降幅，约为42.15%。由此可知，蛇纹石矿物能够有效改善CD 5W/40润滑油对钛合金的减摩润滑效果，其改善钛合金摩擦学性能的作用与添加量密切相关。当润滑油中蛇纹石矿物含量为0.3%时，能够使钛合金的抗磨减摩性能同时得到显著改善。

4.4.2.2 载荷对钛合金摩擦学性能的影响

图4-19所示为固定频率10Hz时，不同载荷条件下基础油CD 5W/40和含0.3%蛇纹石矿物油样润滑下的摩擦因数和磨损体积变化。可以看出，两种油样润滑下稳定阶段的摩擦因数随载荷增大呈不规律的变化趋势，而磨损体积均随载荷的增加而增大。在相同载荷下，含蛇纹石油样润滑下的摩擦因数和磨损体积明显降低，5N、10N、15N、20N和25N的载荷下，含蛇纹石矿物油样润滑下的钛合金摩擦因数较基础油分别降低13.3%、37.8%、11.3%、11.1%和3.8%，磨损体积分别降低46.4%、46.9%、54.2%、39.7%和14.4%。同时，基础油

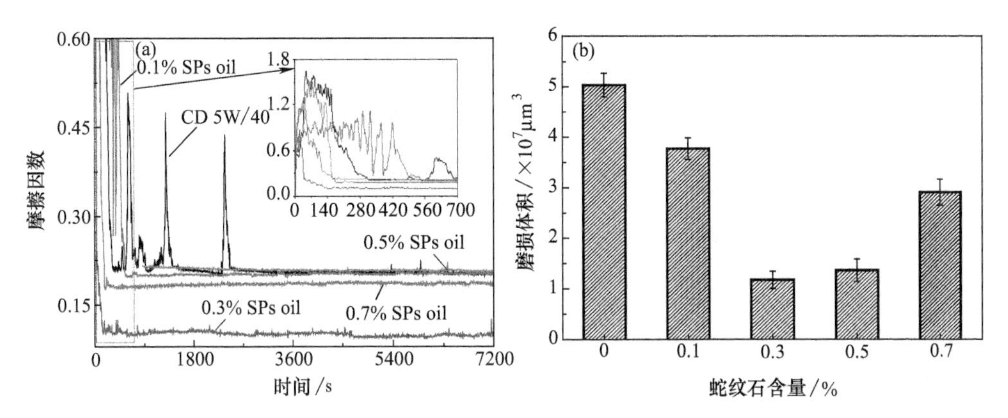

图 4-18　不同 SPs 含量油样润滑下钛合金的摩擦因数与磨损体积

(a) 摩擦因数随时间变化曲线；(b) 磨损体积

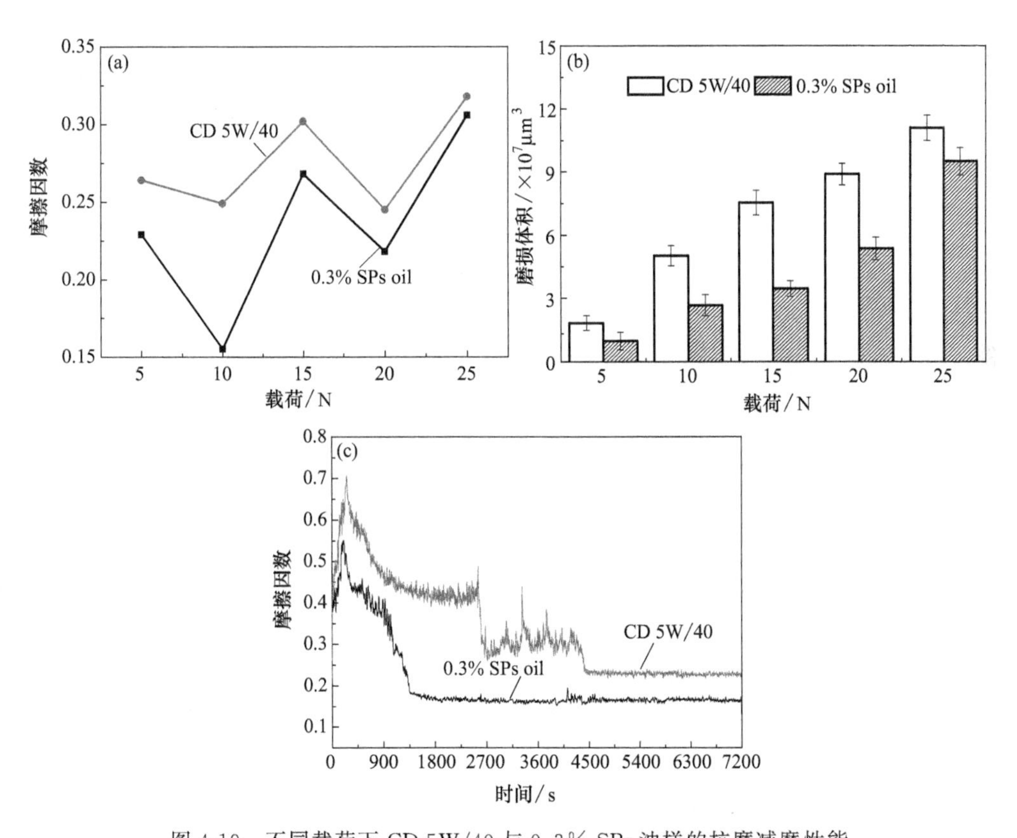

图 4-19　不同载荷下 CD 5W/40 与 0.3% SPs 油样的抗磨减摩性能

(a) 稳定阶段的平均摩擦因数；(b) 磨损体积；(c) 摩擦因数随时间变化典型曲线（15N，10Hz）

润滑下的摩擦因数在较高数值下剧烈波动的时间较长，表明摩擦副的磨合阶段持续时间长，造成摩擦因数较大且波动剧烈；而含蛇纹石矿物油样润滑下摩擦副的磨合时间大幅缩短，波动过程中的摩擦因数远低于基础油。以含 0.3%蛇纹石油样为例，其润滑下摩擦副的磨合时间仅为相同条件下基础油的 1/3。相对而言，中低载荷条件更有利于蛇纹石矿物改善油润滑下钛合金的摩擦学性能。

4.4.2.3 频率对钛合金摩擦学性能的影响

图 4-20 所示为固定载荷 10N 时，不同频率条件下基础油 CD 5W/40 和含 0.3%蛇纹石矿物油样润滑时的摩擦因数和磨损体积变化。两种油样润滑下的摩擦因数和磨损体积均随频率的增加而增大。往复频率分别为 5Hz、10Hz、15Hz、20Hz、25Hz 和 30Hz 条件下，含 0.3%蛇纹石油样润滑下的摩擦因数较基础油润滑下分别减小约 55.9%、38.5%、26.6%、32.4%和 20.9%，钛合金磨损体积分别降低约 76.7%、50.3%、46.6%、31.5%和 11.6%。同时，两种油样润滑下摩擦因数随时间的变化趋势与图 4-19（c）基本一致，含 0.3%蛇纹石油样润滑下摩擦副的磨合时间接近相同条件下基础油的 1/3。总体上，较低的频率有利于蛇纹石矿物粉体改善钛合金的摩擦学性能。

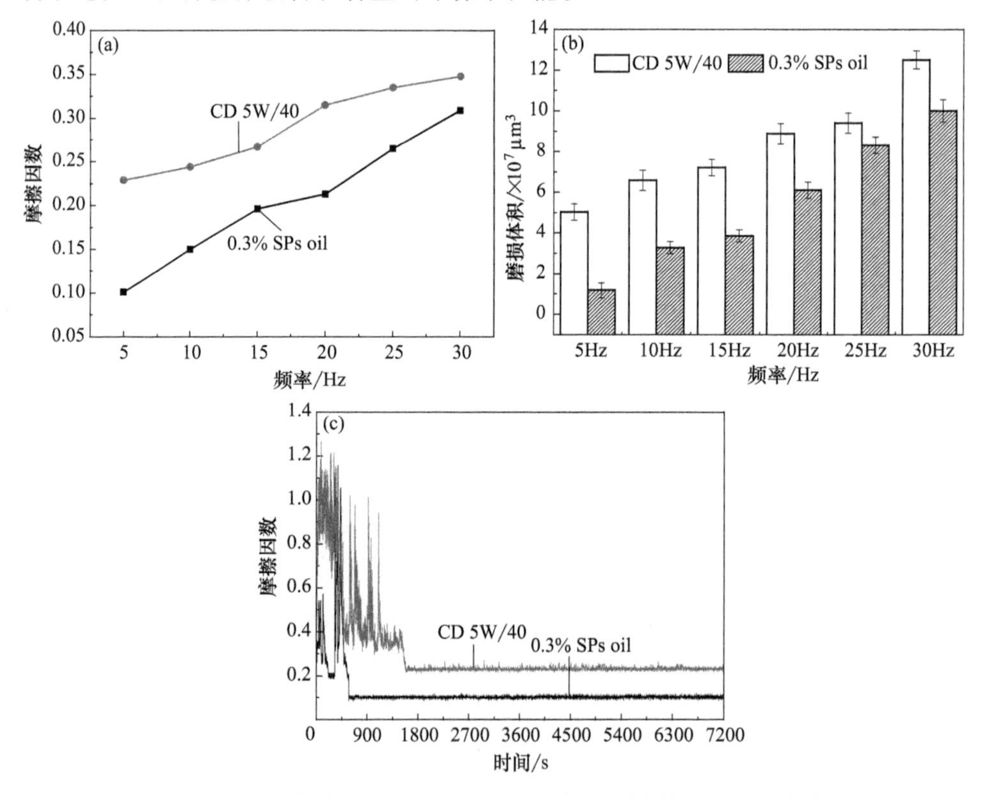

图 4-20 不同频率下 CD 5W/40 与 0.3% SPs 油样的抗磨减摩性能

（a）稳定阶段的平均摩擦因数；（b）磨损体积；（c）摩擦因数随时间变化典型曲线（10N，5Hz）

4.4.2.4　蛇纹石对摩擦副表面温度影响

利用 SRV 磨损试验机自带的温度传感器测量了 10N、5Hz 条件下 CD 5W/40 基础油和含 0.3%蛇纹石油样润滑下摩擦副表面的温度变化，结果如图 4-21 所示。可以看出，含蛇纹石油样润滑下的摩擦副表面温度低于基础油润滑的摩擦温度，摩擦试验结束时二者的温度分别为 113℃和 93℃。由于试验过程中采用浸油润滑，摩擦表面的热量除加热摩擦副材料外，部分被润滑油吸收，上述温度实际上为最终润滑油的温度。以上结果表明，蛇纹石矿物能够有效降低钛合金/钢摩擦副的摩擦，从而减少摩擦生热，降低材料和润滑介质的温度。

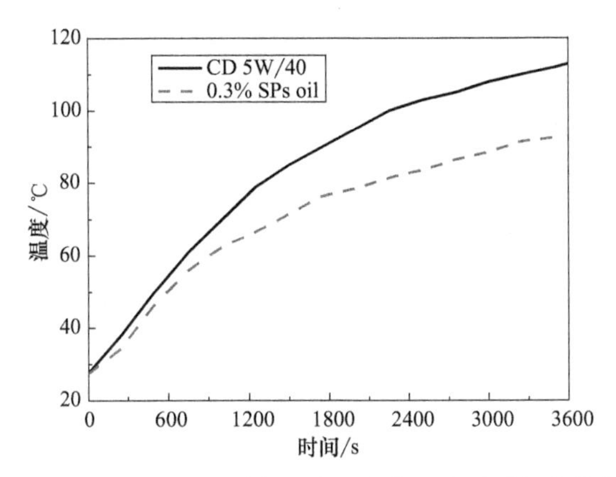

图 4-21　CD 5W/40 和含 SPs 油样润滑下摩擦温度随时间变化的关系曲线

4.4.3　摩擦表面分析

4.4.3.1　钛合金圆盘磨损表面形貌与成分分析

图 4-22 和图 4-23 所示为基础油 CD 5W/40 和含 0.3%蛇纹石油样润滑时钛合金磨损表面形貌的 SEM 照片和典型区域的 EDS 能谱图。表 4-7 列出了对应各磨损表面的元素组成及相对含量。可以看出，基础油润滑时，磨损较为严重，磨痕较宽，损伤形式主要表现为大量的犁沟和划痕，摩擦表面存在大量黑色的剥落坑、块状剥落物和明显的黏着痕迹。能谱分析表明，磨损表面黑色剥落坑（典型区域 A）、块状剥落物（典型区域 B）主要由 Ti、Al、V、C、O 和 Fe 等元素组成，说明摩擦过程中钛合金表面发生严重的黏着磨损、磨粒磨损及疲劳磨损。含 0.3%蛇纹石矿物油样润滑时，磨痕宽度明显变小，磨损表面较为光滑、平整，存在大量不连续的黑色絮状物和多孔状结构区域，观察不到明显的黏着磨损特征和轻微擦伤。磨损表面黑色絮状物（典型区域 C）和多孔状结构（典型区域 D）

除Ti、Al、V、C、O、Fe元素外，还含有蛇纹石特征元素Si，且O元素的含量显著增多，Fe元素的含量减少，说明在蛇纹石粉体的作用下，钛合金表面发生了摩擦化学反应，形成了自修复膜，能够明显降低磨损，并对磨损表面产生一定的损伤修复作用。分析可知，Ti、Al、V元素为钛合金主要组成元素，C元素可能来源于CD 5W/40润滑油的碳链分解，O元素可能由大气环境引入或源于蛇纹石矿物，Fe元素来源于对磨的GCr15钢球。

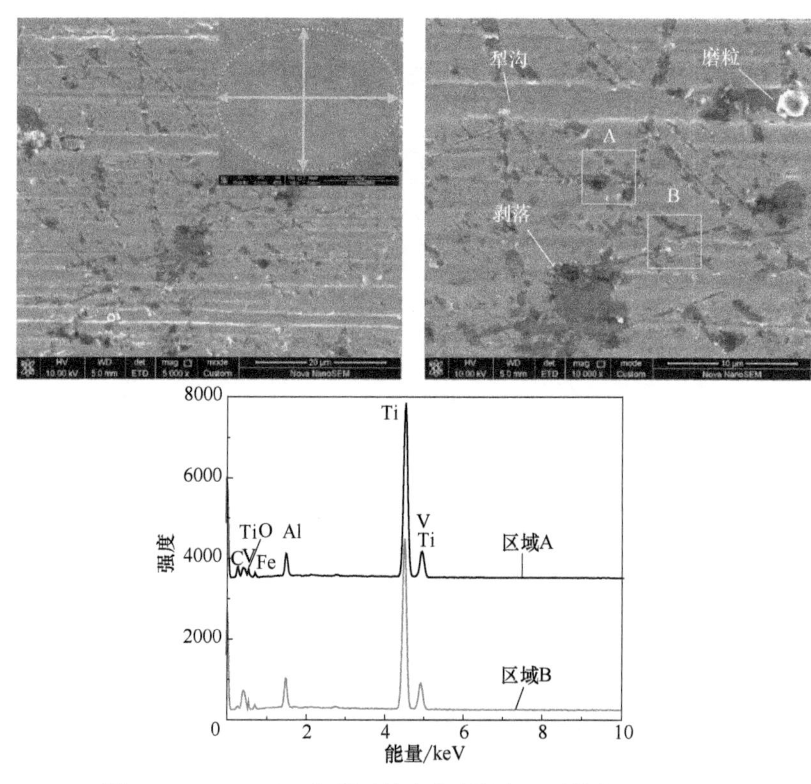

图4-22 CD 5W/40润滑下钛合金磨损表面形貌的SEM照片及典型区域EDS能谱图

表4-7 基础油与含0.3% SPs油样润滑下钛合金表面典型区域的元素组成及含量

单位：%（原子分数）

选定区域	C	O	Si	Fe	Al	Ti	V
A	16.18	11.32	—	0.94	8.82	60.36	2.38
B	6.51	4.09	—	0.72	7.62	79.34	1.72
C	14.42	26.82	1.27	0.41	7.17	48.66	1.24
D	29.02	21.26	0.49	0.52	5.07	41.73	1.91

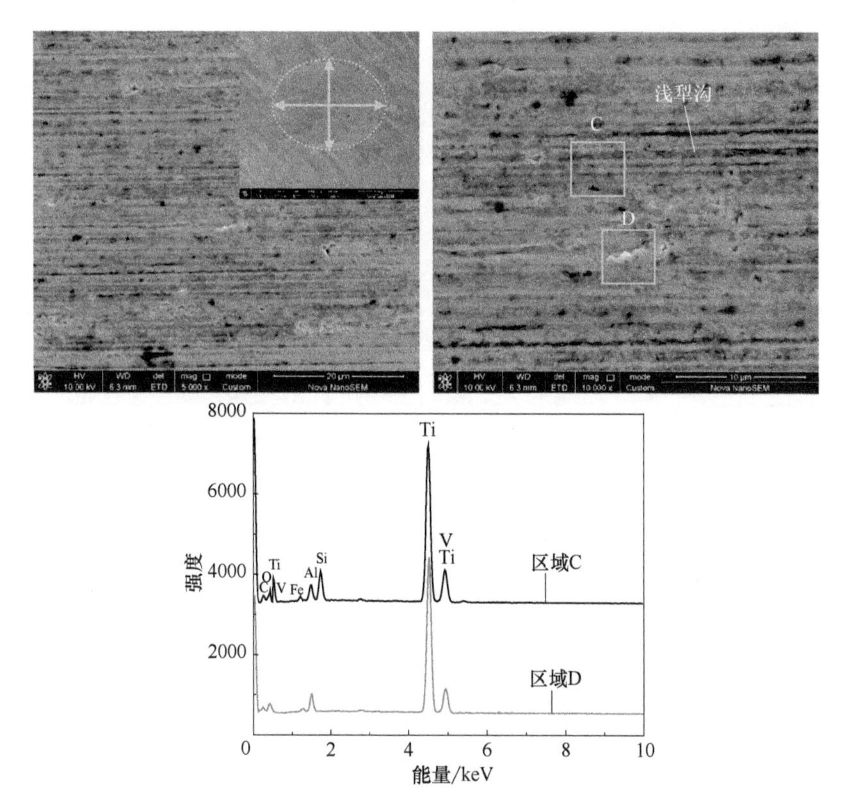

图 4-23　含 0.3%蛇纹石油样润滑下钛合金磨损表面形貌的 SEM 照片及典型区域 EDS 能谱图

4.4.3.2　GCr15 钢球磨损表面形貌及成分分析

图 4-24 和表 4-8 所示为不同润滑介质作用下 GCr15 钢球磨损表面形貌的 SEM 照片和典型区域的 EDS 能谱分析结果。可以看出，基础油润滑下的钢球磨痕尺寸较大，表面出现大量深划痕、犁沟及塑性变形，并伴有明显的 Ti 元素转移，说明在摩擦过程中出现严重的黏着磨损和磨粒磨损；而含蛇纹石油样润滑下的钢球磨痕尺寸明显减小，表面相对光滑，仅出现轻微的 Ti 元素转移，同时局部可见大块膜状结构。经分析，该物质除含有 Fe、Cr、C 元素外，还含有 Ti、Al、V、O、Si 等元素，说明摩擦过程中，GCr15 钢球与转移到其上的钛合金以及蛇纹石粉体发生摩擦化学反应，在 GCr15 钢球表面也生成自修复膜，从而进一步降低摩擦磨损。

表 4-8　基础油与含 0.3%SPs 油样润滑下 GCr15 钢球磨损表面典型区域的元素组成及含量

单位：%（原子分数）

选定区域	C	O	Al	Si	Fe	Ti	V	Cr
E	22.01	—	2.68	—	67.72	5.13	1.69	0.77
F	23.17	17.62	1.98	0.33	49.84	6.09	0.28	0.69

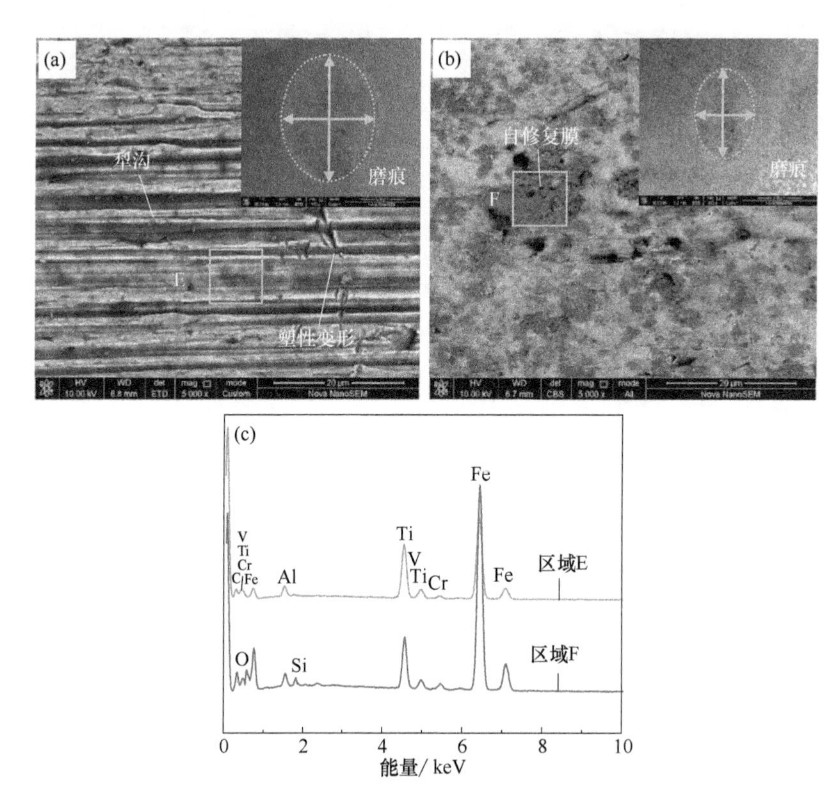

图 4-24 CD 5W/40 和含蛇纹石油样润滑下 GCr15 钢球磨损表面形貌及典型区域 EDS 能谱图
(a) CD 5W/40 基础油；(b) 0.3% SPs 油样；(c) EDS 谱图

4.4.3.3 磨损表面 XPS 分析

为研究摩擦表面自修复膜的组成，对基础油和含蛇纹石油样润滑的钛合金磨损表面进行了 XPS 分析，结果如图 4-25 所示。可以看出，基础油润滑时，磨损表面 Ti $2p_{2/3}$ 结构谱可拟合为 464.7eV、459.2eV 和 457.4eV 子峰，对应的物质为 TiO_2 和 Ti_2O_3[36,37]；而含蛇纹石油样润滑的摩擦表面 Ti $2p_{2/3}$ 结构谱除拟合为上述子峰外，在 463.4eV 处还出现 TiO 的特征峰，且表面钛的氧化物总含量相对较高。基础油润滑下摩擦表面的 Al $2p$ 结构谱可拟合为 77.2eV、74.7eV 子峰，对应的物质为 Al_2O_3；含蛇纹石油样作用下摩擦表面的 Al $2p$ 结构谱可拟合为 77.5eV、75.2eV 子峰，对应的物质为 $(Al/Mg)Si_4O_{10}(OH)_2$ 和 Al_2O_3[21,38]。基础油润滑的摩擦表面 O 1s 结构谱可拟合为 530.1eV、530.8eV 和 531.8eV，其为金属氧化物和有机化合物[9-13]；含蛇纹石油样润滑的摩擦表面 O 1s 结构谱出现一定程度宽化，除上述物质外，还含有 Mg_2SiO_4 (532.7eV)。两种油样润滑的摩擦表面 Fe $2p_{3/2}$ 均可拟合为 706.9eV、708.5eV、710.4eV 和

711.4eV，对应 Fe、Fe_3O_4、Fe_2O_3、FeO[9-12]；C 1*s* 结构谱对应的物质均为有机物和石墨，但在蛇纹石粉体作用下，摩擦表面石墨的相对含量大幅升高[19,20]。此外，含蛇纹石油样润滑的摩擦表面还出现 Si 2*p*，可拟合为 103.4eV、102.6eV，分别对应 SiO_2 和 SiO_x；以及 Mg 1*s*，可拟合为 1304.3eV、

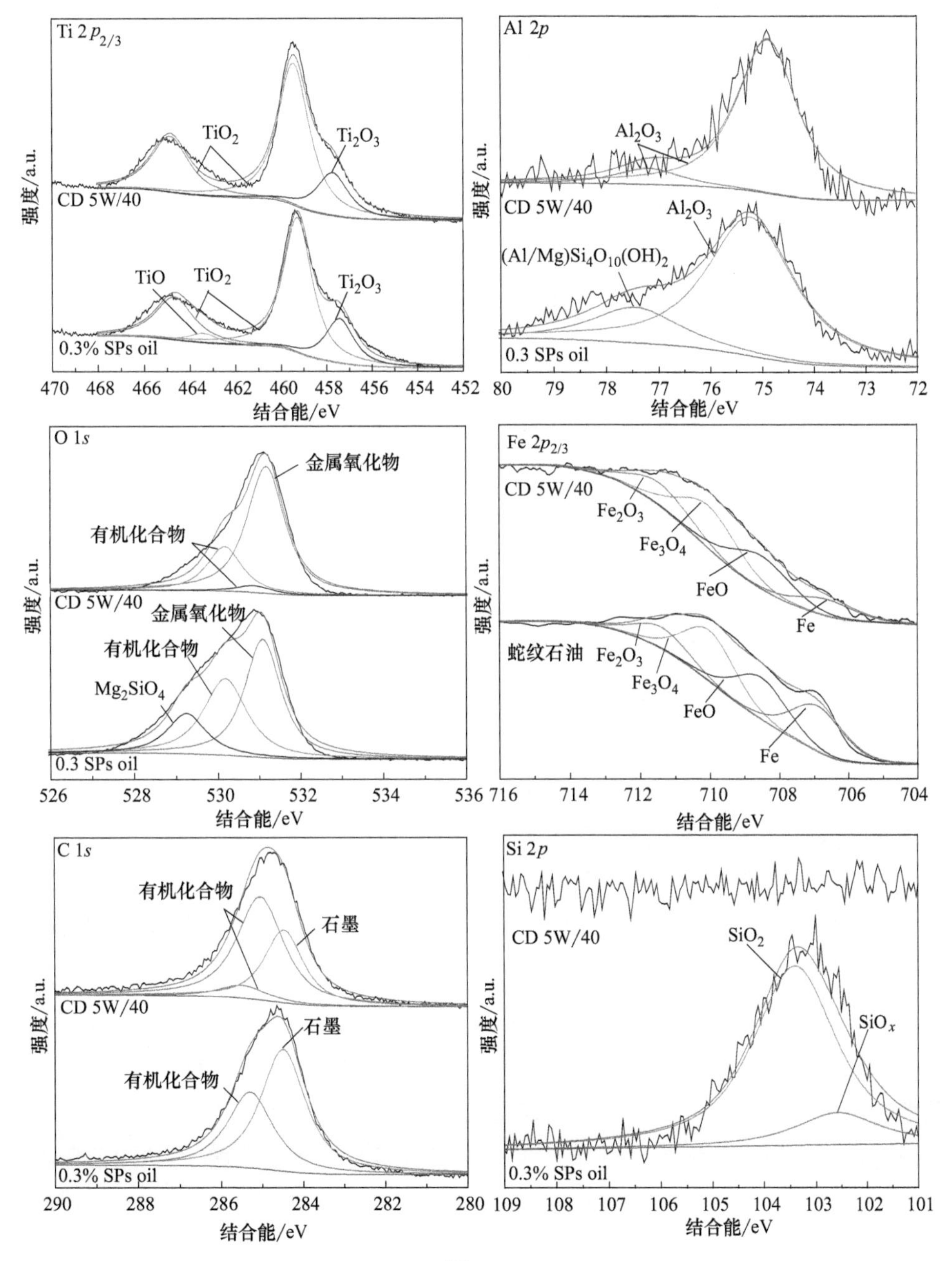

图 4-25

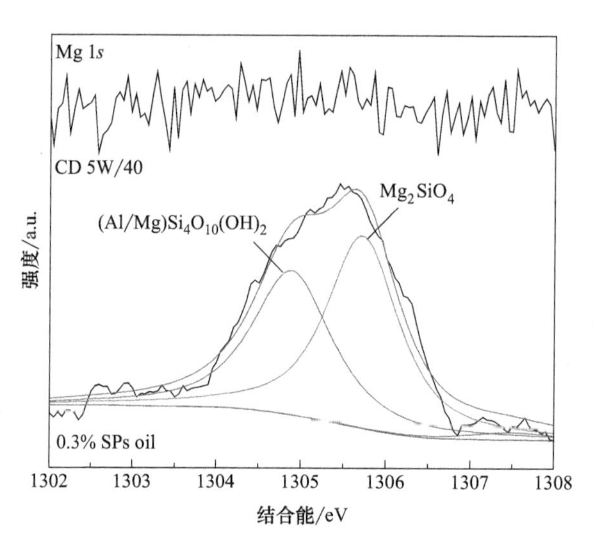

图 4-25 CD 5W/40 与 0.3% SPs 油样润滑下摩擦表面主要元素的 XPS 谱图

1305.1eV，对应 Mg_2SiO_4 和 $(Al/Mg)Si_4O_{10}(OH)_2$[14,21]。由以上分析结果可知，蛇纹石粉体参与摩擦表面的摩擦化学反应，能够促进 Ti 元素的氧化以及 C 元素的石墨化反应，并形成一定量的 Al_2O_3、SiO_2 和 SiO_x。

4.4.3.4 摩擦表面的力学性能

采用纳米压痕仪测量了基础油和含蛇纹石矿物油样润滑下磨损表面的微观力学性能，并与原始钛合金基体材料进行对比，3 种测试表面的纳米硬度和弹性模量随压入深度的变化曲线如图 4-26 所示。当压入深度较小时，小尺寸效应的存在使纳米硬度随压入深度增加迅速升高，而后逐渐趋于稳定。2000nm 范围内，含蛇纹石油样润滑的磨损表面平均纳米硬度为 5.94GPa，基础油润滑的磨损表面平均纳米硬度为 4.95GPa，钛合金基体的平均硬度为 4.48GPa。同时，3 种测试表面的弹性模量随压入深度的变化趋势与纳米硬度基本一致，平均弹性模量分别为 140.21GPa、133.44GPa 和 124.16GPa。含蛇纹石油样润滑的磨损表面具有较高的硬度和较低的弹性模量，其 H/E 值（纳米硬度/弹性模量）明显高于其他两种测试表面。材料硬度与弹性模量的比值（H/E）称为塑性指数，它代表材料抵抗弹性变形的能力，可用来表征涂层材料的耐磨损性能[15]。如前所述，较高的硬度和良好的塑性赋予了蛇纹石矿物在钛合金表面形成的自修复膜优异的摩擦学性能。

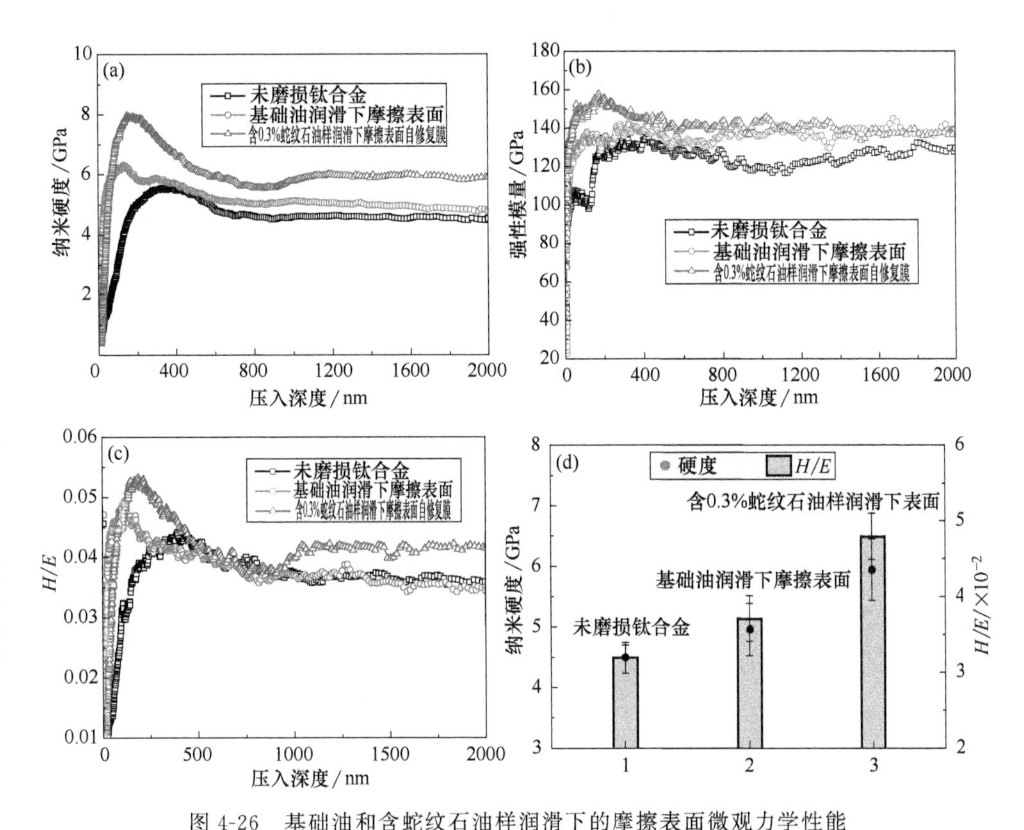

图 4-26　基础油和含蛇纹石油样润滑下的摩擦表面微观力学性能

(a) 纳米硬度随深度变化；(b) 弹性模量随深度变化；(c) H/E 随深度变化；(d) 硬度与 H/E 的平均值

4.4.4　蛇纹石矿物对钛合金的减摩润滑机理

含蛇纹石矿物粉体润滑油对钛合金/钢摩擦副具有良好的减摩润滑作用，在钛合金摩擦表面形成了由 Ti_2O_3、TiO_2、TiO、Al_2O_3、FeO、Fe_2O_3、Fe_3O_4、Fe、SiO_2、SiO_x、$(Al/Mg)Si_4O_{10}(OH)_2$、Mg_2SiO_4、石墨、有机分子等构成的具有良好力学性能的自修复膜。与基础油润滑的磨损表面相比，SiO_2、SiO_x、$(Al/Mg)Si_4O_{10}(OH)_2$、Mg_2SiO_4 等成分属于自修复膜的特有成分，且金属氧化物和石墨的含量相对较高。分析摩擦副材质构成可知，钛合金摩擦表面的 Fe 元素来自对磨的 GCr15 钢球，Mg、Si 元素来源于添加在润滑油中的蛇纹石矿物，C 元素可能来源于润滑油中的有机碳链分解，O 元素可能来源于空气或蛇纹石矿物。

结合蛇纹石矿物粉体在改善铁基、铜基等金属材料摩擦学性能的研究结果，推测得出其提高钛合金减摩抗磨性能的作用机理主要体现在以下几方面：

① 蛇纹石矿物粉体以润滑油为载体进入到摩擦副间隙，由于矿物粉体表面积大，吸附能力强，易于自发吸附并沉积于钛合金表面，填充表面的微凹坑、微裂纹等，并发挥抛光研磨作用，降低摩擦表面粗糙度，改善摩擦接触区域的应力分布[39,40]。

② 在摩擦局部高温高压的作用下，吸附在钛合金表面的蛇纹石粉体在摩擦过程中易于发生脱水反应，使晶体结构破坏，化学键断裂，释放出大量的自由水、活性氧、二次粒子等活性基团，活性氧与蛇纹石微抛光后的新鲜钛合金摩擦表面在热力耦合作用下发生摩擦化学反应，生成 Ti_2O_3、TiO_2、TiO、Al_2O_3 等金属氧化物；同时，脱水反应后的二次粒子发生重组反应，生成 Al_2O_3、SiO_2、SiO_x、Mg_2SiO_4（镁橄榄石）等硬质颗粒[41-43]，摩擦表面 Ti6Al4V、Ti 的氧化物、硬质颗粒等共同构筑形成自修复膜，具有优异的力学性能。

③ 在摩擦力作用下从 GCr15 钢球表面剥落形成的铁基磨屑，同样与蛇纹石的活性基团发生摩擦化学反应，生成多种铁的氧化物，在摩擦过程中进一步碎化、聚集并碾压或吸附在自修复膜表面，改善摩擦表面的耐磨性能[44]。

④ 蛇纹石等层状硅酸盐矿物具有一定的催化作用，能够促进润滑油中碳链的分解及石墨化反应，使大量的石墨沉积于摩擦表面[45]。而蛇纹石粉体层间结合较弱，在剪切力作用下易于滑动，降低摩擦副直接接触的概率，抑制黏着磨损和硬质微凸体的犁沟，吸附在摩擦表面的蛇纹石矿物在对微凸体进行抛光研磨的同时，自身颗粒尺寸得到细化，同样起到类似石墨的固体润滑剂的作用。

基于以上分析，建立了如图 4-27 所示的钛合金摩擦表面自修复膜结构示意图。显然，自修复膜中的石墨、TiO_2 和层状结构蛇纹石颗粒可以赋予摩擦表面良好的减摩润滑性能，而 Al_2O_3、SiO_2、SiO_x、Mg_2SiO_4、FeO、Fe_2O_3、Fe_3O_4、

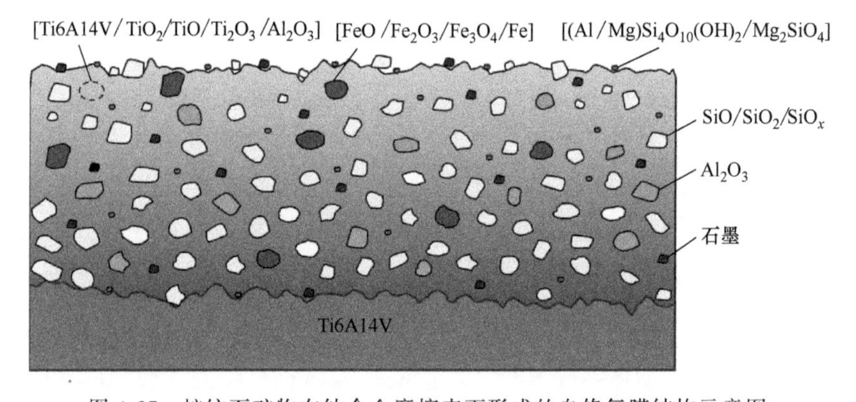

图 4-27 蛇纹石矿物在钛合金摩擦表面形成的自修复膜结构示意图

Fe等硬质颗粒则可以改善摩擦表面的耐磨性能，在蛇纹石矿物形成的自修复膜内部复杂成分的综合作用下，蛇纹石矿物对钛合金/钢摩擦副表现出良好的减摩润滑性能。

4.5 蛇纹石矿物对镁合金/钢摩擦副的减摩自修复行为

4.5.1 摩擦学试验材料与方法

试验所用基础油与含蛇纹石油样制备方法与3.2.1节相同。采用Optimal SRV4磨损试验机研究蛇纹石矿物粉体对油润滑条件下镁合金/钢摩擦副的减摩自修复行为。摩擦副上试样为GCr15标准钢球（59～61HRC，ϕ10mm），下试样为镁合金圆盘（Mg-0.3%Al-0.36%Mn，ϕ25.4mm×6.88mm）。研究内容包括蛇纹石粉体添加量、载荷、往复滑动频率等试验条件对镁合金摩擦学性能的影响，具体试验条件见表4-9，往复滑动行程为0.8mm。

表4-9　摩擦学试验条件

研究内容	载荷/N	滑动频率/Hz	蛇纹石添加量/%	时间/min
添加量影响	10	5	0.1	60
	10	5	0.3	
	10	5	0.5	
载荷影响	10	10	0.3	
	20	10	0.3	
	50	10	0.3	
频率影响	20	5	0.3	
	20	10	0.3	
	20	20	0.3	

4.5.2 摩擦学性能

4.5.2.1 蛇纹石矿物添加量对镁合金摩擦学性能的影响

图4-28所示为固定载荷与频率条件下基础油CD 5W/40及不同蛇纹石矿物含量油样润滑下的摩擦因数和磨损体积变化。可以看出，基础油的摩擦因数接近0.4，随时间变化的波动较大；而基础油中加入不同含量的蛇纹石矿物粉体后，

摩擦因数不同程度减小，且随时间增加的波动变化平稳，磨损体积显著降低。含蛇纹石矿物油样润滑下的摩擦因数及试样磨损体积随蛇纹石矿物添加量的增加呈先减后增的变化趋势，当蛇纹石添加量为 0.3%时摩擦因数和磨损体积达到最大降幅，分别为 65.13%和 47.98%。

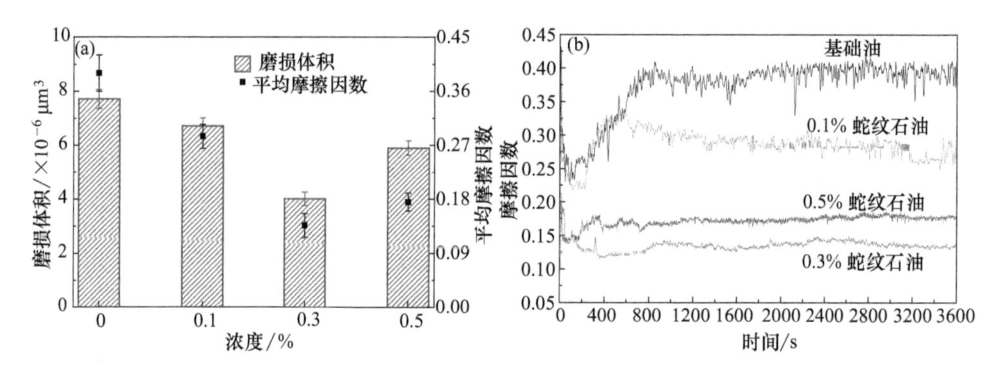

图 4-28 不同含量 SPs 油样润滑下镁合金的摩擦学性能（10N，5Hz）

（a）磨损体积和平均摩擦因数随蛇纹石含量的变化；（b）不同油样摩擦因数随时间变化的关系曲线

4.5.2.2 载荷对镁合金摩擦学性能的影响

图 4-29 所示为在不同载荷时基础油和含 0.3%蛇纹石矿物油样润滑下的摩擦因数与钛合金磨损体积变化。可以看出，两种油样润滑下的摩擦因数均随载荷的增大先减小后增大，磨损体积随载荷的增加而增大。不同载荷下，含蛇纹石油样润滑的摩擦因数和磨损体积与基础油润滑相比均明显降低，载荷为 10N、20N 和 50N 时的摩擦因数降幅分别达到 48.60%、66.51%和 43.58%，磨损体积降幅分别为 26.71%、40.19%和 30.75%。由图 4-29（b）所示摩擦因数随时间变化的

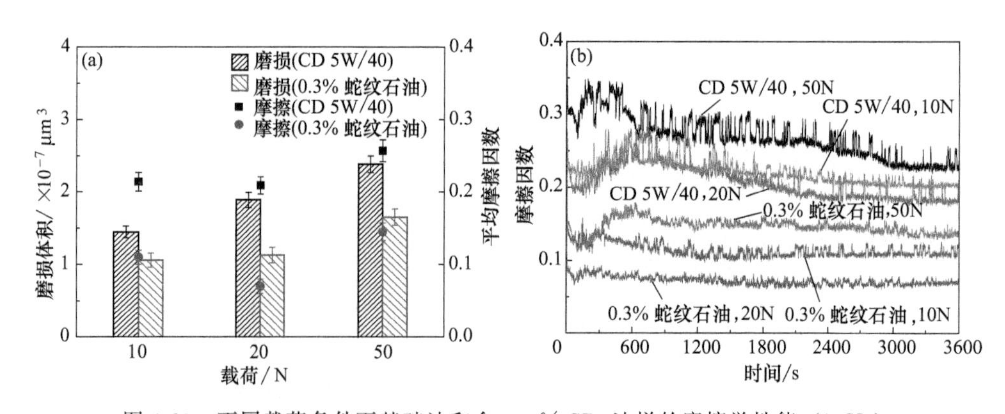

图 4-29 不同载荷条件下基础油和含 0.3% SPs 油样的摩擦学性能（10Hz）

（a）磨损体积和平均摩擦因数随载荷的变化；（b）不同载荷下摩擦因数随时间变化的关系曲线

关系曲线可知，基础油润滑下的摩擦因数在摩擦初始阶段迅速升高，且剧烈波动，经较长磨合时间后逐渐趋于稳定，特别是载荷 50N 时基础油摩擦因数在 2800s 后才进入稳定阶段，稳定阶段的摩擦因数高达 0.27；而含蛇纹石油样润滑时，摩擦副磨合时间大幅缩短，摩擦因数波动幅度较小且持续稳定在较低水平。

4.5.2.3 往复滑动频率对镁合金摩擦学性能的影响

图 4-30 所示为不同往复滑动频率时基础油 CD 5W/40 和含 0.3%蛇纹石矿物油样润滑下的摩擦因数与钛合金磨损体积变化。可以看出，基础油润滑的摩擦因数随频率的增加先增大后减小，磨损体积逐渐增大；而润滑油中加入蛇纹石矿物后，摩擦因数随频率的增大逐渐减小，磨损体积呈先增大后减小的变化趋势。同时，在不同频率下，含蛇纹石油样润滑的摩擦因数和磨损体积与基础油润滑相比下降明显，频率为 5Hz、10Hz 和 20Hz 条件下摩擦因数降幅分别为 18.7%、55.5%和 68.5%，磨损体积的降幅分别达到 19.4%、44.9%和 24.1%。此外，两种油样的摩擦因数随时间的变化趋势与不同载荷及蛇纹石添加量下基本一致，对比基础油，含蛇纹石矿物油样润滑下摩擦副的磨合时间更短，摩擦因数波动更平稳。

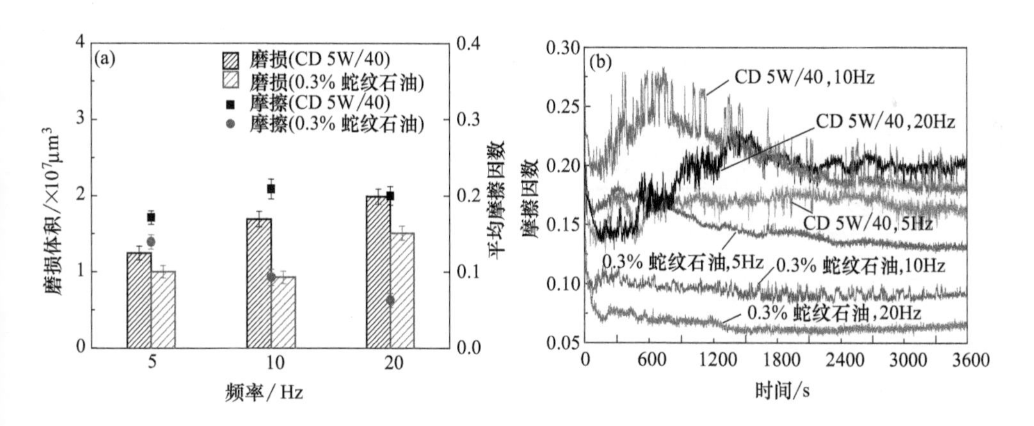

图 4-30　不同频率条件下基础油和含 0.3% SPs 油样的摩擦学性能（20N）

(a) 磨损体积和平均摩擦因数随频率的变化；(b) 不同频率下摩擦因数随时间变化的关系曲线

4.5.3 摩擦表面分析

4.5.3.1 镁合金摩擦表面形貌与成分分析

图 4-31 所示为不同滑动频率条件下基础油和含 0.3%蛇纹石矿物油样润滑下镁合金摩擦表面形貌的 SEM 照片。可以看出，基础油润滑时，磨痕尺寸较大，

摩擦表面损伤严重，存在大量的剥落坑，分布着明显的材料撕裂、微裂纹和塑性变形等损伤。随着频率的增加，损伤程度逐渐加重，摩擦表面表现出典型的黏着磨损与剥层磨损特征。含蛇纹石油样润滑时，磨痕尺寸明显减小，黏着、材料塑性变形与撕裂等损伤程度大幅下降，摩擦表面趋于光滑、平整，并出现了含蛇纹石矿物油样润滑下铁基摩擦表面常见的多孔状结构，孔中镶嵌颗粒状物质，表明镁合金摩擦表面可能形成了颗粒增强的复合自修复膜。

表 4-10 列出了图 4-31 中摩擦表面典型区域的元素组成及其原子分数。可以看出，基础油润滑的摩擦表面主要由 Mg、Mn、Al、Fe、C、O 和 S 元素组成，随着频率的增加 O 元素含量逐渐升高，说明较高的频率加剧了镁合金氧化磨损。其中，Mg、Mn、Al 元素为下试样镁合金的主要组成元素，而 Fe 元素来源于对磨 GCr15 钢球，C 元素可能来自润滑油碳链的裂解，S 元素因润滑油中含 S 添加剂与摩擦表面发生摩擦化学反应而引入，O 元素可能是摩擦过程中油膜破裂造成的摩擦表面与空气直接接触导致氧化反应的结果。含蛇纹石油样润滑形成的磨损表面除上述元素外，还含有蛇纹石特征元素 Si，而且与图 4-31（a）、（c）、（e）中选定区域相比，O、Al 元素含量进一步升高，说明蛇纹石粉体参与了摩擦表面的摩擦化学反应，生成自修复膜。此外，图 4-31（b）、（d）、（f）中 A 区域 Mg 和 Mn 元素含量明显低于 B 区域，而 Si 和 O 元素含量明显高于 B 区域，说明部分蛇纹石粉体填充进剥落坑中或嵌入摩擦表面。

表 4-10 图 4-31 中典型区域摩擦表面 EDS 分析 单位：%（原子分数）

选定区域	Mg	Mn	C	O	Si	Al	Fe	S
(a)A	79.06	0.57	7.41	12.31	—	0.15	0.31	0.19
(a)B	76.26	0.4	6.24	16.12	—	0.12	0.63	0.23
(b)A	28.7	0.05	1.8	57.48	11.71	0.26	—	—
(b)B	34.93	0.28	11.18	45.43	6.52	0.23	0.62	0.81
(c)A	70.29	0.41	8.83	19.79	—	0.09	0.33	0.26
(c)B	67.52	0.29	8.64	22.82	—	0.07	0.34	0.32
(d)A	35.49	0.09	16.97	42.76	4.31	0.38	—	—
(d)B	33.01	0.22	17.39	45.32	2.12	0.9	0.69	0.35
(e)A	64.79	0.51	10.48	23.45	—	0.14	0.21	0.42
(e)B	61.06	0.31	8.86	29.02	—	0.17	0.27	0.31
(f)A	27.67	0.28	3.87	58.9	8.81	0.28	0.07	0.12
(f)B	30.32	0.4	16.83	47.19	3.14	0.31	1.12	0.69

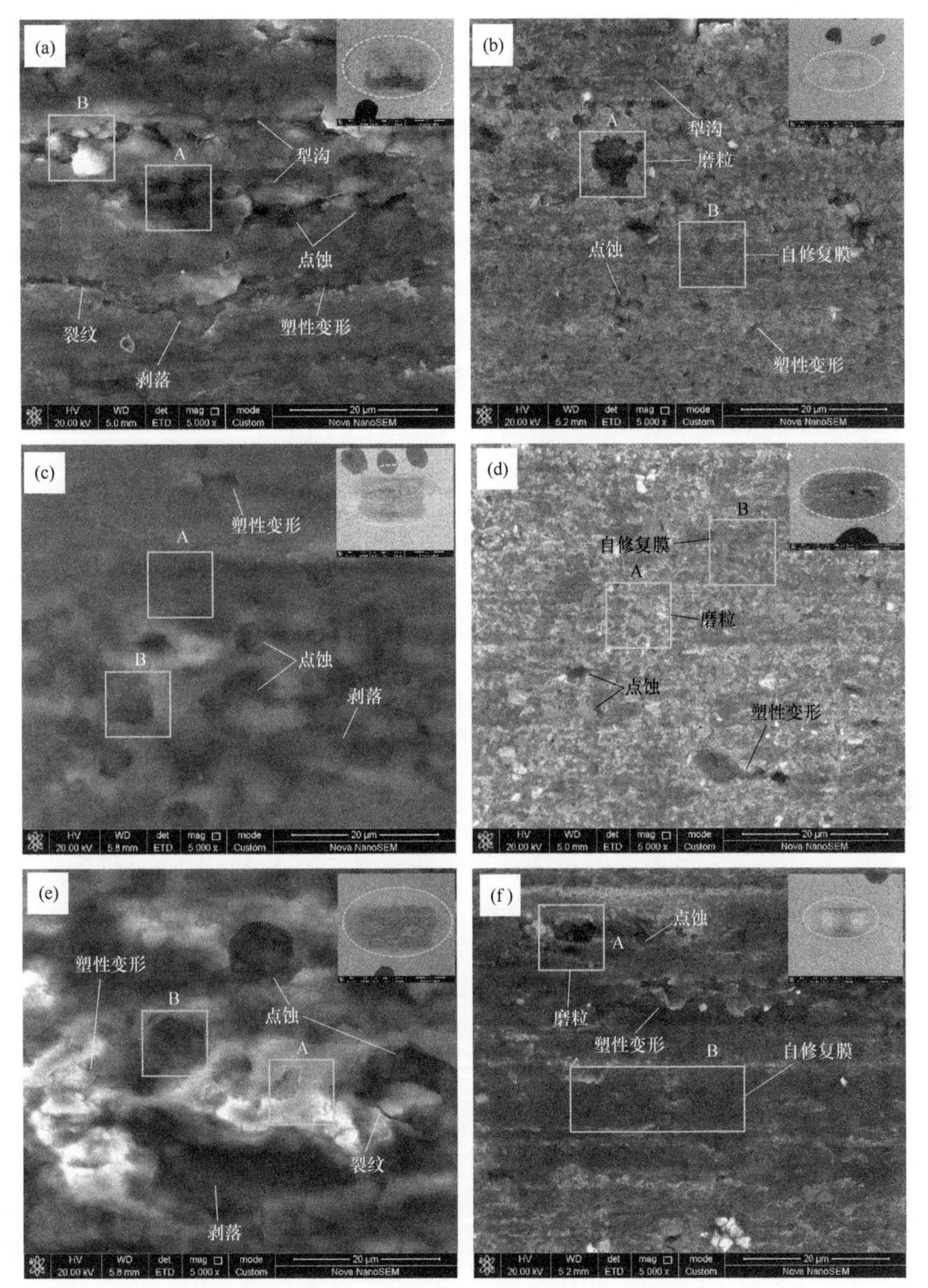

图 4-31　不同频率时基础油和含 0.3%蛇纹石油样润滑下镁合金摩擦表面形貌的 SEM 照片

(a) CD 5W/40，5Hz；(b) 0.3% SPs 油样，5Hz；(c) CD 5W/40，10Hz；

(d) 0.3% SPs 油样，10Hz；(e) CD 5W/40，20Hz；(f) 0.3% SPs 油样，20Hz

4.5.3.2 摩擦表面的 XPS 分析

为揭示蛇纹石矿物粉体在摩擦过程中与镁合金的相互作用，利用 XPS 表征了含蛇纹石矿物油样润滑的镁合金摩擦表面主要元素的化学状态，并与基础油润滑的摩擦表面分析进行了对比。图 4-32 为不同摩擦表面的 XPS 图谱。分析可知，

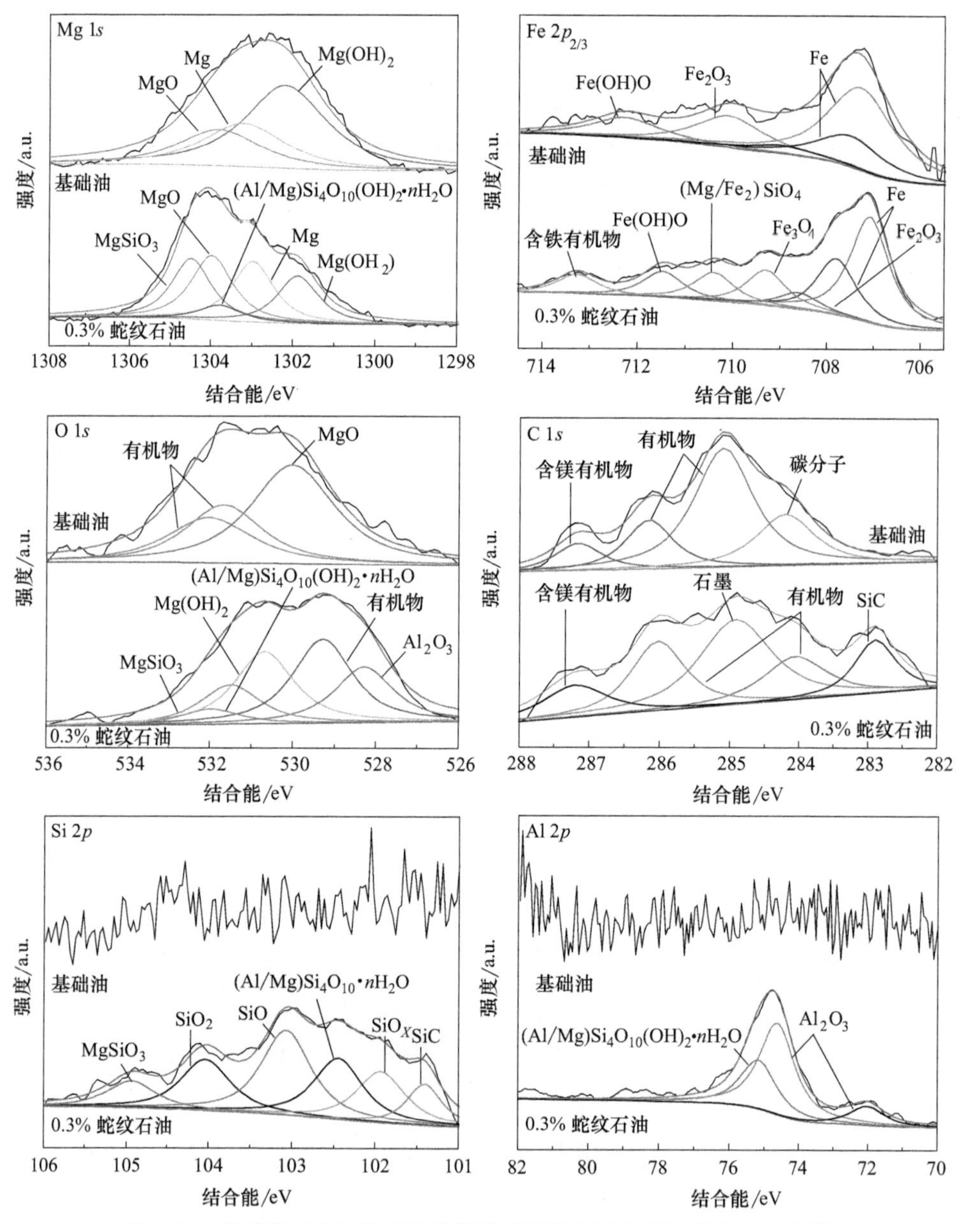

图 4-32 基础油和含蛇纹石油样润滑下摩擦表面主要元素的 XPS 图谱

（20N，10Hz，0.3% SPs 油样）

基础油润滑下的磨损表面 Mg 2*p* 在结合能为 1302.2eV、1303.3eV 和 1303.9eV 处可拟合 3 个子峰，分别对应 $Mg(OH)$、Mg 和 MgO[46-49]。对于含蛇纹石矿物油样润滑下的摩擦表面，Mg 2*p* 除可拟合上述 3 个子峰外，在结合能为 1303.9eV 和 1304.5eV 还可拟合出新的子峰，为 $(Al/Mg)Si_4O_{10}(OH)_2 \cdot nH_2O$ 和 $MgSiO_3$[21,44]，说明蛇纹石粉体吸附在磨损表面，并在摩擦过程中发生了脱水反应，形成硬质镁橄榄石（$MgSiO_3$）。基础油润滑下的磨损表面 Fe $2p_{2/3}$ 可拟合为 707.2eV、707.4eV、709.7eV 和 711.7eV 子峰，对应的物质分别为 Fe 单质、Fe_2O_3 和 $Fe(OH)O$；而含蛇纹石油样润滑时磨损表面的 Fe $2p_{2/3}$ 在结合能为 709.3eV、710.4eV 和 713.3eV 处出现新的子峰，对应的物质为 Fe_3O_4、Fe 的有机物和 $(Mg/Fe)_2SiO_4$[9-12]，表明蛇纹石与磨损表面的 Fe 元素发生置换同构反应，并促进 Fe 元素参与摩擦化学反应生成多种具有高价态的化合物。对于 O 1*s*，基础油润滑下仅可以拟合为 530.1eV、531.7eV 和 532.1eV 子峰，对应的物质为 MgO 和有机物[9-13]，而在蛇纹石的作用下发生明显的宽化，可拟合为 528.3eV(Al_2O_3)、530.7eV($Mg(OH)_2$)、531.5eV($MgSiO_3$)、532.3eV（$(Al/Mg)Si_4O_{10}(OH)_2 \cdot nH_2O$）等子峰。与基础油润滑下相比，含蛇纹石油样润滑下 C 1*s* 峰也出现宽化，在结合能为 284.6eV 出现较强的子峰，说明磨损表面存在较多的石墨，表明蛇纹石矿物促进了润滑油中碳链的分解及石墨化反应[43,45]。Si 2*p* 和 Al 2*p* 仅出现在含蛇纹石油样作用下的磨损表面，Si 2*p* 在 101.4eV、102eV、102.5eV、103.1eV、104eV 和 105eV 处的子峰对应了 SiC、SiO_x、$(Al/Mg)Si_4O_{10}(OH)_2 \cdot nH_2O$、SiO、$SiO_2$ 和 $MgSiO_3$；Al 2*p* 在 72eV、74.7eV 和 75.2eV 处的子峰对应了 Al_2O_3 和 $(Al/Mg)Si_4O_{10}(OH)_2 \cdot nH_2O$[50-52]。综合上述分析可知，摩擦过程中蛇纹石粉体参与了摩擦表面的摩擦化学反应，生成由金属氧化物、硬质陶瓷颗粒、石墨和有机物等组成的自修复膜。

4.5.3.3　微观力学性能

采用纳米压痕仪对基础油和含蛇纹石矿物油样润滑下的摩擦表面进行了纳米压痕测试，得到摩擦表面纳米硬度和弹性模量随时间变化的关系曲线，同时对未摩擦的镁合金磨抛表面进行了纳米压痕对比测试。图 4-33 所示为上述 3 种测试表面的纳米压痕测试结果。在压入的初始阶段（0～250nm），3 种测试表面在小尺寸效应和摩擦硬化的复合作用下，纳米硬度均随压入深度的增加而快速增大，随后受测试表面下层镁合金材料本身力学性能的影响而逐渐降低并趋于稳定。含蛇纹石油样润滑的摩擦表面由于形成了自修复膜，纳米硬度峰值在深度为 200～300nm 时就超过 2.5GPa，远高于基础油润滑的摩擦表面和未摩擦的镁合金原始

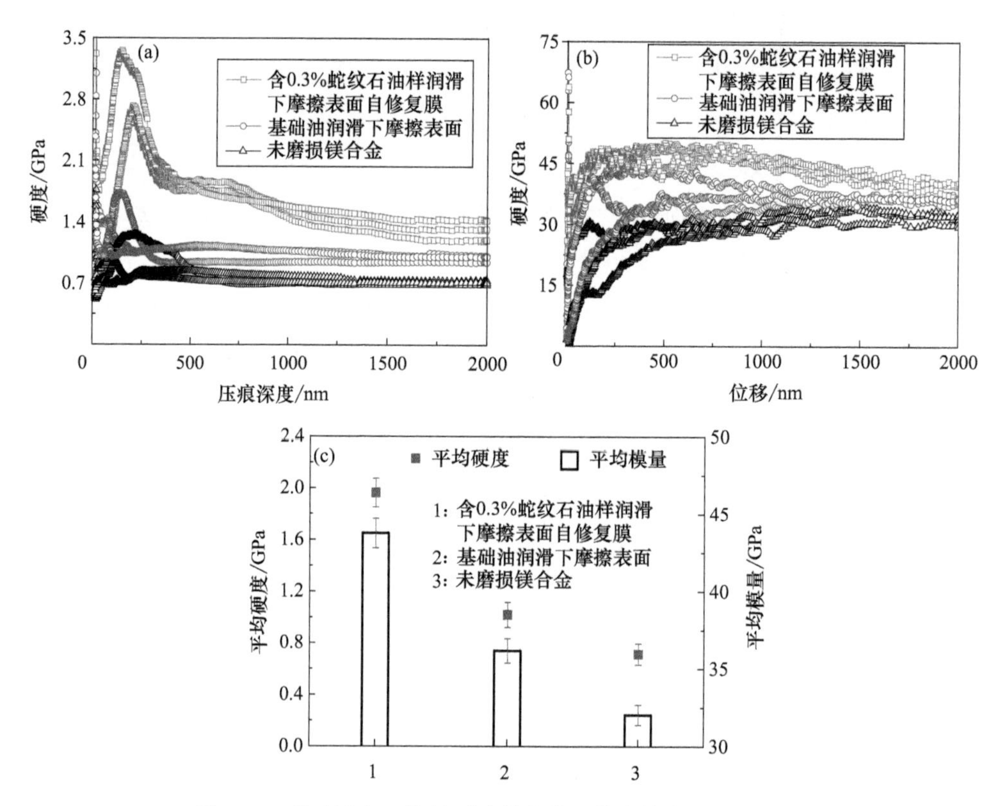

图 4-33 基础油和含蛇纹石油样润滑下的摩擦表面力学性能对比情况（20N，10Hz）

（a）载荷-位移曲线；（b）硬度随压痕深度变化曲线；（c）平均硬度与弹性模量

表面；当压入深度为 400～700nm 时，纳米硬度稳定在约 1.82GPa，而后逐渐减小并在 1500nm 后稳定至约 1.41GPa。基础油润滑的摩擦表面和镁合金原始表面的纳米硬度曲线在深度约为 300nm 后快速进入稳定阶段，平均硬度分别为 1.02GPa 和 0.72GPa。弹性模量随压入深度的变化趋势与纳米硬度基本一致，含蛇纹石矿物与基础油润滑下摩擦表面在稳定阶段的弹性模量分别为 43.7GPa 和 36.2GPa，而镁合金原始表面的弹性模量为 32.1GPa。

含蛇纹石油样润滑的磨损表面的平均纳米硬度为 1.94GPa，塑性指数 H/E 为 0.0449，分别较基础油润滑的摩擦表面提高约 94.0%和 34.1%，较未摩擦的镁合金原始表面分别提高约 1.48 倍和 54.3%。一般来说，材料具有较高的 H/E 值有利于其耐磨性能的提高，H/E 值越大，材料弹性变形恢复能力越强，即抗塑性变形抗力越强，使材料具有优异的摩擦学性能[15]。分析认为，蛇纹石矿物粉体通过在镁合金表面形成高硬度、低弹性模量自修复膜，实现对摩擦表面的修复强化，使镁合金表面表现出优异的摩擦学性能。

4.5.3.4　自修复膜的 TEM 分析

采用配备聚焦离子束的扫描电子显微镜（FIB-SEM）对含蛇纹石油样润滑下摩擦表面生成的自修复膜进行加工制样，制备成 4.5μm×3.3μm×1.4μm 的 TEM 分析样品，并采用高分辨透射电子显微镜（HRTEM）对其进行表征分析，图 4-34 所示为 TEM 形貌及元素面分布图。可以看出，镁合金摩擦表面形成了厚度约为 1.2μm 的自修复膜（即灰色区域 A），膜层与镁合金摩擦表面（即灰白色区域 B）结合紧密。自修复膜上嵌入大量形状不规则的颗粒，表面较为光滑平整，未见明显缺陷。由图 4-34（b）可知，镁合金试样主要由 Mg 及少量的 Al、O 和 C 等元素组成，而自修复膜中除含有上述元素外，还出现 Mn、Si、Zn 和 S 等元素。

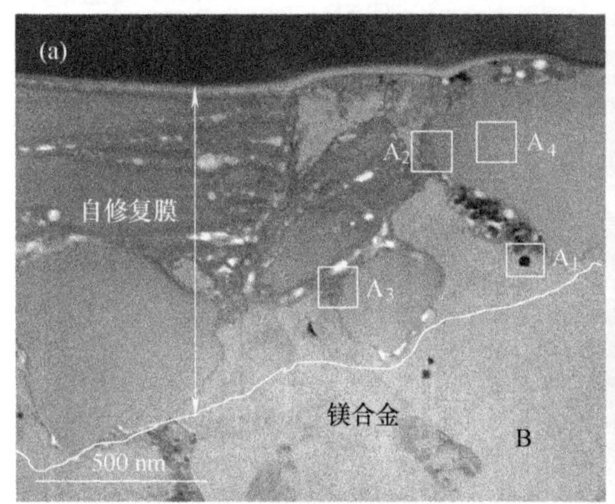

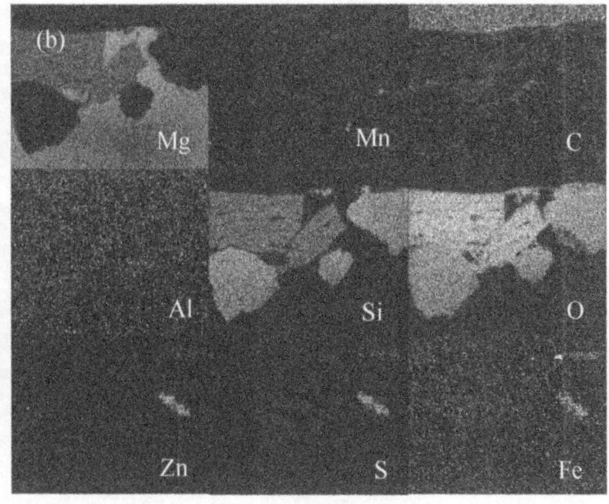

图 4-34　镁合金摩擦表面自修复膜截面的 TEM 形貌及 EDS 图谱

(a) TEM 形貌；(b) EDS 图谱

图 4-35 为图 4-34 选定区域的高分辨率 TEM 形貌及电子衍射图。如图 4-35（a）所示，选定区域组织呈现多晶态，对应的物质为 Mn 单质、MgO 和 ZnS，其中 Mn 单质的形成是由于镁合金中含有的少量 Mn 元素聚集，而 ZnS 可能是润滑油中含有的 Zn 元素和 S 元素发生反应生成，证明蛇纹石矿物粉体能够促进摩擦表面元素的富集及化学反应的发生。图 4-35（b）选定区域组织也呈现多晶态，对应的物质为 $MgSiO_3$ 和 MgO；图 4-35（c）中选区组织为单晶态，对应的物质为 Mg_2Si；图 4-35（d）中选区组织为非晶态，结合自修复膜 EDS 分析结果可以判定该物质为非晶态结构的 SiO_x，由此进一步证实蛇纹石矿物粉体参与摩擦表面的摩擦化学反应，形成的上述物质构成自修复膜的主要组分，能够强化摩

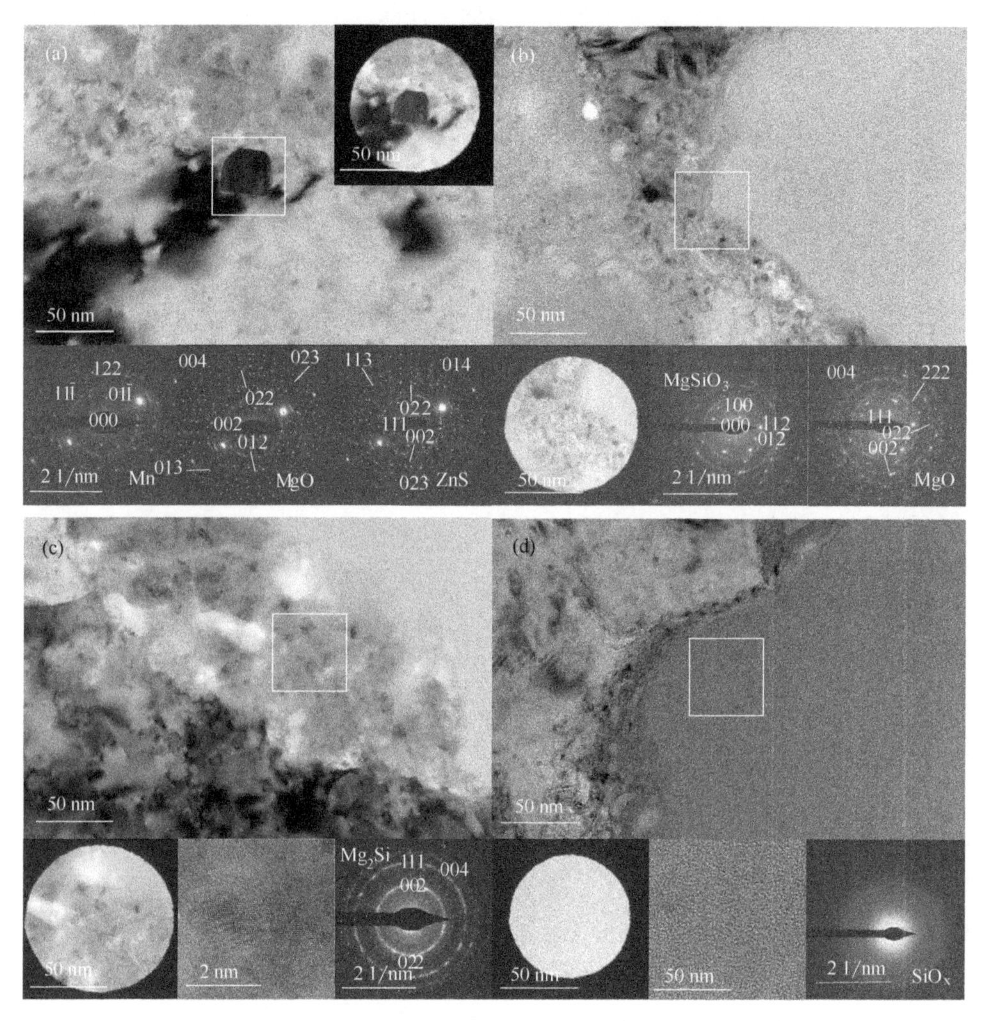

图 4-35 自修复膜上选定区域的 TEM 形貌及衍射花样

(a) A_1 区域；(b) A_2 区域；(c) A_3 区域；(d) A_4 区域

擦表面，提高其磨损抗力。

4.5.4 蛇纹石矿物对镁合金的减摩润滑机理

近年来，大量的研究报道了蛇纹石矿物粉体作为减摩抗磨添加剂能够在金属摩擦副表面形成自修复膜，有效提高金属材料的摩擦学性能。通常，自修复膜的形成机理可以归结为：蛇纹石颗粒在摩擦初始阶段吸附在摩擦副表面，由于层间的结合力较弱，导致其在摩擦产生的局部压力、闪温作用下容易发生层间解理和相变，释放出大量的活性基团，与摩擦表面的金属原子发生摩擦化学反应，形成自修复膜[53,54]。

综合本节的摩擦学试验及摩擦表面分析结果可知，含蛇纹石油样润滑下的镁合金摩擦表面同样生成了自修复膜，主要由 MgO、$MgSiO_3$、Mg(OH)、$(Mg/Fe)_2SiO_4$、Mg_2Si、SiC、SiO_x、SiO、SiO_2、Al_2O_3、Mn、石墨及多种 Fe 的化合物等组成，使自修复膜具有较高的硬度和较低的弹性模量，表现出优异的力学性能。

图 4-36 所示为蛇纹石矿物粉体改善镁合金减摩自修复性能的作用机制示意图，蛇纹石矿物的减摩润滑及自修复过程主要体现在以下几个方面：

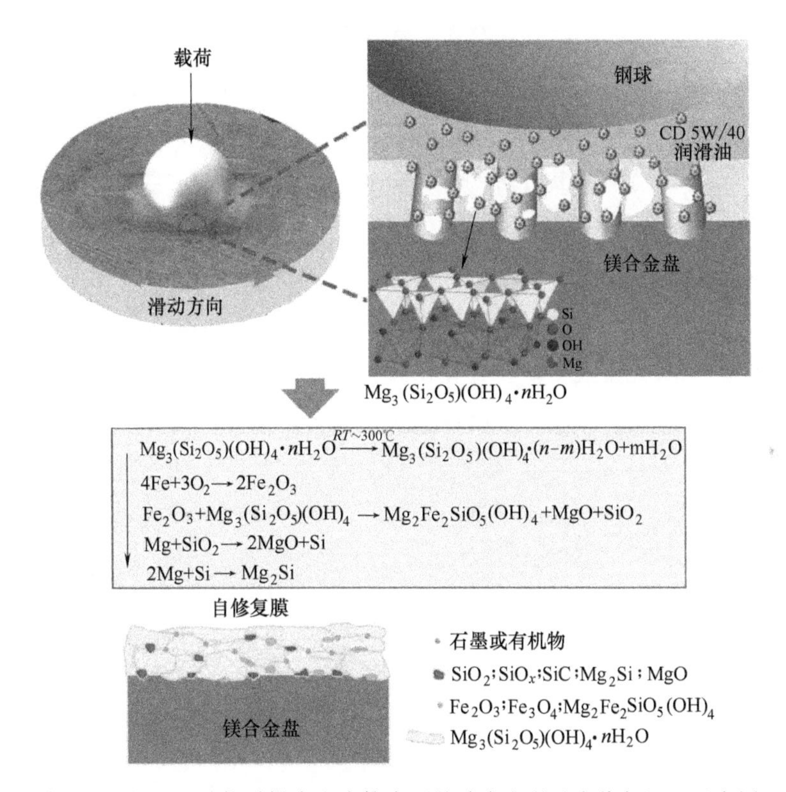

图 4-36 蛇纹石矿物对镁合金摩擦表面的减摩润滑及自修复机理示意图

润滑油中悬浮的表面改性蛇纹石矿物粉体因具有较大的比表面积，在摩擦作用下迅速吸附在镁合金表面，并在摩擦表面的凹坑、沟槽、划痕等位置沉积，填补表面微观损伤的同时，对软质的镁合金表面进行磨削和抛光，使表面粗糙度降低。由于蛇纹石矿物层间结合力弱，在摩擦剪切力作用下能够发生层间滑动，位于摩擦表界面的矿物颗粒可以起到固体润滑的作用，从而减小摩擦。

摩擦过程中镁合金表面油膜在往复剪切作用下极易发生破裂，与空气接触发生氧化并形成表面氧化膜，这种氧化膜在连续接触切应力的往复作用下极易脱落，裸露的新鲜金属表面的 Mg 单质与蛇纹石矿物粉体因晶体结构破坏释放的 Si-O-Si、O-Si-O 等不饱和基团发生反应，生成具有高熔点、高硬度、高弹性模量的金属间化合物 Mg_2Si[55] 及 $MgSiO_3$、$Mg(OH)_2$ 等硬质颗粒[16，17]；同时，在摩擦热的作用下，蛇纹石颗粒及其产生的含氧基团与对偶 GCr15 钢球中的 Fe 元素发生同构置换反应与氧化反应，生成 $(Mg/Fe)_2SiO_4$ 及多种铁的氧化物，在接触应力和摩擦剪切作用下被碾压在镁合金摩擦表面。

此外，蛇纹石矿物中大量的不饱和基团相互结合重组，在摩擦表面以 SiO_2、SiO、SiO_x、Al_2O_3 等颗粒形式存在，在摩擦过程中镶嵌到摩擦表面[15，21]。值得注意的是，在镁合金表面脱落的硬度较低的氧化膜在硬度较高的 GCr15 钢球长时间反复碾压下，形成微小的氧化镁颗粒，一方面能够发挥“微轴承”滚动作用，另一方面与润滑油及其分解的有机分子形成超分散胶体系统，提高摩擦表面对蛇纹石及其二次产物以及其他元素的吸附能力，促进合金化反应，生成更多的硬质颗粒。上述复杂的摩擦化学产物及蛇纹石矿物分解产物在摩擦表面共同构成了硬质颗粒强化的氧化物自修复膜，降低了摩擦表面粗糙度，有效隔离 GCr15 钢球与镁合金表面直接接触，并优化了摩擦接触区域的应力分布状态。此外，镁合金中的 Mg 原子在摩擦作用下更容易失去最外层的两个电子形成 Mg^{2+}，与蛇纹石矿物分解释放的 Mg^{2+} 和 -OH 共同作用，能够诱导润滑油断裂，催化石墨化反应，从而在磨损表面形成大量的石墨，沉积在自修复膜表面，从而起到良好的减摩润滑作用[45]。

参考文献

[1] Yu H L, Wang H M, Yin Y L, et al. Tribological behaviors of natural attapulgite nanofibers as lubricant additives investigated through orthogonal test method [J]. Tribology International, 2020, 151: 106562.

[2] 杨玲玲，于鹤龙，杨红军，等. 摩擦试验条件对凹凸棒石黏土润滑油添加剂摩擦学性能的影响 [J]. 粉末冶金材料科学与工程，2015，20（2）：273-279.

[3] Yu H L, Xu Y, Shi P J, et al. Effect of thermal activation on the tribological behaviors of serpentine ultrafine powders as an additive in liquid paraffin [J]. Tribology International, 2011, 44: 1736-1741.

[4] Cheng J J, Zhang S Z, Gan X P, et al. Wear regime and wear mechanism map for spark-

plasma-sintered Cu-15Ni-8Sn-0. 2Nb alloy under oil lubrication [J]. Journal of Materials Engineering and Performance, 2019, 28: 4187-4196.

[5] Gao Y, Jie J C, Zhang P C, et al. Wear behavior of high strength and high conductivity Cu alloys under dry sliding [J]. Transactions of Nonferrous Metals Society of China, 2015, 25: 2293-2300.

[6] Chen L H, Rigney D A. Adhesion theories of transfer and wear during sliding of metals [J]. Wear, 1990, 136: 223-235.

[7] Zhang Y S, Wang K, Han Z, et al. Transfer behavior in low-amplitude oscillating wear of nanocrystalline copper under oil lubrication [J]. Journal of Materials Research, 2008, 23: 150-159.

[8] Zhai W Z, Lu W L, Liu X J, et al. Nanodiamond as an effective additive in oil to dramatically reduce friction and wear for fretting steel/copper interfaces [J]. Tribology International, 2019, 129: 75-81.

[9] Wagner C D, Riggs W M, Davis L E, et al. Handbook of X-ray photoelectron spectroscopy [M]. Eden Prairie: Perkin-Elmer Corporation, 1979.

[10] Yamashita T, Hayes P. Analysis of XPS spectra of Fe^{2+} and Fe^{3+} ions in oxide materials [J]. Applied Surface Science, 2008, 254: 2441-2449.

[11] Allahdin O, Dehou S C, Wartel M, et al. Performance of FeOOH-brick based composite for Fe (Ⅱ) removal from water in fixed bed column and mechanistic aspects [J]. Chemical Engineering Research & Design, 2013, 91: 2732-2742.

[12] Elissier B, Fontaine H, Beaurain A, et al. HF contamination of 200mm Al wafers: A parallel angle resolved XPS study [J]. Microelectron. Engineering, 2011, 88: 861-866.

[13] Montesdeoca-Santana A, Jimenez-Rodríguez E, Marrero N, et al. XPS characterization of different thermal treatments in the ITO-Si interface of a carbonate-textured monocrystalline silicon solar cell [J]. Nuclera Instruments and Methods in Physics Research B, 2010, 268: 374-378.

[14] Zhang B S, Xu Y, Gao F, et al. Sliding friction and wear behaviors of surface-coated natural serpentine mineral powders as lubricant additive [J]. Applied Surface Science, 2011, 257: 2540-2549.

[15] Yu H L, Xu Y, Shi P J, et al. Microstructure, mechanical properties and tribological behavior of tribolayer generated from natural serpentine mineral powders as lubricant additive [J]. Wear, 2013, 297: 802-810.

[16] Jin Y S, Li S H, Zhang Z Y, et al. In situ mechanochemical reconditioning of worn ferrous surfaces [J]. Tribology International, 2004, 37: 561-567.

[17] Pogodaev L I, Buyanovskii I A, Kryukov E Y, et al. The mechanism of interaction be-

tween natural laminar hydrosilicates and friction surfaces [J]. Reliability, Durability, and Wear Resistance of Machines and Constructions, 2009, 38: 476-84.

[18] Wu J W, Wang X, Zhou L H, et al. Formation factors of the surface layer generated from serpentine as lubricant additive and composite reinforcement [J]. Tribology Letters, 2017, 65: 93-102.

[19] Yu Y, Gu J L, Kang F Y, et al. Surface restoration induced by lubricant additive of natural minerals [J]. Applied Surface Science, 2007, 253: 7549-7553.

[20] Zhang J, Tian B, Wang C B. Long-term surface restoration effect introduced by advanced silicate based lubricant additive [J]. Tribology International, 2013, 57: 31-37.

[21] Yin Y L, Yu H L, Wang H M, et al. Friction and wear behaviors of Steel/Tin bronze tribopairs improved by serpentine natural mineral additive [J]. Wear, 2020, 457: 203387.

[22] Hernández Battez A, Viesca J L, González R, et al. Friction reduction properties of a CuO nanolubricant used as lubricant for a NiCrBSi coating [J]. Wear, 2010, 268: 325-328.

[23] Hernández Battez A, González R, Viesca J L, et al. CuO, ZrO^2 and ZnO nanoparticles as antiwear additive in oil lubricants [J]. Wear, 2008, 265: 422-428.

[24] Alves S M, Mello V S, Faria E A, et al. Nanolubricants developed from tiny CuO nanoparticles [J]. Tribology International, 2016, 100: 263-271.

[25] Chen Y X, Yang Y Q, Feng Z Q, et al. The depth-dependent gradient deformation bands in a sliding friction treated Al-Zn-Mg-Cu alloy [J]. Materials Characterization, 2017, 132: 269-279.

[26] Moshkovich A, Lapsker I, Feldman Y, et al. Severe plastic deformation of four FCC metals during friction under lubricated conditions [J]. Wear, 2017, 386-387: 49-57.

[27] Deng S Q, Godfrey A, Liu W, et al. Microstructural evolution of pure copper subjected to friction sliding deformation at room temperature [J]. Materials Science and Engineering, 2015, 639: 448-455.

[28] Dong L L, Ahangarkani M, Zhang W, et al. Formation of gradient microstructure and mechanical properties of hot-pressed W-20wt% Cu composites after sliding friction severe deformation [J]. Materials Characterization, 2018, 144: 325-335.

[29] Zhang Y Y, Zhang Y J, Zhang S M, et al. One step synthesis of ZnO nanoparticles from ZDDP and its tribological properties in steel-aluminum contacts [J]. Tribology International, 2020, 114: 105890.

[30] Qu J, Blaua P J, Sheng D, et al. Tribological characteristics of aluminum alloys sliding against steel lubricated by ammonium and imidazolium ionic liquids [J]. Wear, 2009,

1226-1231.

[31] 于鹤龙，许一，王红美，等. 蛇纹石润滑油添加剂摩擦反应膜的力学特征与摩擦学性能 [J]. 摩擦学学报，2012，32 (5)：500-506.

[32] 张保森，徐滨士，许一，等. 蛇纹石微粉对类轴-轴瓦摩擦副的自修复效应及作用机理 [J]. 粉末冶金材料科学与工程，2013 (3)：346-352.

[33] 张保森. 基于亚稳态蛇纹石矿物的自修复材料制备及摩擦学机理研究 [D]. 上海：上海交通大学，2011.

[34] 李桂金，白志民，赵平. 蛇纹石对铁基金属摩擦副的减摩修复作用 [J]. 硅酸盐学报，2018，46 (2)：306-312.

[35] 金元生. 蛇纹石内氧化效应对铁基金属磨损表面自修复层生成的作用 [J]. 中国表面工程，2010，23 (1)：46-50，56.

[36] Wang F，Ling Q，Wang X B，et al. Sliding friction and wear performance of Ti6Al4V in the presence of surface-capped copper nanoclusters lubricant [J]. Tribology International，2008，41 (3)：158-165.

[37] Duan H T，Li W M，Kumara C，et al. Ionic liquids as oil additives for lubricating oxygen-diffusion case-hardened titanium [J]. Tribology International，2019，136：342-348.

[38] Nan F，Xu Y，Xu B S，et al. Effect of natural attapulgite powders as lubrication additive on the friction and wear performance of a steel tribo-pair [J]. Applied Surface Science，2014，307：86-91.

[39] 张保森，许一，徐滨士，等. 45 钢表面原位摩擦化学反应膜的形成过程及力学性能 [J]. 材料热处理学报，2011，32 (1)：87-91.

[40] Zhang B，Xu B S，Xu Y，et al. Tribological characteristics and self-repairing effect of hydroxy-magnesium silicate on various surface roughness friction pairs [J]. Journal of Central South University of Technology，2011，18 (5)：1326-1333.

[41] 张博，许一，徐滨士，等. 亚微米颗粒化凹凸棒石粉体对 45＃钢的减摩与自修复 [J]. 摩擦学学报，2012，32 (3)：291-299.

[42] 张保森，徐滨士，张博，等. 纳米凹土纤维对碳钢摩擦副的润滑及原位修复效应 [J]. 功能材料，2014，45 (1)：01044-01048.

[43] Nan F，Xu Y，Xu B S，et al. Tribological behaviors and wear mechanisms of ultrafine magnesium aluminum silicate powders as lubricant additive [J]. Tribology International，2015，81：199-208.

[44] 尹艳丽，于鹤龙，王红美，等. 蛇纹石矿物作为润滑油添加剂对锡青铜摩擦学行为的影响 [J]. 摩擦学学报，2020，4 (40)：516-525.

[45] Zhang H，Chang Q Y. Enhanced ability of magnesium silicate hydroxide in transforming base oil into amorphous carbon by annealing heat treatment [J]. Diamond & Related

Materials, 2021, 117: 108476.

[46] Xie H, Jiang B, He J, et al. Lubrication performance of MoS_2 and SiO_2 nanoparticles as lubricant additives in magnesium alloy-steel contacts [J]. Tribology International, 2016, 93: 63-70.

[47] Xie H M, Jiang B, Liu B, et al. An Investigation on the tribological performances of the SiO_2/MoS_2 hybrid nanofluids for magnesium alloy-steel contacts [J]. Nanoscale Research Letters, 2016, 11: 329-345.

[48] Xie H M, Jiang B, Dai J H, et al. Tribological behaviors of graphene and graphene oxide as water-based lubricant additives for magnesium alloy/steel contacts [J]. Materials, 2018, 11: 206-222.

[49] Xie H M, Dang S H, Jiang B, et al. Tribological performances of SiO_2/graphene combinations as water-based lubricant additives for magnesium alloy rolling [J]. Applied Surface Science, 2019, 457: 847-856.

[50] Montesdeoca-Santana A, Jiménez-Rodríguez E, Marrero N, B, et al. XPS characterization of different thermal treatments in the ITO-Si interface of a carbonate-textured monocrystalline silicon solar cell [J]. Nuclera Instruments and Methods in Physics Research B, 2010, 268: 374-378.

[51] Xu Q, Hu S W, Wang W J, et al. Temperature-induced structural evolution of nanoparticles on Al_2O_3 thin film: an in-situ investigation using SRPES, XPS and STM [J]. Applied Surface Science, 2018, 432: 115-120.

[52] Lamontagne B, Semond F, Roy D. X-ray photoelectron spectroscopic study of Si (111) oxidation promoted by potassium multilayers under low O_2 pressures [J]. Journal of Electron Spectroscopy and Related Phenomena, 1995, 73 (1): 81-88.

[53] Wang B, Zhong Z, Qiu H, et al. Nano serpentine powders as lubricant additive: Tribological behaviors and self-repairing performance on worn surface [J]. Nanomaterials, 2020, 10 (5): 922.

[54] Bai Z M, Li G J, Zhao F Y, et al. Tribological performance and application of antigorite as lubrication materials [J]. Lubricants, 2020, 8: 93-116.

[55] Cicek B, Ahlatc H, Sun Y. Wear behaviors of Pb added Mg-Al-Si composites reinforced with in situ Mg_2Si particles [J]. Materials & Design, 2013, 50: 929-935.

第5章 纳米蛇纹石的合成及其与天然蛇纹石矿物的性能对比

5.1 概述

天然蛇纹石矿物粉体具有优异的减摩自修复性能，主要成分为 $Mg_6(Si_4O_{10})(OH)_8$，其自修复性能在很大程度上取决于粉体的性质和形态，如成分组成、杂质含量、形貌和粒度等。目前，大部分关于层状硅酸盐矿物摩擦学的研究和应用都是以蛇纹石矿物经超细粉碎和提纯后得到的微米级粉体作为对象。尽管通过机械破碎和粉磨工艺得到的粉体可以满足粒径小于 0.5μm 的要求，但粉体尺寸很难进一步减小，较大尺度的粉体颗粒难以进入精密摩擦副的摩擦界面并起到减摩润滑或自修复作用。同时，粉体提纯后仍有部分矿物杂质或含有 Al、Fe 等杂质元素，均会影响蛇纹石矿物的摩擦学性能。利用水热合成等方法制备高纯度纳米蛇纹石粉体是解决上述问题的有效途径之一，关于纳米羟基硅酸镁粉体的合成及其摩擦学性能研究逐步引起摩擦学工作者的关注并成为研究热点。

本章将介绍水热合成法制备纳米蛇纹石的合成工艺优化、粉体长大机制与表面改性，开展合成纳米蛇纹石粉体与天然蛇纹石矿物粉体的摩擦学及减摩自修复性能对比，探讨两种粉体材料的减摩润滑与自修复机理。

5.2 纳米蛇纹石粉体的合成

5.2.1 材料与方法

纳米蛇纹石粉体的制备工艺为：将适量 NaOH、$MgCl_2$、Na_2SiO_3 按一定比例溶解于蒸馏水，置入高压反应釜中，在反应温度分别为 150℃、200℃、250℃（反应时间为 25h）和反应时间分别为 10h、25h、40h、55h（反应温度为 200℃）的条件下制备羟基硅酸镁粉体。其反应方程式如下所示：

$$6MgCl_2 + 4NaOH + 4Na_2SiO_3 + 2H_2O \longrightarrow Mg_6[Si_4O_{10}](OH)_8 + 12NaCl_2 \tag{5-1}$$

反应结束后对反应釜中溶液进行过滤、洗涤、干燥和研磨，得到白色粉体。

5.2.2　纳米蛇纹石粉体合成工艺优化

5.2.2.1　反应温度对粉体形貌与结构的影响

在反应时间（25h）不变的情况下，采用不同反应温度（分别为 150℃、200℃、250℃）水热合成羟基硅酸镁，对不同反应条件下反应产物的物相组成和表面形貌进行表征。图 5-1 为不同反应温度条件下所制备粉体的 XRD 图谱，结果表明不同反应温度条件下制备的粉体均呈现纤蛇纹石结构（$Mg_3Si_2O_5(OH)_4$）。XRD 谱图基线不平说明不同反应温度条件下所制备粉体都含有非晶成分。随着反应温度的升高，XRD 谱峰由平缓逐渐变得尖锐，说明反应产物的晶化程度随反应温度的增加而增大，即反应温度的升高促使反应产物中非晶态物质向晶态物质转化。与天然叶蛇纹石的 XRD 谱图相比，纳米纤蛇纹石在晶面指数（110）和（029）方向具有较大的衍射强度，说明纳米纤蛇纹石在这两个晶面方向具有择优生长趋势。此外，天然蛇纹石矿物 XRD 图谱具有平直的基线以及尖锐的谱峰，表明天然蛇纹石矿物结晶度较高，而合成的纳米纤蛇纹石结晶度相对较低。温度的变化对水热合成反应的吉布斯自由能变化值影响较大，从而决定了反应过程能

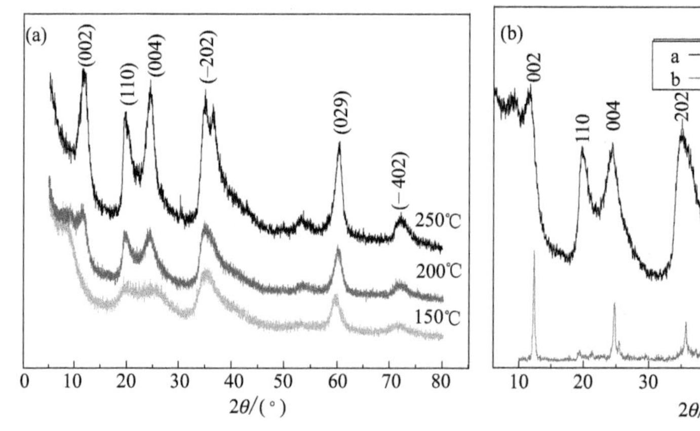

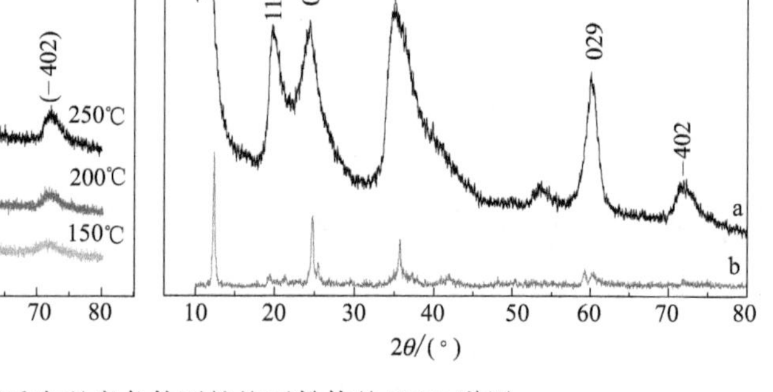

图 5-1　不同反应温度条件下蛇纹石粉体的 XRD 谱图

（a）不同温度下的 XRD 图谱；（b）200℃下得到纳米蛇纹石与天然蛇纹石矿物 XRD 图谱

否彻底进行。可见纤蛇纹石由非晶态向晶态转化是由反应过程中吉布斯自由能变化值的大小所决定的。

图5-2为不同反应温度条件下所制备纤蛇纹石的表面形貌。从图5-2（a）中可看出反应温度150℃条件制备的粉体呈不规则形状，为典型“不完全发育”状态；图5-2（b）为200℃反应条件下获得的粉体形貌照片，粉体颗粒尺寸进一步减小，呈近似球形，少量呈棒状，纳米颗粒的界面清晰可见，平均粒径约40nm；图5-2（c）为250℃条件下获得的粉体形貌照片，可见反应产物呈棒状，平均直径约40nm，长径比3～4。可以看出，随着反应温度的升高，反应产物表面形貌呈“不完全发育—纳米颗粒—纳米棒”的形态变化规律。一般情况下，纳米颗粒的生成是均相成核与长大的结果，而纳米棒的形成则是结晶过程中择优取向生长的结果。

图5-2　不同反应温度条件下合成蛇纹石粉体形貌的SEM照片

（a）反应温度150℃；（b）反应温度200℃；（c）反应温度250℃

提高反应温度不仅提高反应产物的结晶程度，而且促使蛇纹石由纳米颗粒形态向纳米棒形态生长，对纳米颗粒的择优取向生长具有积极的贡献。从热力学角度，反应过程中吉布斯自由能变化值大小决定了反应产物的结晶程度和生成形态，结晶度较高的纳米棒状反应产物达到了热力学稳定状态。

考虑到球形的纳米颗粒容易进入摩擦界面起到类似球轴承的滚珠作用，并与摩擦表面发生摩擦化学反应，从而表现出更优异的减摩润滑和自修复效果，故选择 200℃条件下生成的近似球形纳米颗粒作为后续摩擦学应用对象，考察不同反应时间对蛇纹石物相组成和形貌的影响。

5.2.2.2 反应时间对粉体结构和形貌的影响

在反应温度（200℃）不变的情况下，考察不同反应时间对水热合成法制备纳米蛇纹石粉体物相组成和形貌的影响。由图 5-3 所示粉体 XRD 图谱可知，不同时间得到的反应产物均为纤蛇纹石。从 XRD 图谱中的峰形尖锐程度来看，随着反应时间的延长，纤蛇纹石结晶度略有提高，但变化幅度不大。延长反应时间不会改变反应过程中吉布斯自由能变化值，对反应产物的反应彻底程度贡献不大，故不能提高反应产物的结晶度。

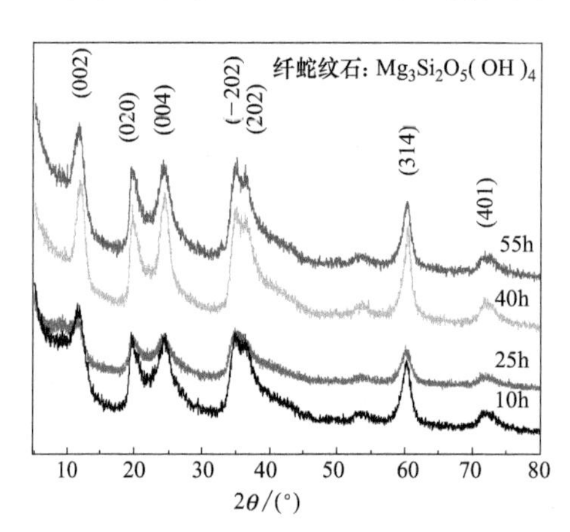

图 5-3 不同反应时间条件下反应产物的 XRD 谱图

图 5-4 为不同反应时间获得的蛇纹石粉体形貌的 SEM 照片。反应时间 10h 条件下获得的蛇纹石反应产物为纳米尺度的球形颗粒，颗粒间界面较模糊，单个颗粒直径约 40nm，表明反应尚未完全结束，反应产物以聚集体为主；25h 条件下，蛇纹石同样为颗粒状，但球形颗粒间的界面清晰，粒径约 40nm，同时存在少量棒状纳米颗粒；40h 条件下获得的蛇纹石颗粒结构较为松散，单个球形颗粒直径约 50nm，除球形颗粒外，还存在大量不规则的圆片状结构［图 5-4(c)］，直径 100～130nm；当反应时间达到 55h 后，蛇纹石形态开始以圆片状结构团聚体或更大尺寸的块状物及片状物为主。

随着反应时间的延长，蛇纹石颗粒形态经历“纳米颗粒团聚体—球形纳米颗粒—形状不规则的片状颗粒—尺寸较大的块状物或片状团聚体”的演变过程。延长反应时间可逐渐改变蛇纹石颗粒的形态，团聚在一起的球形纳米颗粒经过“相互吸附—部分溶解—重结晶”的过程逐渐重构转变为圆片状结构，反应时间过长会导致更多的纳米颗粒经过重构而形成更大尺寸的块状物和片状物。适当延长反应时间可促使反应产物经过重构过程而改变最终目标产物的形态，但对反应产物

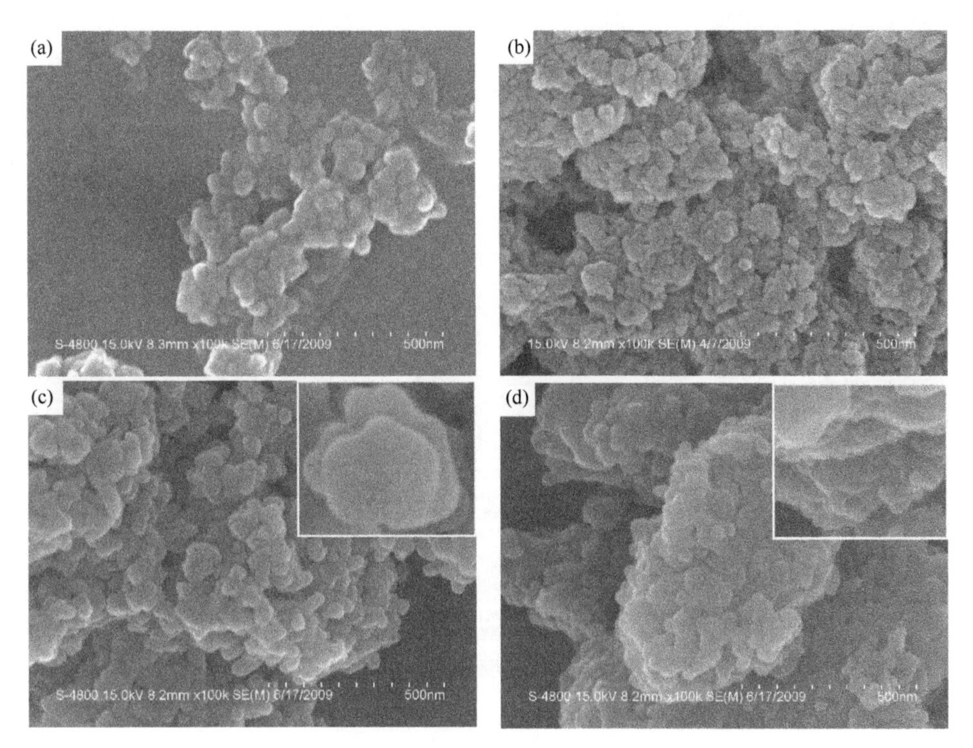

图 5-4 不同反应时间条件下蛇纹石形貌的 SEM 照片

(a) 10h；(b) 25h；(c) 40h；(d) 55h

的物相组成和结晶程度影响不大。相对而言，25h 条件下获得的蛇纹石粉体相对松散，粒度较小，呈球形，基本满足后续摩擦学试验和应用的要求。

5.2.2.3 NaOH 浓度对粉体结构和形貌的影响

在 200℃和 25h 反应时间下考察了不同浓度 NaOH 碱液对合成蛇纹石粉体物相与形貌的影响。图 5-5 为不同 NaOH 浓度条件下反应产物的 XRD 图谱。NaOH 碱液浓度为 0.4mol/L 时得到的反应产物为海泡石，化学式为 $2MgO \cdot 3SiO_2 \cdot 2H_2O$；碱液浓度为 1M 和 2M 条件下得到反应产物均为纤蛇纹石。

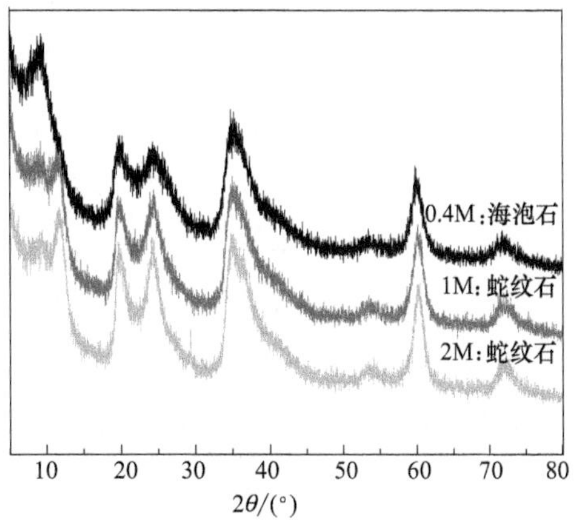

图 5-5 不同 NaOH 浓度条件下反应产物的 XRD 图谱

图 5-6 所示为 NaOH 浓度 1M 和 2M 时所制备的蛇纹石颗粒形貌照片。

两种 NaOH 浓度下的蛇纹石颗粒均以球形为主，颗粒直径 30～40nm。同时，粉体中含有少量棒状颗粒，长 60～120nm，长径比 2～3。

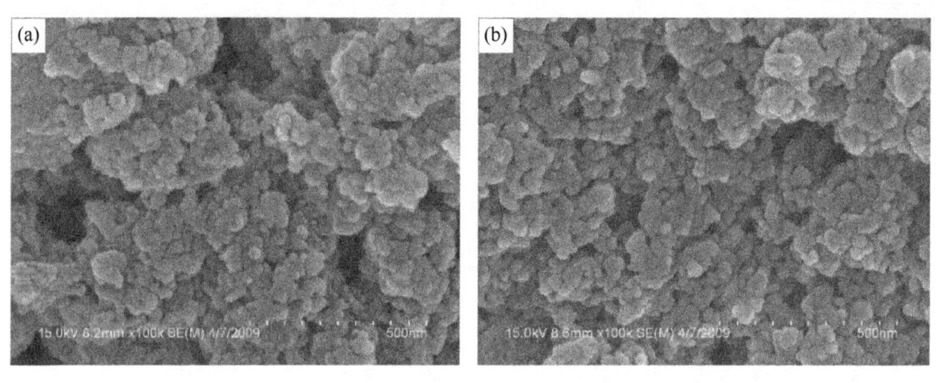

图 5-6 不同 NaOH 浓度时蛇纹石颗粒形貌的 SEM 照片

(a) 1M；(b) 2M

由水热合成法制备纳米蛇纹石颗粒的实验结果可知，反应温度对蛇纹石物相结构的影响不明显，但反应温度可改变反应过程中的吉布斯自由能变化值，从而决定合成反应是否彻底，进而影响反应产物的结晶度和形态；反应时间的延长可促使反应产物的重构过程，因而改变最终目标产物的形态，但对蛇纹石的物相结构不产生大的影响；反应物介质中 NaOH 浓度大于 1M 时可生成纤蛇纹石，但继续提高 NaOH 浓度对蛇纹石的相组成和形貌影响不大。

5.2.3 纳米蛇纹石粉体的长大机制

考虑到球形纳米颗粒比棒状颗粒更容易进入摩擦表界面，发挥减摩自修复作用，故选择可生成球形纳米颗粒的水热合成条件，即反应温度 200℃，反应时间 25h 或 40h，NaOH 浓度 1M。图 5-7 所示为 200℃、40h、NaOH 浓度 1M 的条件下制备得到的蛇纹石粉体形貌的透射电镜（TEM）照片。粉体中大的团聚体由更小尺寸的球形纳米颗粒［图 5-7（a)］和纳米管［图 5-7（b)］构成。其中，近似球形的纳米颗粒直径为 10～12nm；纳米管的直径约 10nm，长径比为 3～5。通过 TEM 观察到的粉体尺寸较 SEM 观察到的粉体更细小，且 SEM 中观察到的球形和棒状颗粒分别由尺寸更小的纳米颗粒和纳米管构成。

图 5-8 为水热反应过程中纳米蛇纹石粉体的生长过程示意图。随着水热合成反应的进行，溶液中以分子形式生成的蛇纹石结构单元（图 5-8 中结构 1）的浓度逐渐增加，当增加到一定浓度时，通过均相成核和后续生长过程，在溶液中生

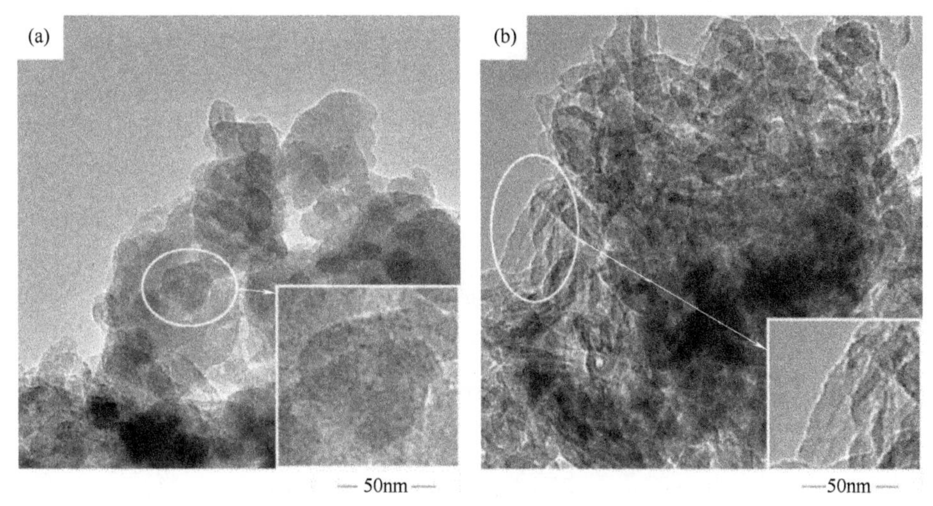

图 5-7　合成蛇纹石粉体的形貌的 TEM 照片

(a) 纳米颗粒形态；(b) 纳米管形态

成粒径 10～12nm 的羟基硅酸镁纳米颗粒（图 5-8 中结构 2，如图 5-7（a）所示）和直径约 10nm、长径比 3～4 的纳米管（图 5-8 中结构 3，如图 5-7（b）所示）。生成两种形态蛇纹石结构的原因在于反应过程中蛇纹石结构单元的局部浓度不同。在浓度较高区域，晶核容易聚集成晶核团聚体，由于反应时间较短，晶核和晶核团聚体通过均相成核长大为近似球形的纳米颗粒。结晶度较高的棒状纳米颗粒呈热力学稳定状态，而球形纳米颗粒处于不稳定状态。较低的局部浓度对晶核择优趋向生长有利，从而生成热力学更为稳定的纳米管状结构蛇纹石[1]。

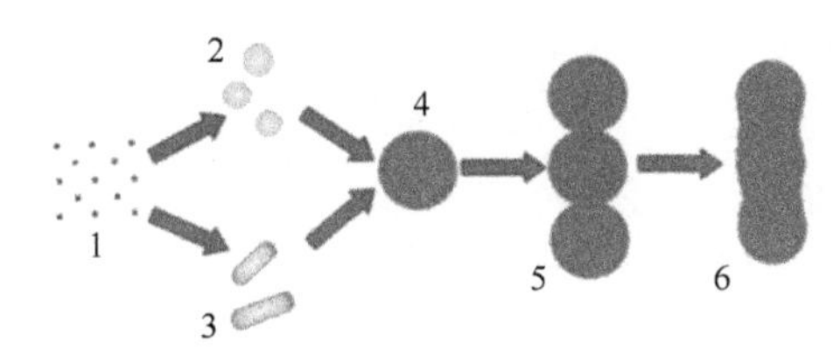

图 5-8　水热合成过程中纳米蛇纹石颗粒形成过程的示意图

蛇纹石表面的高表面能和氢键会使纳米颗粒和纳米棒吸附团聚，形成尺寸较大的纳米颗粒团聚体（图 5-8 中结构 4，如图 5-7 所示）。一部分纳米颗粒团聚体可首尾粘连，连接区域通过“溶解—再结晶”过程由少部分粘连转变为完全溶合连接，通过中间结构（图 5-8 中结构 5）形成为更大尺寸的纳米棒（图 5-8 中结构 6，长度 60～120nm，长径比 2～3）。

5.3 合成纳米蛇纹石粉体的表面改性

5.3.1 纳米蛇纹石粉体的原位表面改性

在粉体材料合成的反应溶液中添加一定量的表面改性剂，利用反应过程中表面修饰剂与反应产物表面之间形成的物理或化学吸附作用，在粉体表面形成有机修饰层，从而降低纳米粉体表面能，减少团聚，实现粉体制备过程与表面原位改性处理的一体化，是提高无机粉体分散性的重要手段。常用的表面改性剂包括硅烷偶联剂和阳离子型表面修饰剂。

纳米纤蛇纹石粉体制备与表面原位改性一体化工艺如下：将适量 NaOH、$MgCl_2$、Na_2SiO_3 按一定比例溶解于蒸馏水中，分别加入一定量硅烷偶联剂 KH560 或三甲基氯硅烷。将溶液混合均匀，置入高压反应釜中，在反应温度 200℃、反应时间 25 h 条件下制备蛇纹石粉体。反应结束后，对反应釜中溶液进行过滤、洗涤、干燥和研磨，得到白色粉体即为不同表面改性剂处理的原位改性纳米纤蛇纹石粉体，如图 5-9 所示。

图 5-9 添加与未添加表面修饰剂 KH560 条件下制备的纳米纤蛇纹石形貌的 SEM 照片

(a) 未添加 KH560；(b) 添加 KH560

KH560 是含环氧基的偶联剂，其水解后形成硅醇，在通常情况下与粉体颗粒表面的羟基反应形成氢键并缩合成—Si—O—M 共价键（M 表示粉体表面）。同时，硅烷各分子中的硅醇相互缔合齐聚，在颗粒表面覆盖形成网状结构的有机膜，实现对无机粉体的表面有机化改性处理，其表面改性过程如图 5-10 中 A 过程和 B 过程所示。而在蛇纹石粉体水热合成反应过程中，反应溶液中的 NaOH 会使硅烷偶联剂先发生自身缩聚，缩聚体再与反应生成的纳米蛇纹石粉体表面羟基反应，缩聚体长链上两端的羟基分别与纳米粉体进行缩合反应，其过程如图 5-10 中 C 所示。在这种情况下，缩聚体充当“桥梁”作用，将纳米粉体之间连接起来，在一定程度上促进了粉体颗粒之间的团聚。

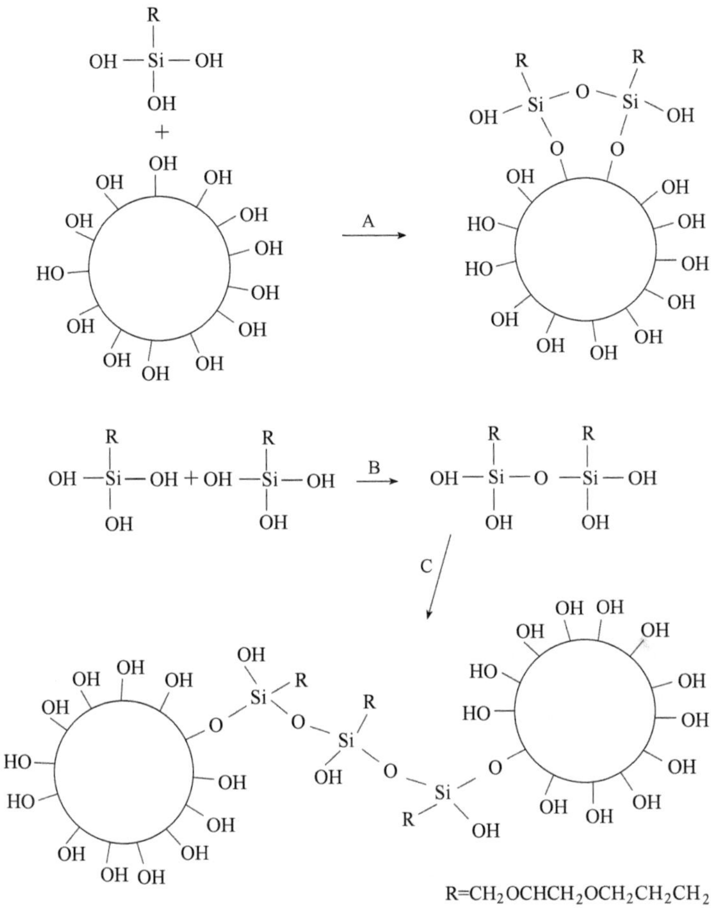
R
OH—Si—OH
OH
+
A
B
C
R=CH₂OCHCH₂OCH₂CH₂CH₂

图 5-10　硅烷偶联剂 KH560 与粉体的作用示意图

图 5-11 为反应过程中添加与未添加质量分数 5% 表面改性剂三甲基氯硅烷条件下制备的纳米蛇纹石粉体形貌的 SEM 照片。通过 SEM 分析可知，加入三甲基氯硅烷对蛇纹石粉体的分散性影响不明显，但可以促使纳米蛇纹石趋向于球形生长，降低粉体中棒状颗粒的比例，同时降低颗粒的尺寸。

图 5-12 为水热合成过程中添加与未添加三甲基氯硅烷条件下所制备纳米蛇纹石粉体形貌的 TEM 照片。未进行原位改性的粉体团聚严重，粉体由球形纳米颗粒和棒状纳米颗粒构成，其团聚原因一方面在于纳米粉体表面具有高表面能，另一方面则是粉体表面羟基可相互作用形成氢键，导致粉体单体之间互相吸附聚

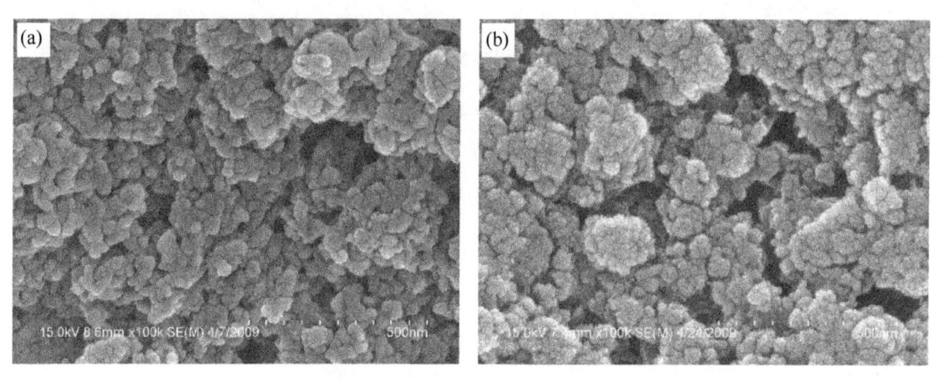

图 5-11 添加与未添加三甲基氯硅烷条件下所制备纳米蛇纹石粉体表面形貌的 SEM 照片

(a) 未添加三甲基氯硅烷；(b) 添加三甲基氯硅烷

集。相比之下，经过原位表面修饰的纳米蛇纹石粉体分散性得到很大改善，团聚程度明显降低。

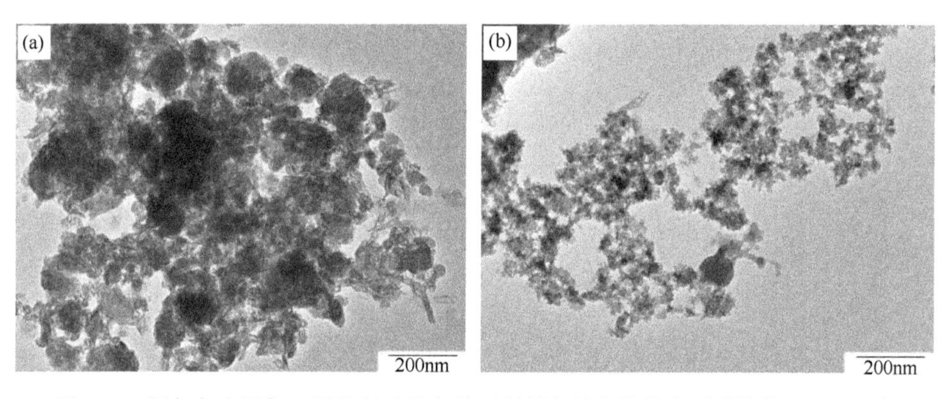

图 5-12 添加与未添加三甲基氯硅烷条件下所制备纳米粉体表面形貌的 TEM 照片

(a) 未添加三甲基氯硅烷；(b) 添加三甲基氯硅烷

水热反应过程中生成的纳米蛇纹石粉体经过原位表面修饰后，粉体表面的羟基与三甲基氯硅烷的水解产物发生了缩合反应，粉体表面引入的有机短链-O-Si$(CH_3)_3$ 代替了原有羟基，使粉体表面由亲水性转变为亲油性，改变并增强了纳米粉体的分散性，有利于改善其与有机润滑介质的相容性。原位表面修饰的化学反应如下所示：

$$(CH_3)_3\text{-Si-Cl}+H_2O \longrightarrow (CH_3)_3\text{-Si-OH}+HCl \tag{5-2}$$

$$\text{Powder-}(OH)_n+(CH_3)_3\text{-Si-OH} \longrightarrow \text{Powder-}[OSi(CH_3)_3]_n+nH_2O \tag{5-3}$$

式中，Powder-$(OH)_n$ 代表表面未经修饰的粉体颗粒单体（表面具有多个羟基），$(CH_3)_3$Si-OH 为三甲基氯硅烷的水解产物，Powder-$[OSi(CH_3)_3]_n$ 代表表面修饰改性后粉体表面引入多个有机短链。

5.3.2　原位表面改性和二次表面改性复合

在制备过程中加入表面改性剂对生成的蛇纹石粉体进行原位表面化学改性，在蛇纹石颗粒表面引入有机短链，在一定程度改善了蛇纹石粉体的分散性，同时可以显著降低粉体粒径，并提高粉体中球形颗粒所占比例。而在一定温度条件下借助高能机械球磨或高速搅拌，利用有机长链表面改性剂对制备的粉体进行二次表面改性，在粉体表面引入有机长链，可以进一步提高无机粉体的表面改性效果。因此，可通过原位表面修饰结合粉体二次表面改性的方法，进一步改变粉体的表面特性，改善粉体的分散性及亲油性。

采用甲苯为介质对蛇纹石粉体进行二次表面改性，原料粉体为合成的纤蛇纹石纳米粉体。以山梨醇酐单硬脂酸酯（span-60）为表面改性剂，利用蛇纹石粉体表面的羟基（-OH）与表面修饰剂三甲基氯硅烷的水解产物（CH_3）$_3$-Si-OH 和 Span-60 分子中的羟基进行缩合反应，脱去水分子，从而在粉体表面引入有机链，实现对蛇纹石粉体的二次表面改性。改性过程在南京大学产 QM-2 型行星球磨机上进行，罐体及研磨球均为玛瑙材质，大小球的质量比为 1∶1，转速为 250r/min，球料比为 30∶1。

图 5-13 为二次表面改性前后蛇纹石粉体的傅里叶红外吸收光谱。由图 5-13 曲线 a 所示的表面修饰前纳米蛇纹石粉体红外吸收光谱可知，修饰前粉体吸收峰主要集中在 3600～3700cm^{-1}、950～1100cm^{-1} 和 250～700cm^{-1}，这与天然蛇纹石粉体的红外光谱数据相同。其中，3697cm^{-1} 处的尖锐吸收峰归属于羟基（-OH）伸缩振动；3428cm^{-1} 和 1632cm^{-1} 处的吸收峰分别归属于氢键缔合的水分子（H-O-H）伸缩振动和弯曲振动；1088cm^{-1} 和 982cm^{-1} 处的吸收峰归属于 Si-O 四面体伸缩振动；636cm^{-1} 和 570cm^{-1} 处的吸收峰分别被认为是羟基转动晶格振动和 Mg-O 面外弯曲振动。

图 5-13 曲线 b 所示为蛇纹石纳米粉体经过原位表面修饰和二次表面修饰改性后的红外吸收光谱，与改性前的红外吸收光谱区别在于：2928cm^{-1} 和 2854cm^{-1} 处的吸收谱峰明显增强，分别归属于-CH_3 和-CH_2-的伸缩振动，表明纳米粉体表面存在-CH_3 和-CH_2-有机物官能团。由于在甲苯溶剂中回流抽提 8h，纳米粉体表面基本不会存在任何物理吸附的有机物，因此通过红外吸收光谱检测到的有机物确定为通过化学反应作用引入粉体表面的有机修饰剂。

图 5-14 为原位表面修饰结合二次表面修饰后纳米粉体形貌的 TEM 照片。

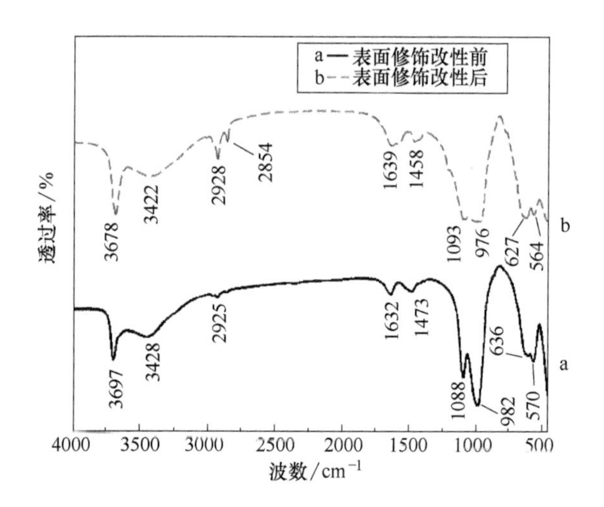

图 5-13 表面修饰改性前后纳米羟基硅酸镁粉体的红外吸收光谱

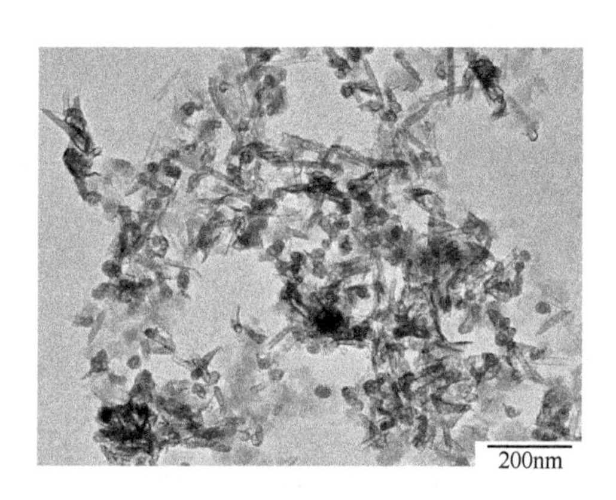

图 5-14 原位表面修饰结合二次表面修饰后纳米蛇纹石粉体形貌的 TEM 照片

由于粉体表面同时引入了有机短链和有机长链，使粉体的分散性得到了显著改善，TEM 照片中可清晰地观察到纳米管结构（管径约 20nm，长径比 6～8）和纳米球形颗粒结构（直径约 35nm）的蛇纹石粉体，未见明显团聚。粉体的表面修饰机理如式（5-4）所示。在纳米粉体表面引入有机短链和有机长链，在降低粉体表面能的同时增加了纳米粉体单体的空间位阻，阻止粉体单体之间相互吸附，可以显著改善粉体的亲油性，提高其在润滑油中的分散稳定性[2]。

$$[(CH_3)_3SiO]_n\text{-Powder-}(OH)_m + m\,OH\text{-}R \longrightarrow [(CH_3)_3SiO]_n\text{-Powder-}(OR)_m + m\,H_2O \quad (5\text{-}4)$$

式中，$[(CH_3)_3SiO]_n$-Powder-$(OH)_m$ 代表经过原位表面修饰后的纳米蛇纹石粉体，其表面仍有一部分羟基未参与反应；OH-R 代表带有多羟基的有机长链硬脂酸酯（Span-60）；$[(CH_3)_3SiO]_n$-Powder-$(OR)_m$ 代表经过原位表面修饰和二次表面修饰后，表面接入一定数量有机长链-OR 和有机短链-$OSi(CH_3)_3$ 的粉体单体。

5.4　合成纳米蛇纹石与天然蛇纹石矿物的性能对比

5.4.1　纳米蛇纹石与蛇纹石矿物的摩擦学性能

采用 Optimal SRV4 磨损试验机对比研究含蛇纹石矿物油样和含纳米蛇纹石油样在点接触/往复滑动摩擦条件下对钢/钢摩擦副的减摩润滑性能。摩擦副上试样为 ϕ10mm 的 GCr15 钢球，下试样为 ϕ25mm×8mm 的 45＃钢圆盘。试验条件为：载荷 50N，行程 1mm，时间 90min，试验过程中每隔 30min 变换往复频率，将频率由 10Hz 依次增大至 30Hz。利用 MicroMAX 三维轮廓仪对钢块的磨损体积进行测量，磨损率定义为磨损体积对载荷和距离乘积的算术均值。试验用基础油为 CD 15W/40，按照 3.2.1 节所述方法将油酸改性后的天然蛇纹石矿物粉体以 0.5%的质量分数添加到基础油中制备得到含蛇纹石矿物油样（记为“0.5% SPs oil”），采用相同方法将 5.3.2 节得到的二次表面修饰后纳米蛇纹石粉体以 0.5%的质量分数添加到基础油中得到含纳米蛇纹石粉体油样（记为“0.5% nano SPs oil”）。

图 5-15 为基础油与含蛇纹石油样的摩擦因数及上下试样的磨损率。基础油 CD 15W/40 的摩擦因数最高，添加纳米蛇纹石粉体后润滑油的摩擦因数明显减小，二者均随频率的增加呈先升高后下降的变化趋势。相比之下，含天然蛇纹石矿物油样的摩擦因数进一步降低，摩擦因数随频率的增加逐渐减少。天然蛇纹石矿物具有片状结构，层与层间的结合力弱，可降低摩擦剪切力，从而减小摩擦因数，表现出更好的减摩性能[3,4]。润滑油中添加天然蛇纹石矿物和纳米蛇纹石粉体后，对应的摩擦副上试样钢球的磨损率分别较基础油降低 13.3%和 39.5%，下试样钢盘的磨损率分别降低 42.7%和 55.9%。总体而言，在点接触形式的往复滑动摩擦条件下，天然蛇纹石矿物的减摩性能优于纳米蛇纹石粉体，而前者的抗磨性能劣于后者。

图 5-16 为点接触形式下基础油与含蛇纹石油样润滑下钢盘磨损表面形貌的 SEM 照片。基础油 CD 15W/40 润滑下的磨损表面存在明显的沿滑动方向划痕、材料剥蚀和微区塑性变形等损伤特征，磨损形式表现为磨粒磨损和轻微的黏着磨损。含 0.5%天然蛇纹石矿物和纳米蛇纹石油样润滑下的磨损表面划痕和剥落损伤明显减轻，表面相对光滑、平整，摩擦表面出现大量深黑色的多孔状结构，呈现蛇纹石矿物作用下摩擦表面的典型形貌特征[5-7]。

利用 EDS 能谱仪对图 5-16（b）和图 5-16（c）中的黑色区域进行元素全谱分

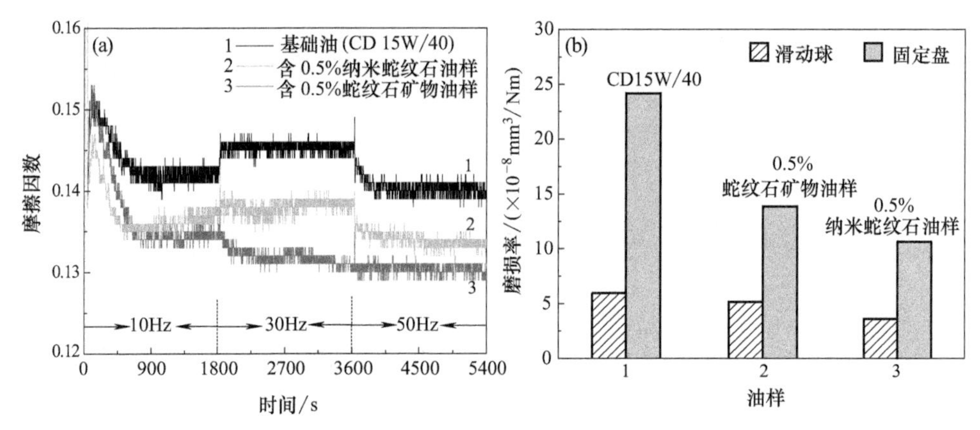

图 5-15 不同油样润滑下的摩擦因数及上下试样磨损率

(a) 摩擦因数随时间变化曲线；(b) 上下试样磨损率

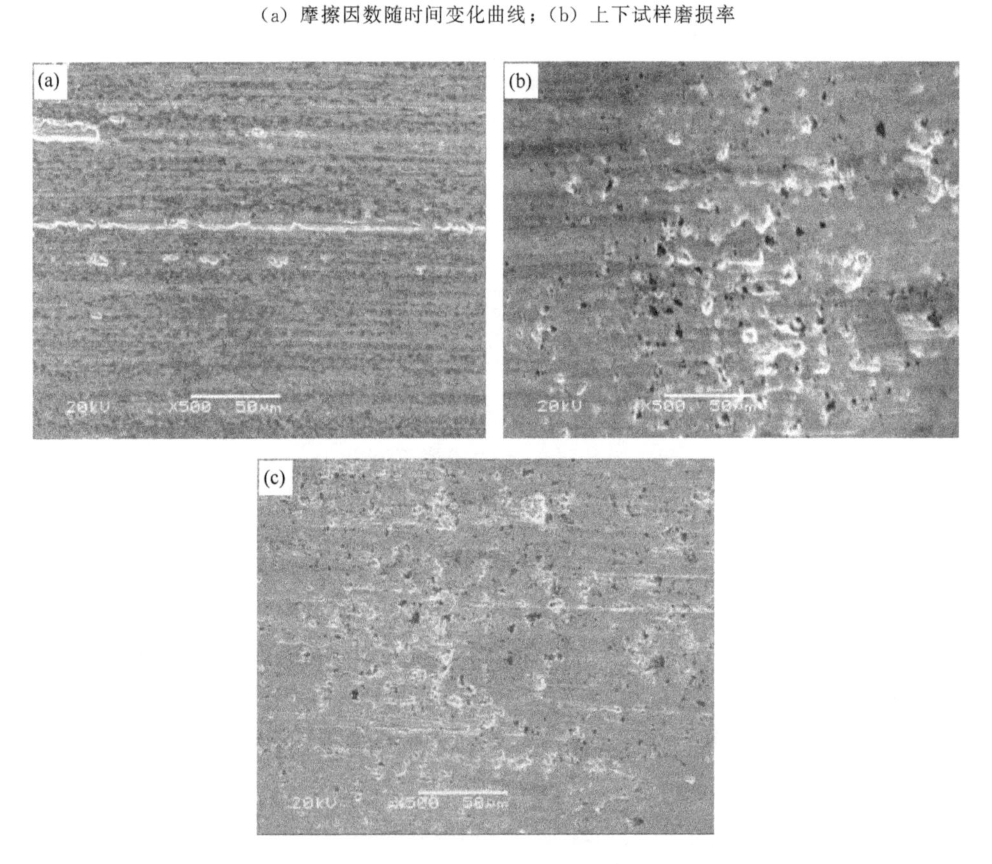

图 5-16 点接触形式下不同油样润滑的钢盘磨损表面形貌的 SEM 照片

(a) CD15W/40；(b) 0.5% SPs；(c) 0.5% nano SPs

析和面扫描测试，结果表明，黑色孔状结构区域存在明显的 Si 元素［图 5-16 (b) 和 (c)］。结合前文对天然蛇纹石矿物油样润滑下摩擦表面的 EDS、XPS 和 SEM 分析可知，黑色区域为蛇纹石发生摩擦化学反应后形成的 SiO_2 等陶瓷相颗粒嵌入摩擦表面形成的孔状结构，该结构的形成有利改善摩擦表面的力学性能，形成典型的“软基体＋硬质点”的耐磨组织，提高摩擦表面的承载能力，降低接触应力[6, 8, 9]。另外，摩擦表面形成大量的微坑和孔洞，可在摩擦过程中起到改善润滑油供给和改善磨粒磨损的作用。

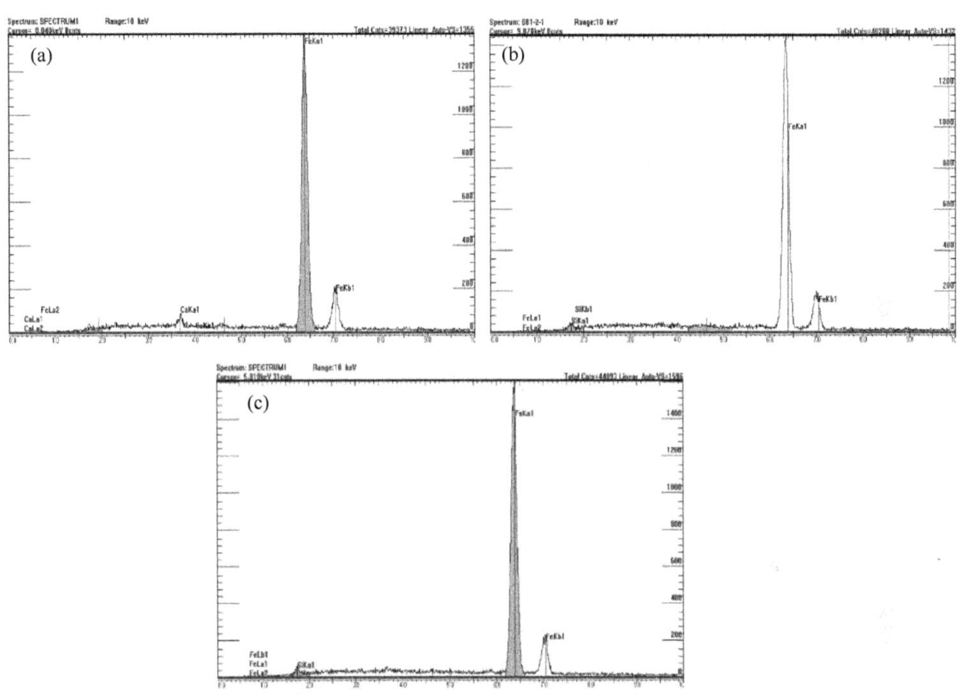

图 5-17　点接触形式下不同油样润滑的钢盘磨损表面的 EDS 图谱

(a) CD 15W/40；(b) 0.5% SPs；(c) 0.5% nano SPs

5.4.2　天然蛇纹石矿物的减摩自修复行为

采用 RFT-Ⅲ型往复滑动磨损试验机（图 3-19）研究天然蛇纹石矿物在润滑条件下对钢/钢摩擦副的减摩自修复行为。摩擦副接触形式为面接触，上试样为固定销，尺寸 ϕ8mm×30mm；下试样为滑动的方形钢块，尺寸为 70mm×14mm×10mm；上下试样材质均为 45#钢，试样接触表面经 600 Cw 和 1200 Cw 的金相砂纸研磨并抛光，表面粗糙度 *Ra* 约为 0.76μm，表面硬度为 HRC42～45。试验条件为：载荷 10N、50N，速度 0.1m/s、1m/s，往复滑动行程 50mm，运行时间 10h，滴油润滑。利用 MicroMAX 三维轮廓仪对钢块的磨损体积进行测量，磨损率定义为磨损体积对载荷和距离乘积的算术均值。试验用基础油为 CD 15W/40，按照

3.2.1节所述方法将油酸改性后的天然蛇纹石矿物粉体以0.5%的质量分数添加到基础油中制备得到含蛇纹石矿物油样（记为“0.5% SPs oil”）。

图5-18所示为含0.5%天然蛇纹石矿物油样润滑下的摩擦因数及上下试样磨损率。载荷10N条件下的摩擦因数较50N条件下的摩擦因数高。两种载荷下，平均滑动速度为1m/s时得到的摩擦因数均低于0.1m/s条件下获得的摩擦因数。上下试样的磨损率随载荷或速度的增加而减小，速度为1m/s时上下试样的磨损率均比速度为0.1m/s时小一个数量级。摩擦条件为50N、1m/s时，含天然蛇纹石矿物油样的摩擦学性能最佳。

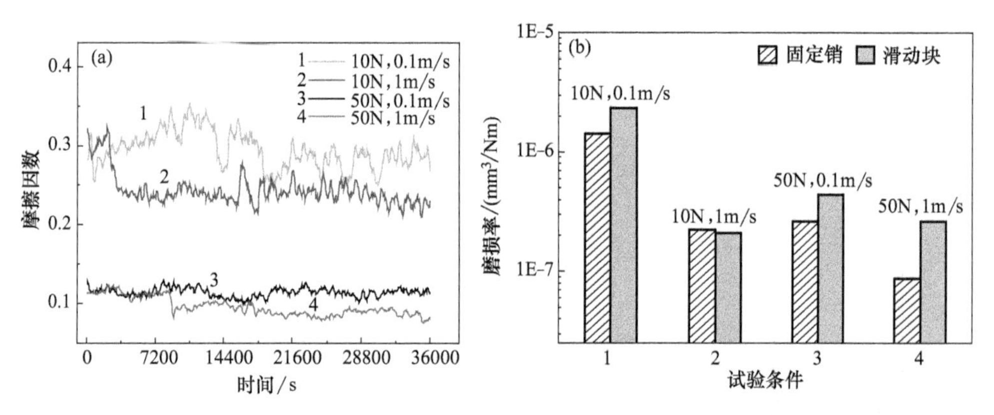

图5-18　含天然蛇纹石矿物油样润滑下的摩擦因数及上下试样磨损率

(a) 摩擦因数随时间变化的关系曲线；(b) 上下试样的磨损率

图5-19为含天然蛇纹石矿物油样润滑下钢块试样磨损表面形貌的SEM照片。可以看出，在滑动速度一定时，较大载荷下的磨损表面显示出更多的划痕，较高滑动速度下的磨损表面则显示出更剧烈的塑性变形。摩擦过程中载荷或速度的增加会使相互接触的微凸体间相互作用的能量增大，能量以动能的形式输入，主要转化为摩擦热，造成摩擦表面温度升高[10, 11]，并因此对材料表面力学性能劣化、塑性变形、摩擦化学反应进程产生重要影响，其中，塑性变形是摩擦过程能量释放的主要形式之一。

图5-20为含蛇纹石矿物油样在不同润滑条件下得到的钢块试样磨损横截面形貌的SEM照片。在不同滑动速度和载荷条件下磨损表面均形成了厚度不同的自修复层（自修复膜），其微观结构呈现出与钢基体材料明显不同的结构特征，由粒径不等（77～180nm）的纳米尺寸颗粒状物质构成，自修复层由表面到与钢磨损表面的界面范围内微观形貌无明显变化，意味着自修复层的组成和微观结构在膜层厚度范围内基本一致。自修复层与钢摩擦表面结合紧密。由前文可知，在

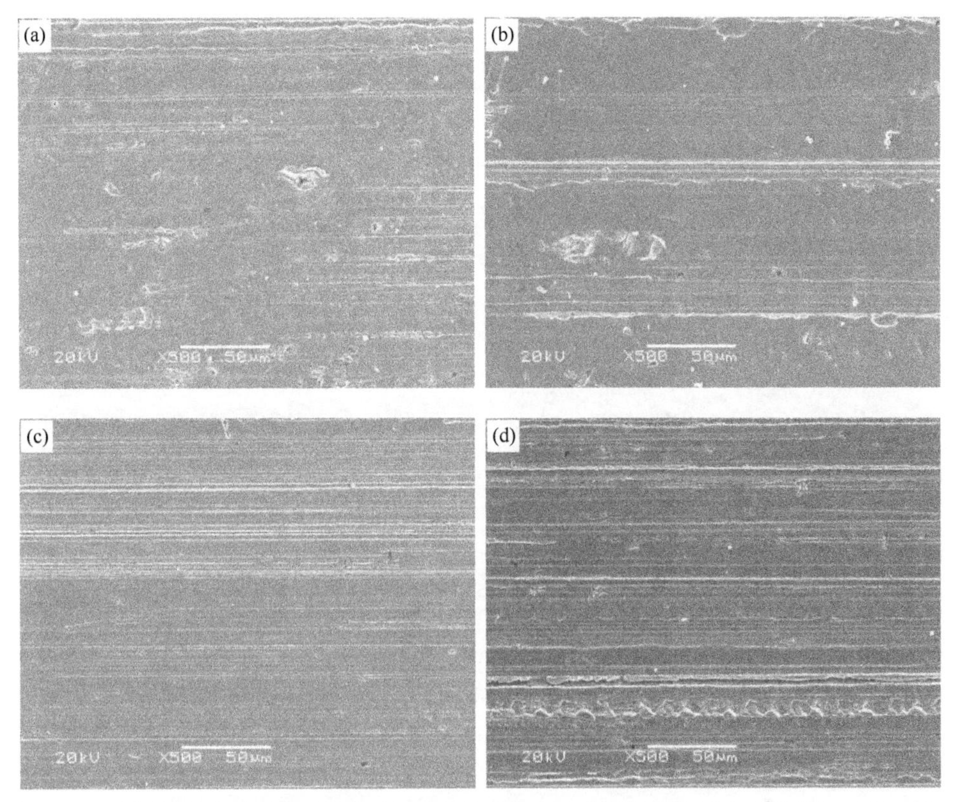

图 5-19　不同摩擦条件时含天然蛇纹石矿物油样润滑下钢块试样磨损表面形貌的 SEM 照片

(a) 10N，0.1m/s；(b) 10N，1m/s；(c) 50N，0.1m/s；(d) 50N，1m/s

磨损表面形成自修复层是蛇纹石矿物在油润滑条件下改善材料摩擦学性能的最主要作用机制，而不同的载荷、滑动速度、时间和蛇纹石矿物含量均对自修复层的形成及其结构具有重要影响[12-14]。

蛇纹石矿物在磨损表面形成的自修复层的厚度随摩擦学试验条件不同而变化，其厚度范围为 0.9～2.2μm（表 5-1)。含天然蛇纹石油样润滑下，磨损表面自修复层厚度随摩擦学试验条件的变化规律为：相同载荷条件下，速度越高自修复层厚度越大；相同滑动速度下，较低的载荷有利于厚自修复层的形成。根据以上结果可以初步得出，低载、高速条件更有利于蛇纹石矿物与磨损表面发生摩擦化学反应，形成更为完整的自修复层。

对图 5-20 观察到的自修复层进行 EDS 元素分析，结果如图 5-21 所示。可以看出，自修复层主要由元素 Fe、O、C、Si 等元素组成，并没有检测到蛇纹石的 Mg 元素。Mg 元素在磨损表面未残留，或者说 Mg 并未参与摩擦化学反应，可能仅起催化作用[15-16]。

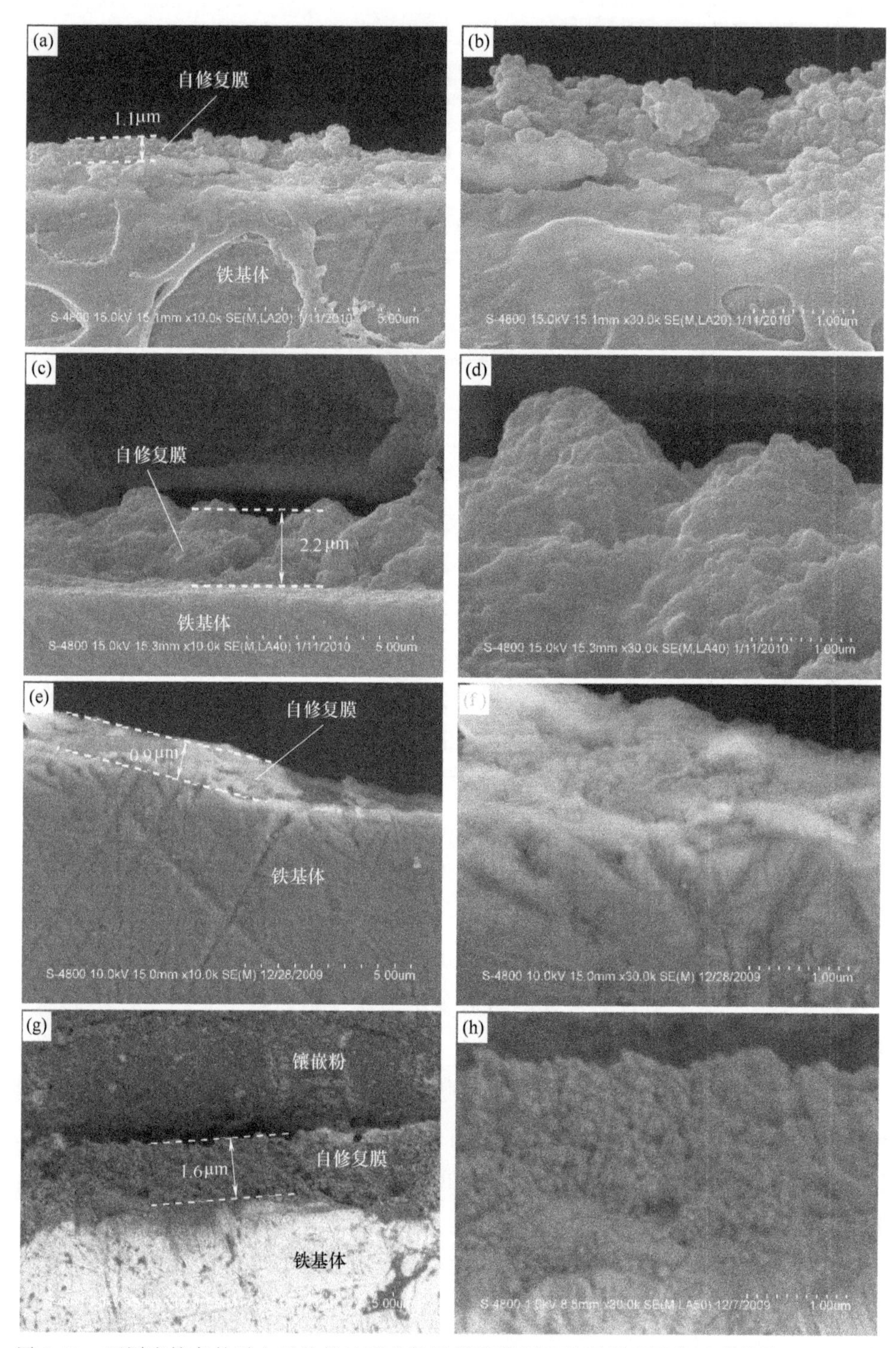

图 5-20　不同摩擦条件时含天然蛇纹石矿物油样润滑下钢块试样磨损截面形貌的 SEM 照片

(a)(b) 10N，0.1m/s；(c)(d) 10N，1m/s；(e)(f) 50N，0.1m/s；(g)(h) 50N，1m/s

表 5-1　天然蛇纹石矿物油样润滑下磨损表面自修复层的厚度

编号	试验载荷/N，滑动速度/(m/s)	自修复层厚度/μm
1	10，0.1	1.1
2	10，1.0	2.2
3	50，0.1	0.9
4	50，1.0	1.6

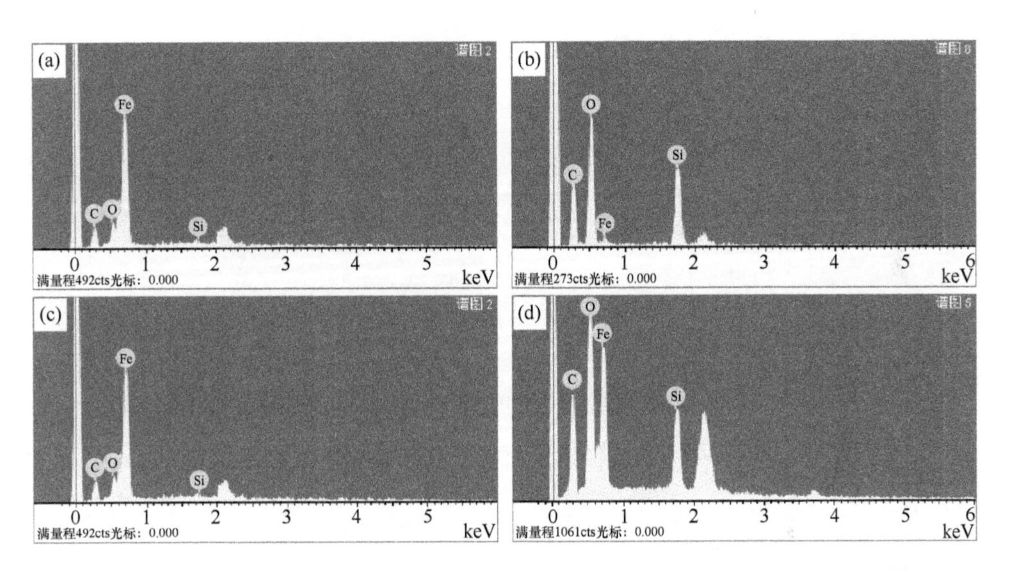

图 5-21　不同摩擦条件时含天然蛇纹石矿物油样润滑下钢块试样磨损表面自修复层的 EDS 图谱

(a) 10N，0.1m/s；(b) 10N，1m/s；(c) 50N，0.1m/s；(d) 50N，1m/s

对不同摩擦试验条件下基础油和含蛇纹石矿物油样润滑下磨损表面进行 XPS 分析，含天然蛇纹石矿物油样和基础油 CD 15W/40 润滑下磨损表面 Fe $2p_{2/3}$、O 1s 和 Si 2p 的 XPS 谱图差异明显。基础油 CD 15W/40 润滑下的磨损表面检测不到 Si 元素，而含蛇纹石矿物油样在不同摩擦试验条件下润滑的磨损表面均可检测到 Si 元素。

图 5-22～图 5-25 为不同摩擦试验条件时含天然蛇纹石矿物油样润滑下磨损表面各元素 XPS 的分峰谱图。通过查找比对 NIST XPS Database 数据库系统中各元素的标准数据，综合分析 Fe2 $p_{2/3}$ 和 O 1s、C 1s 以及 Si 2p 的解叠谱峰位置，可知不同摩擦试验条件下天然蛇纹石粉体相应磨损表面的成分组成基本相同，均含有 Fe、Fe_2O_3、石墨、有机物碎片、含硅有机物、SiO_2 和 SiO 等物质，与以往研究结果一致[17-19]。

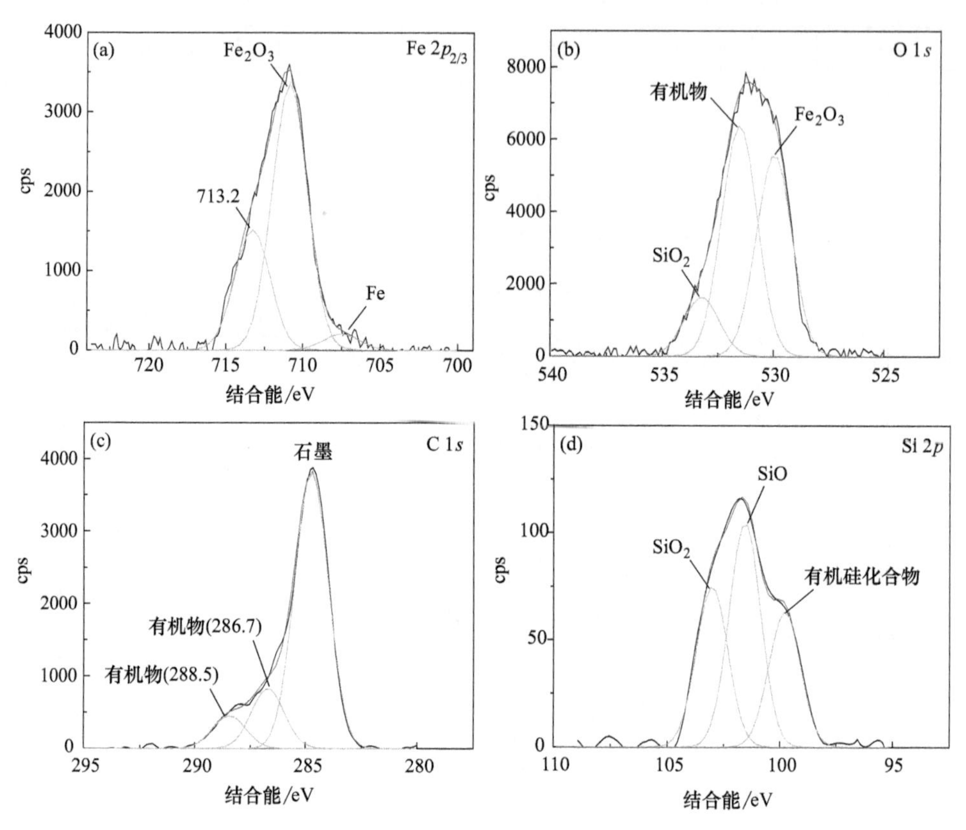

图 5-22 摩擦条件 50N 和 0.1m/s 时含蛇纹石矿物油样润滑下磨损表面各元素 XPS 分峰谱图

(a) Fe 2$p_{2/3}$；(b) O 1s；(c) C 1s；(d) Si 2p

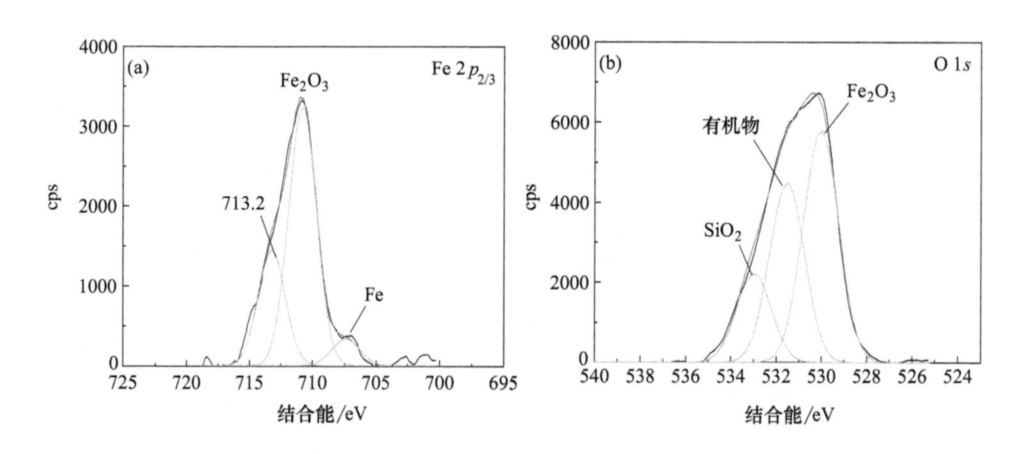

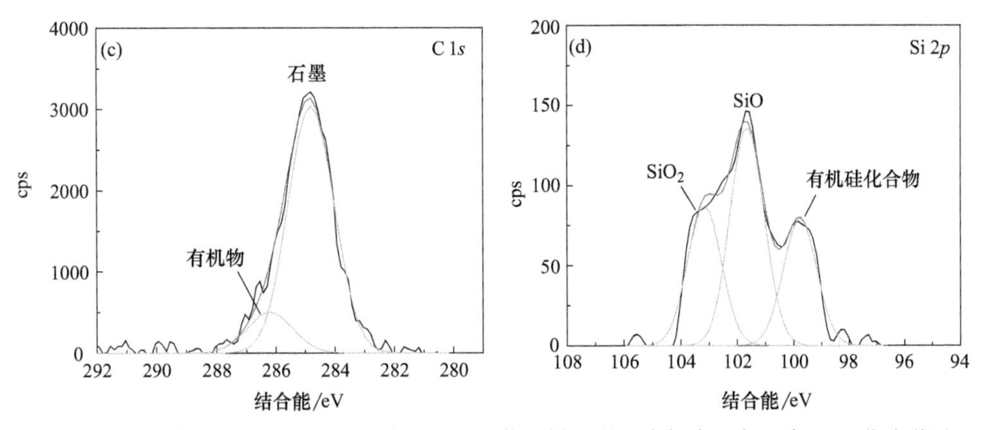

图 5-23　摩擦条件 50N 和 1m/s 时含蛇纹石矿物油样润滑下磨损表面各元素 XPS 分峰谱图

(a) Fe 2 $p_{2/3}$；(b) O 1s；(c) C 1s；(d) Si 2p

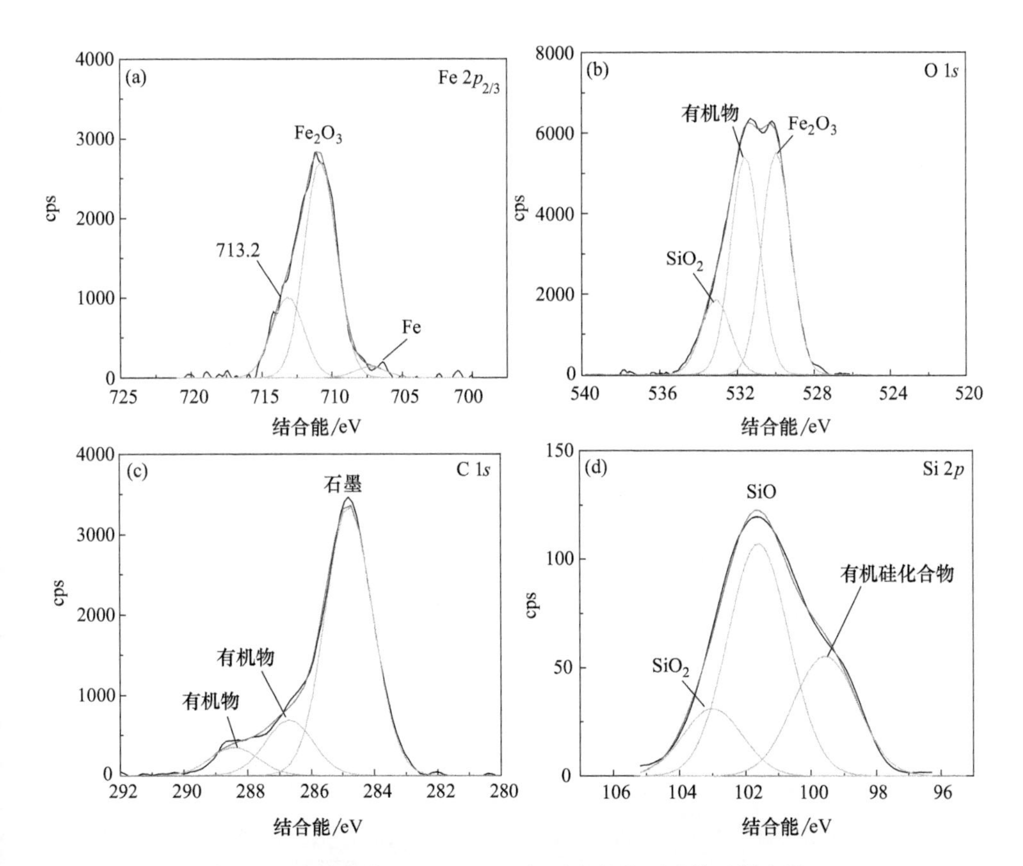

图 5-24　摩擦条件 10N 和 0.1m/s 时含蛇纹石矿物油样润滑下磨损表面各元素 XPS 分峰谱图

(a) Fe 2$p_{2/3}$；(b) O 1s；(c) C 1s；(d) Si 2p

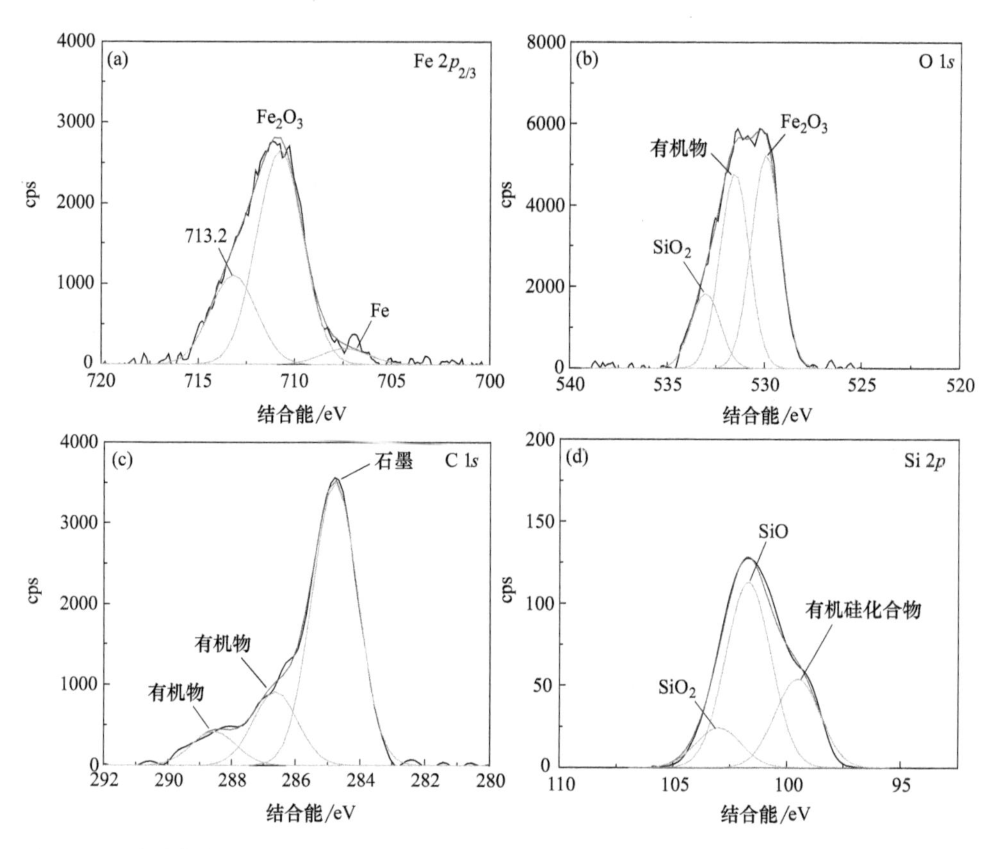

图 5-25 摩擦条件 10N 和 1m/s 时含蛇纹石矿物油样润滑下磨损表面各元素 XPS 分峰谱图

(a) Fe $2p_{2/3}$；(b) O 1s；(c) C 1s；(d) Si 2p

表 5-2 示出了各元素 XPS 谱图解叠后的综合分析结果。其中，Fe_2O_3 为摩擦过程中产生的氧化物，石墨来自润滑油中有机碳链断裂后形成的分解产物，SiO_2 来自天然蛇纹石矿物的分解产物，而天然蛇纹石分解产生的含硅产物与有机断裂碎片在摩擦化学作用下可能生成了含硅有机物[20-24]。

表 5-2 不同摩擦条件时含天然蛇纹石矿物油样润滑下磨损表面各元素 XPS 谱图的解叠结果

元素	试验载荷和滑动速度			
	50N,0.1m/s	50N,1m/s	10N,0.1m/s	10N,1m/s
Fe $2p_{2/3}$	Fe、Fe_2O_3、713.2	Fe、Fe_2O_3、713.2	Fe、Fe_2O_3、713.2	Fe、Fe_2O_3、713.2
O 1s	Fe_2O_3、有机物、SiO_2	Fe_2O_3、有机物、SiO_2	Fe_2O_3、有机物、SiO_2	Fe_2O_3、有机物、SiO_2
C 1s	石墨、有机碎片	石墨、有机碎片	石墨、有机碎片	石墨、有机碎片
Si 2p	含硅有机物、SiO_2	含硅有机物、SiO_2	含硅有机物、SiO_2	含硅有机物、SiO_2

根据 Fe $2p_{2/3}$ 谱峰中各解叠峰的积分面积大小，可以估算 Fe 与 Fe_2O_3 相对含量的比例；同理，根据 O 1s 谱峰中各解叠峰的积分面积，可以估算 Fe_2O_3 与 SiO_2 的相对含量比例。表 5-3 列出了不同摩擦试验条件时含天然蛇纹石矿物油样润滑下磨损表面各种摩擦化学产物含量的相对比例。不同摩擦试验条件下磨损表面各种摩擦化学产物的相对比例基本相同，仅 SiO_2 与有机硅化物相对含量的比例变化较大。磨损表面中 SiO_2 相对含量随载荷增加而增加，与此相反，有机硅化物的相对含量随载荷增加而减小。

表 5-3　不同摩擦试验条件时含天然蛇纹石矿物油样润滑下磨损表面各种摩擦化学产物含量的相对比例

摩擦化学反应产物	试验载荷和滑动速度			
	50N,0.1m/s	50N,1m/s	10N,0.1m/s	10N,1m/s
Fe ∶ Fe_2O_3	10 ∶ 90	8 ∶ 92	8 ∶ 92	7 ∶ 93
Fe_2O_3 ∶ SiO_2 ∶有机物	41 ∶ 12 ∶ 47	48 ∶ 14 ∶ 38	43 ∶ 15 ∶ 42	44 ∶ 15 ∶ 40
SiO_2 ∶有机硅化物	42 ∶ 58	30 ∶ 70	22 ∶ 78	18 ∶ 82

摩擦学试验结果表明，上下试样的磨损率在载荷 50N、滑动速度 1m/s 的条件下最小。由表 5-3 可知，不同摩擦条件下的磨损表面含 O 元素成分中，50N 和 1m/s 条件下磨损表面 Fe_2O_3 占比最大，这可能是在此条件下获得最低材料磨损率的主要原因。

图 5-26 为基础油 CD 15W/40 润滑下磨损表面各元素的 XPS 分峰谱图。磨损表面的主要成分含有 Fe、Fe_3O_4、FeO_x、FeOOH、石墨和有机物碎片等物质。其中，FeO_x 为一种氧缺失态的氧化铁。根据 Fe2 $p_{2/3}$ 谱峰中各解叠峰的积分面积估算 Fe、FeO_x、Fe_3O_4 和 FeOOH 在磨损表面相对含量的比例为 25 ∶ 26 ∶ 32 ∶ 17，各组成物质的含量大小排列顺序为 $Fe_3O_4 > FeO_x \approx Fe > FeOOH$。单质 Fe 和 Fe 的氧化物（$FeO_x$、$Fe_3O_4$ 和 FeOOH）相对含量之比约为 1 ∶ 3。

含天然蛇纹石矿物油样润滑下磨损表面中单质 Fe 占整个组成的比例很少（7%～10%），而基础油润滑下磨损表面的单质 Fe 相对比例大于 30%。这再次证实了天然蛇纹石矿物在摩擦过程中促进了铁的氧化反应，形成了富含氧化物的自修复层[4]。

图 5-27 为含天然蛇纹石矿物油样润滑下磨损表面的 Raman 散射谱图。Raman 光谱中 676cm^{-1} 处谱峰对应 Fe 的氧化物，1350cm^{-1} 和 1594cm^{-1} 两处谱峰分别对应碳的 $sp3$ 键（D 峰）和 $sp2$ 键（G 峰），对应于无定形碳。润滑油有机链在摩擦过程中受到摩擦化学作用产生裂解，裂解产物为无定形碳，即非晶石

墨[25]。从磨损表面 EDS 分析结果可知，C 元素所占比例较大，结合 Raman 结果可确定蛇纹石矿物在磨损表面形成的自修复层中含有较大比例的非晶石墨。

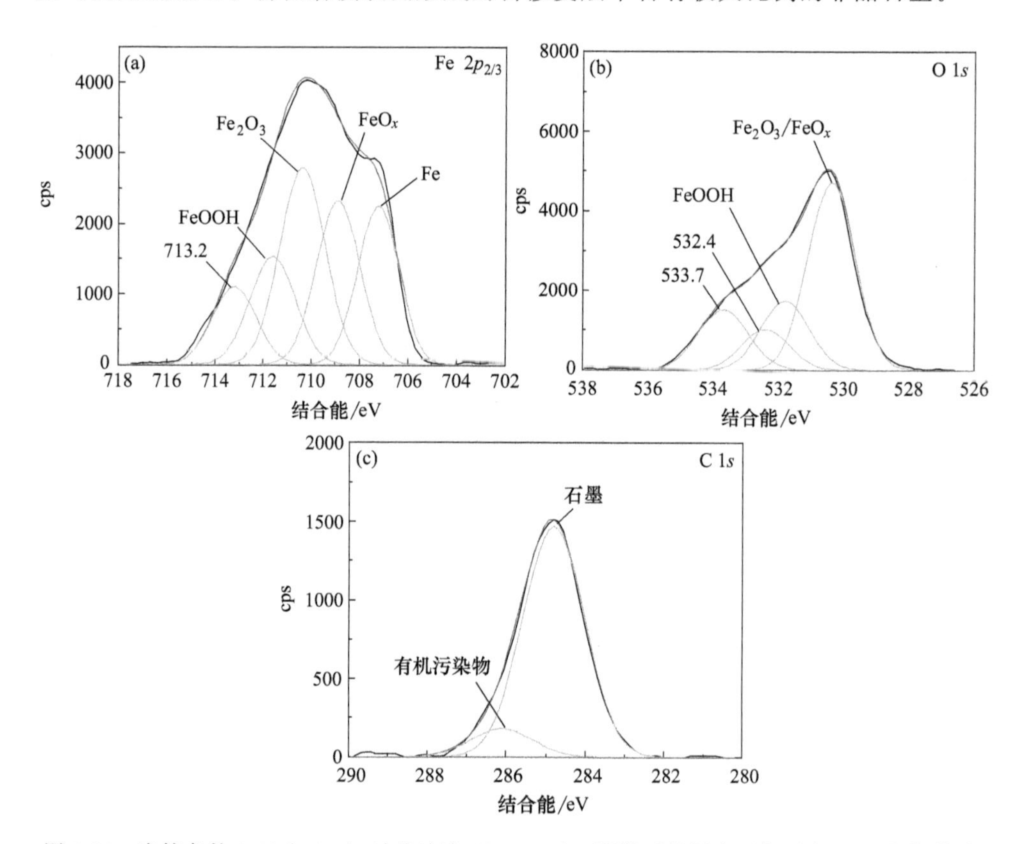

图 5-26 摩擦条件 10N 和 1m/s 时基础油 CD 15W/40 润滑下磨损表面各元素 XPS 分峰谱图

(a) Fe $2p_{2/3}$；(b) O 1s；(c) C 1s

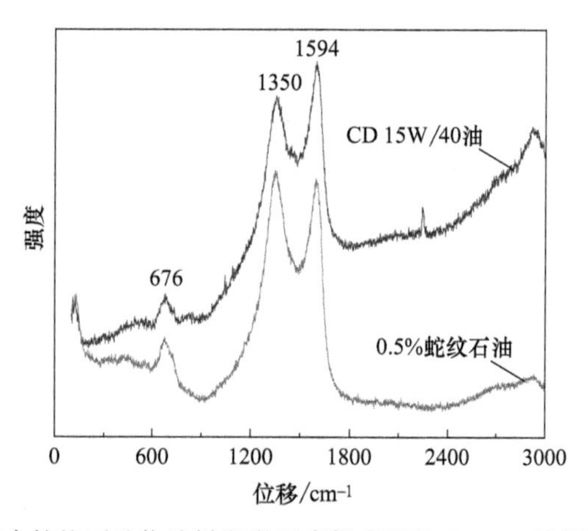

图 5-27 基础油与含蛇纹石矿物油样润滑下磨损表面的 Raman 散射谱图（50N，1m/s）

5.4.3　合成纳米蛇纹石粉体的减摩自修复行为

按照 5.3.2 节所述方法研究合成纳米蛇纹石粉体在润滑条件下对钢/钢摩擦副的减摩自修复行为。图 5-28 为含 0.5%蛇纹石纳米粉体油样润滑下的摩擦因数及上下试样磨损率。可以看出，不同摩擦条件下的摩擦因数随运行时间的延长变化不大，载荷 10N 条件下的摩擦因数较 50N 条件下的摩擦因数低。在 10N 条件下，滑动速度变化对摩擦因数的影响不明显；在 50N 条件下，摩擦因数随滑动速度增加而减小。

相同滑动速度下，上下试样的磨损率随载荷的增加而减小；相同载荷下，磨损率随滑动速度的增加而减小。相同摩擦条件下，上试样钢销的磨损率低于下试样钢块。总体上，含纳米蛇纹石粉体油样润滑下的材料磨损率低于相同条件下的含蛇纹石矿物油样，表明合成纳米蛇纹石粉体的减摩抗磨性能优于天然蛇纹石矿物。

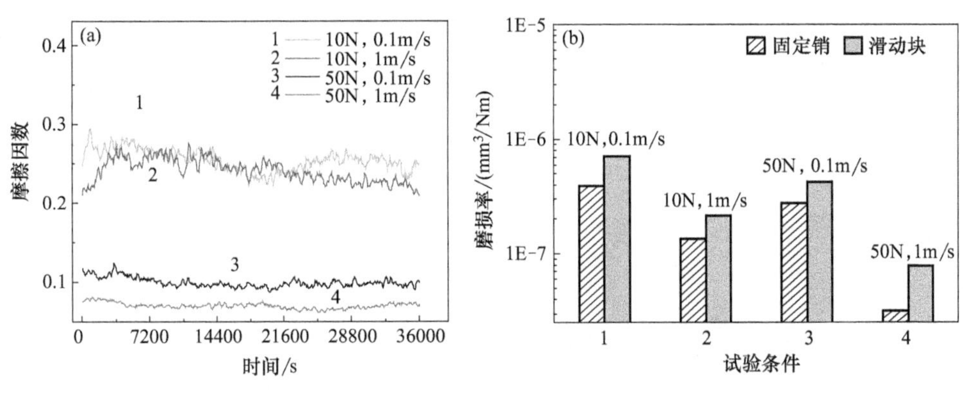

图 5-28　含纳米蛇纹石粉体油样润滑下的摩擦因数及上下试样磨损率

(a) 摩擦因数随时间变化的关系曲线；(b) 上下试样的磨损率

图 5-29 为含纳米蛇纹石粉体油样润滑下钢块磨损表面形貌的 SEM 照片。磨损表面的损伤主要以沿平行滑动摩擦方向的划痕为主，磨损形式为典型的磨粒磨损。其中，10N 和 1m/s 条件下的磨损表面较光滑，仅见少量划痕损伤。对磨损表面进行 EDS 能谱全谱分析，结果表明，摩擦表面除 Fe 元素外，还存在大量的 O、Si 等蛇纹石的特征元素。

图 5-30 为含纳米蛇纹石粉体油样在不同润滑条件下得到的钢块试样磨损横截面形貌的 SEM 照片。在不同摩擦试验条件下磨损表面均生成了不同厚度的自修复层。与含天然蛇纹石矿物油样润滑下磨损表面类似，含蛇纹石纳米粉体油样在磨损表面形成的自修复层由平均尺度 33～67nm 的纳米颗粒构成，修复层内部

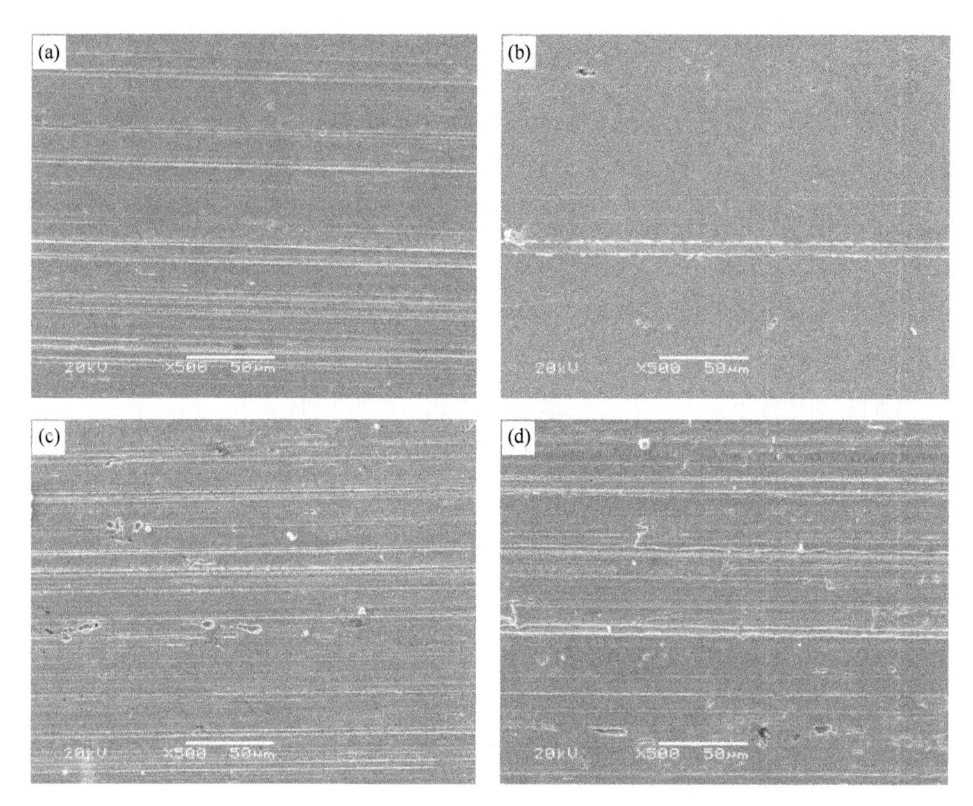

图 5-29 不同摩擦条件时含蛇纹石纳米粉体油样润滑下钢块试样磨损表面形貌的 SEM 照片

(a) 10N，0.1m/s；(b) 10N，1m/s；(c) 50N，0.1m/s；(d) 50N，1m/s

组织致密、结构均一，与钢磨损表面结合紧密。

合成蛇纹石纳米粉体在磨损表面形成的自修复层的厚度随摩擦学试验条件不同而变化，其厚度范围为 0.7～1.8μm（表 5-4）。磨损表面自修复层厚度随摩擦学试验条件的变化规律为：低载荷（10N，初始赫兹接触应力 0.2MPa）条件下，速度越高自修复层厚度越大，这与天然蛇纹石矿物作用下修复层厚度变化相同；高载荷（50N，初始赫兹应力 1MPa）条件下，较低的滑动速度有利于厚自修复层的形成。根据以上结果可以初步得出，低载、高速或高载、低速的摩擦学条件更有利于纳米蛇纹石粉体与磨损表面发生摩擦化学反应，形成更为完整的自修复层。

通过 EDS 能谱对图 5-30 中的自修复层进行元素分析，结果如图 5-31 所示。自修复层主要由 Fe、O、C 和 Si 等元素组成，同样未检测到 Mg 元素，说明 Mg 并未直接参与摩擦过程中的摩擦化学反应。载荷较大时，磨损表面上自修复层中含有的 Si 原子相对含量较高。

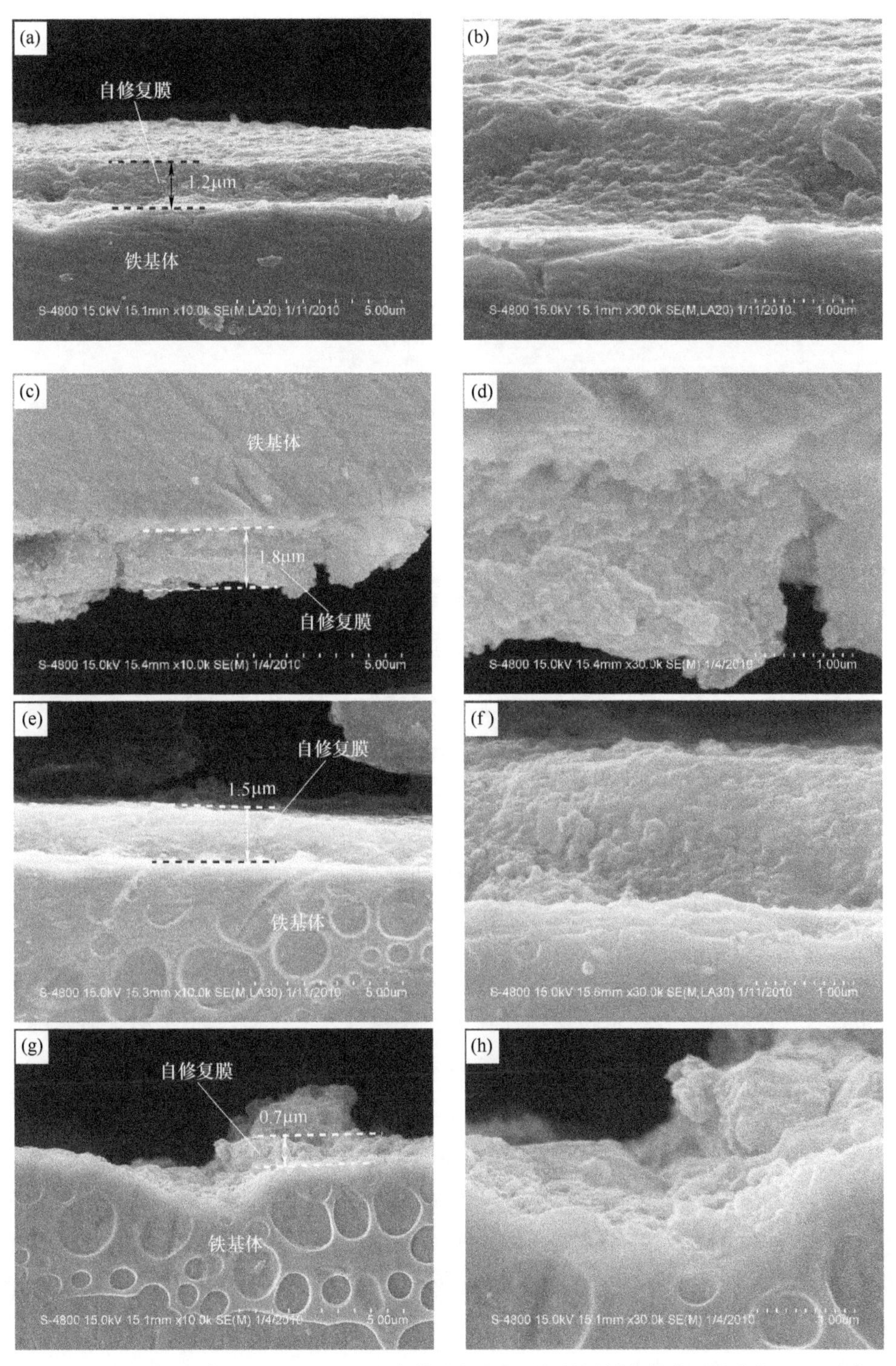

图 5-30　不同摩擦条件时含蛇纹石纳米粉体油样润滑下钢块试样磨损截面形貌的 SEM 照片

(a)(b) 10N，0.1m/s；(c)(d) 10N，1m/s；(e)(f) 50N，0.1m/s；(g)(h) 50N，1m/s

表 5-4 合成蛇纹石纳米粉体油样润滑下磨损表面自修复层的厚度

编号	试验载荷/N,滑动速度/(m/s)	自修复层厚度/μm
1	10，0.1	1.2
2	10，1.0	1.8
3	50，0.1	1.5
4	50，1.0	0.7

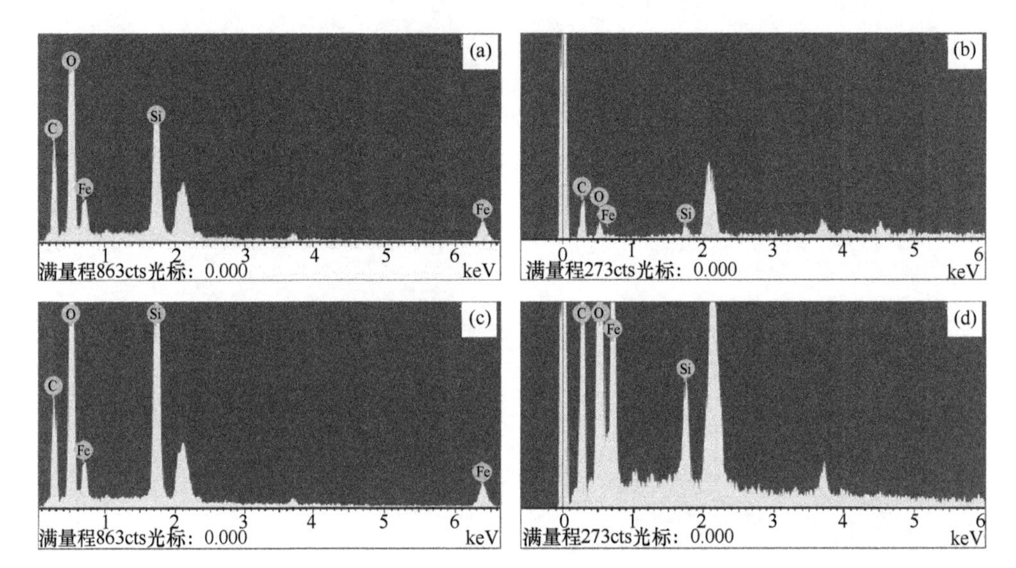

图 5-31 不同摩擦条件时含合成蛇纹石纳米粉体油样润滑下钢块试样磨损表面自修复层的 EDS 图谱

(a) 10N，0.1m/s；(b) 10N，1m/s；(c) 50N，0.1m/s；(d) 50N，1m/s

对不同摩擦试验条件下基础油和含蛇纹石纳米粉体润滑下磨损表面进行 XPS 分析，含合成纤蛇纹石纳米粉体油样在不同摩擦条件下磨损表面的 XPS 谱图除元素 O 1s 存在较大差异外，Fe 2$p_{2/3}$、C 1s 和 Si 2p 等其他几种元素 XPS 谱图大致相同。不同试验条件下的纳米蛇纹石油样磨损表面都可以检测到 Si 元素，相比之下，基础油 CD 15W/40 润滑下的磨损表面则无法检测到 Si 元素。

图 5-32～图 5-35 为不同摩擦条件下含合成蛇纹石纳米粉体油样润滑的磨损表面各元素 XPS 谱图解叠分析结果。通过查找比对 NIST XPS Database 数据库系统中各元素的标准数据，综合分析 Fe 2$p_{2/3}$ 和 O 1s、C 1s 和 Si 2p 的解叠谱峰位置可知，不同摩擦条件下磨损表面的成分组成大致相同，均含有 Fe、Fe_2O_3、石墨、有机物碎片、含硅有机物和 SiO_2 等物质。此外，在（10N，0.1m/s）和（10N，1m/s）条件下的磨损表面均可检测到 FeS 的存在。

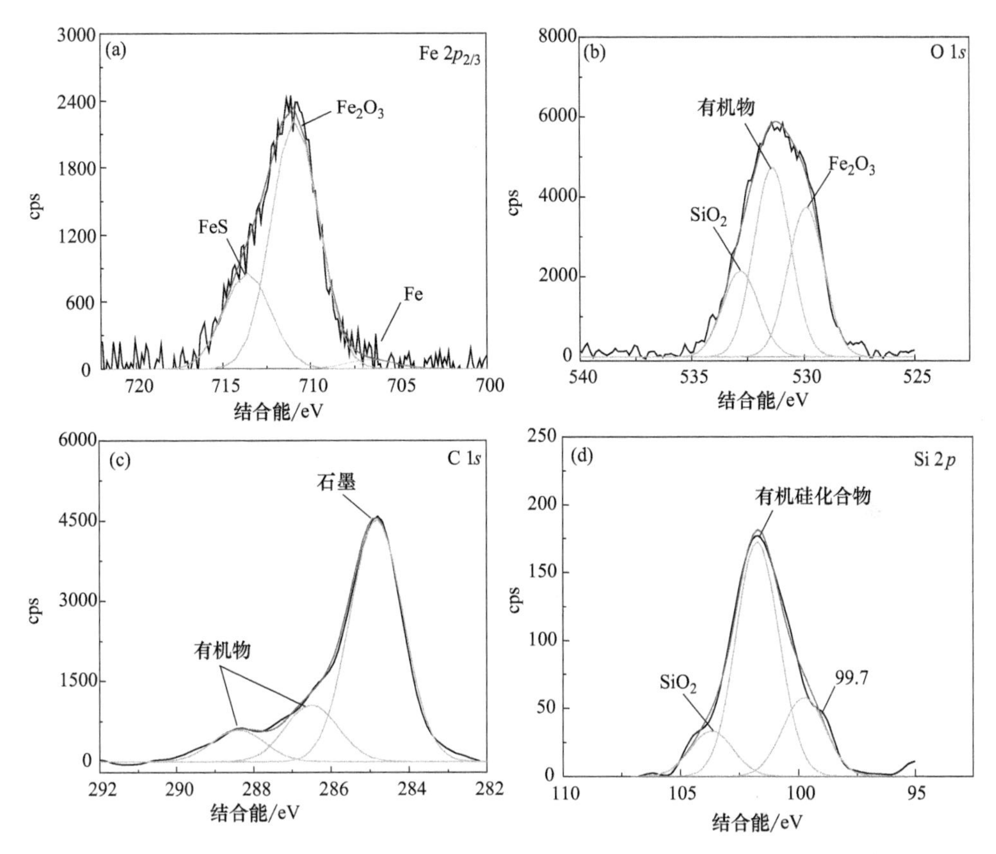

图 5-32　摩擦条件 10N 和 0.1m/s 时含合成蛇纹石纳米粉体油样润滑下磨损表面各元素 XPS 分峰谱图

(a) Fe 2$p_{2/3}$；(b) O 1s；(c) C 1s；(d) Si 2p

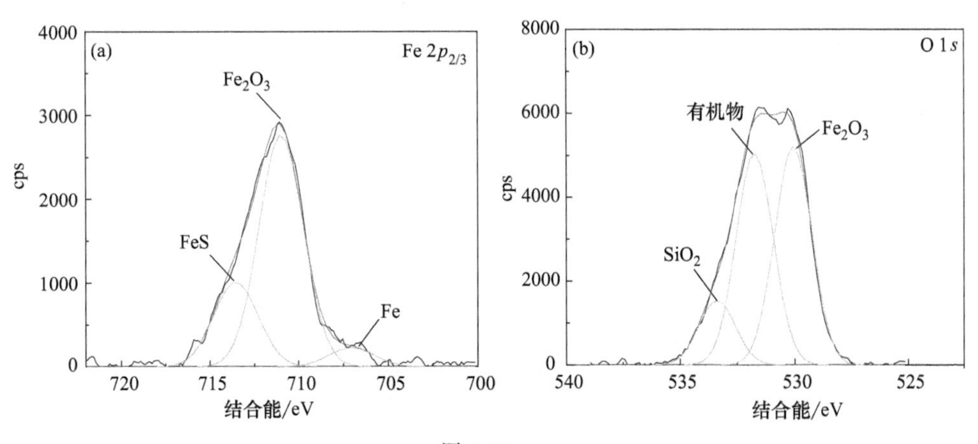

图 5-33

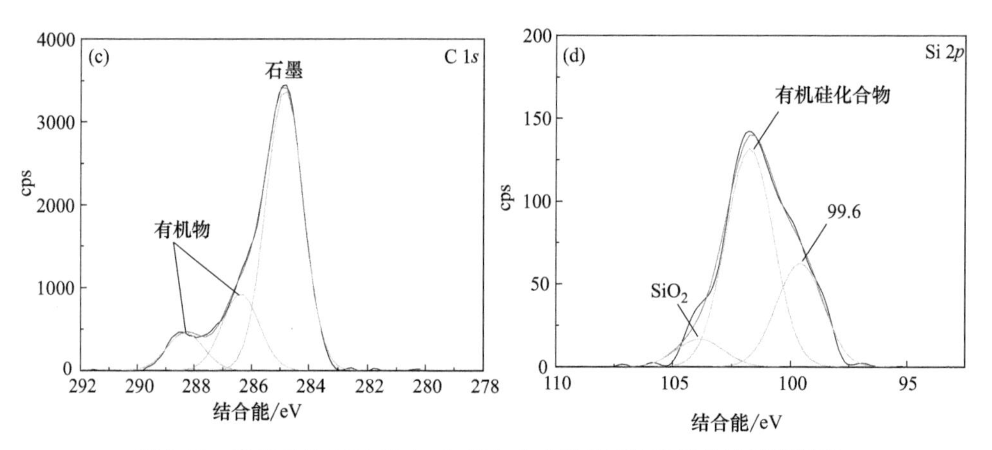

图 5-33 摩擦条件 10N 和 1m/s 时含合成蛇纹石纳米粉体油样润滑下磨损表面各元素 XPS 分峰谱图

(a) Fe $2p_{2/3}$；(b) O 1s；(c) C 1s；(d) Si 2p

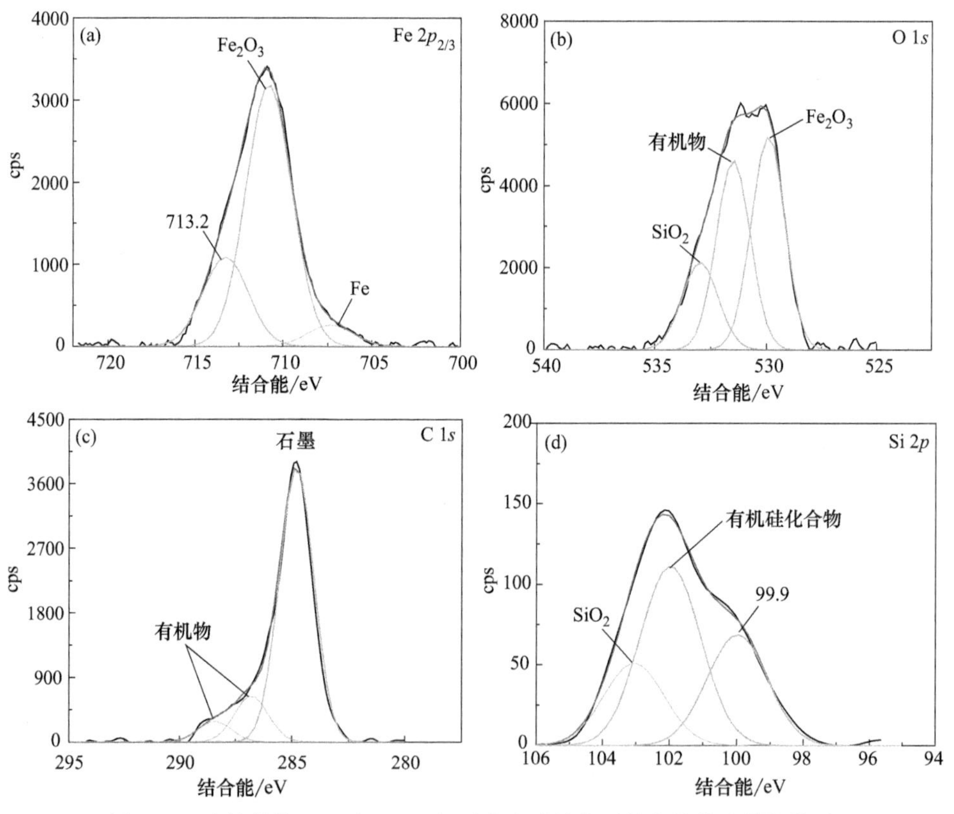

图 5-34 摩擦条件 50N 和 0.1m/s 时含合成蛇纹石纳米粉体油样润滑下磨损表面各元素 XPS 分峰谱图

(a) Fe $2p_{2/3}$；(b) O 1s；(c) C 1s；(d) Si 2p

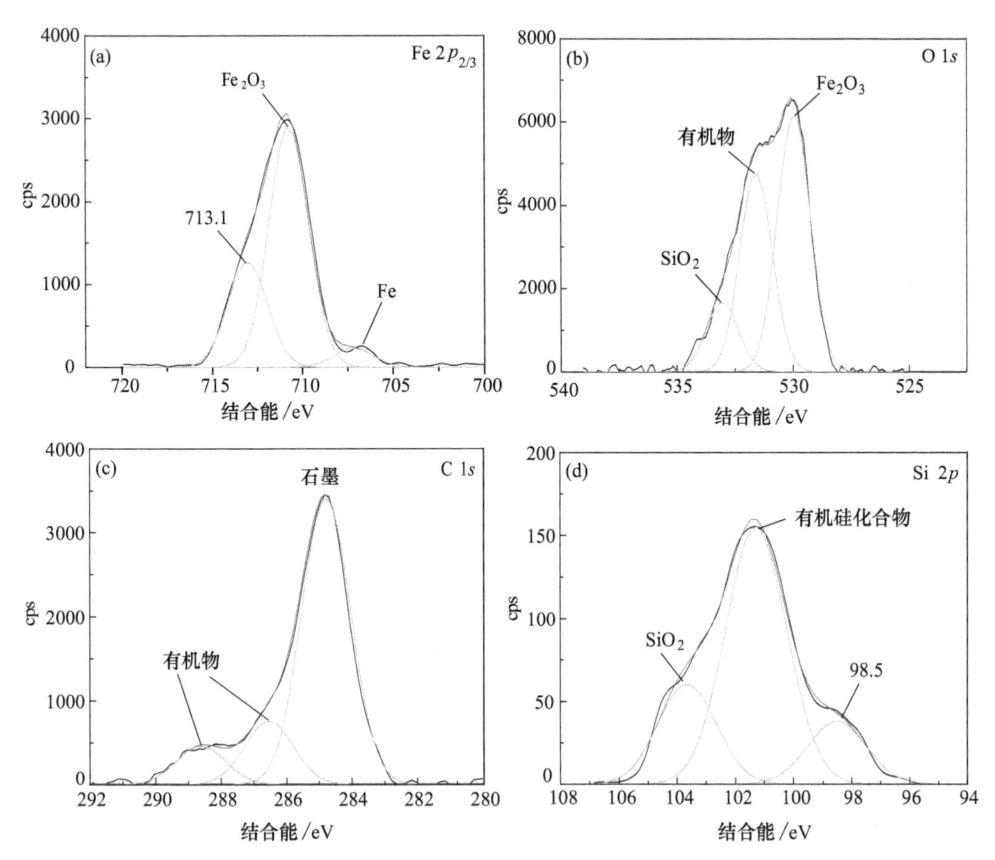

图 5-35　摩擦条件 50N 和 1m/s 时含合成蛇纹石纳米粉体油样润滑下磨损表面各元素 XPS 分峰谱图

(a) Fe 2$p_{2/3}$；(b) O 1s；(c) C 1s；(d) Si 2p

表 5-5 为不同条件下含合成蛇纹石纳米粉体油样润滑的磨损表面各元素 XPS 谱图解叠后的综合分析结果。其中，Fe_2O_3 为摩擦过程中蛇纹石释放活性氧原子并与摩擦表面发生摩擦化学反应生成的氧化物，石墨为润滑油中有机链断裂后形成的分解产物，SiO_2 则为纳米蛇纹石的分解产物。此外，纳米蛇纹石分解产生的含硅产物与润滑油的有机断裂碎片在摩擦化学作用下生成了含硅有机物。由于 CD 15W/40 润滑油中可能添加有含 S 添加剂，在摩擦过程中与 Fe 发生摩擦化学反应，从而形成 FeS。总体上，含天然蛇纹石矿物油样与含合成蛇纹石纳米粉体油样润滑下磨损表面自修复层的成分基本相同。

根据各元素 XPS 谱峰中解叠峰的积分面积大小可以大致估算不同成分相对含量的比例。表 5-6 列出了不同摩擦试验条件下磨损表面各种摩擦化学产物的相对比例。不同摩擦条件下的 Fe 与 Fe_2O_3 相对含量比例基本相同，单质 Fe 的含量很少，只占 Fe 元素总量的 4%～8%；磨损表面中 Fe_2O_3 与 SiO_2 相对含量之比随载荷或速度的增加而增大；SiO_2 与有机硅化物相对含量之比随载荷的增加而增加，而随速度的增加而减小。

表 5-5 不同摩擦条件时含合成蛇纹石纳米粉体油样润滑下磨损表面各元素 XPS 谱图的解叠结果

元素	试验载荷和滑动速度			
	10N,0.1m/s	10N,1m/s	50N,0.1m/s	50N,1m/s
Fe $2p_{3/2}$	Fe、Fe_2O_3、FeS	Fe、Fe_2O_3、FeS	Fe、Fe_2O_3、713.2	Fe、Fe_2O_3、713.2
O $1s$	Fe_2O_3、有机物、SiO_2	Fe_2O_3、有机物、SiO_2	Fe_2O_3、有机物、SiO_2	Fe_2O_3、有机物、SiO_2
C $1s$	石墨、有机碎片	石墨、有机碎片	石墨、有机碎片	石墨、有机碎片
Si $2p$	含硅有机物、SiO_2	含硅有机物、SiO_2	含硅有机物、SiO_2	含硅有机物、SiO_2

表 5-6 不同摩擦试验条件下相应磨损表面各种摩擦化学产物的相对比例

摩擦化学反应产物	试验载荷和滑动速度			
	10N,0.1m/s	10N,1m/s	50N,0.1m/s	50N,1m/s
Fe : Fe_2O_3	4 : 96	7 : 93	6 : 94	7 : 93
Fe_2O_3 : SiO_2	63 : 37	77 : 23	70 : 30	79 : 21
SiO_2 : 有机硅化物	16 : 84	11 : 88	31 : 69	27 : 73

摩擦过程中，含合成蛇纹石纳米粉体油样润滑下材料磨损率随载荷或速度的增加而减小。而不同摩擦条件下磨损表面仅 Fe_2O_3 与 SiO_2 相对含量之比随摩擦条件变化而产生较大改变，二者比值随载荷或速度的增加而增加。因此，Fe_2O_3 和 SiO_2 可能是影响摩擦过程中上下试样磨损率的主要因素。

含合成蛇纹石纳米粉体油样润滑下磨损表面中单质 Fe 占含 Fe 元素物质总量的比例为 4%～10%，这一数值与天然蛇纹石油样润滑下磨损表面单质 Fe 含量相比略低。而基础油润滑下磨损表面的单质 Fe 相对比例大于 30%。纳米蛇纹石在摩擦过程中与摩擦表面发生复杂的摩擦化学反应，形成含有氧化物的自修复层，使合成蛇纹石纳米粉体表现出优异的摩擦学性能。

图 5-36 为含不同蛇纹石粉体油样润滑下磨损表面的 Raman 散射谱图。可以看出，含纳米蛇纹石粉体与天然蛇纹石矿物油样润滑下的磨损表面均存在大量的非晶石墨。作为良好的固体润滑剂，非晶石墨无疑可以起到降低摩擦，提高摩擦表面承载能力的作用。

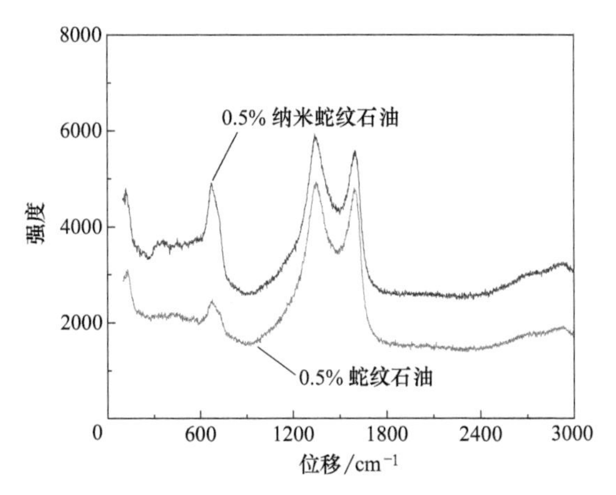

图 5-36　含不同蛇纹石粉体油样润滑下磨损表面的 Raman 散射谱图（50N，1m/s）

5.5　天然蛇纹石矿物与合成蛇纹石纳米粉体的减摩润滑机理

纳米蛇纹石和天然蛇纹石均含有大量活性原子团和不饱和键，主要包括 O-Si-O、Si-O-Si、O-H-O、OH-Mg-OH/O 和-OH。在摩擦过程产生的高温高压作用下，蛇纹石晶体结构发生解理分解，释放出高活性的 O-、-O-、Si-、-Si-O、OH-、-Mg-OH 等含氧原子或原子团[17, 26, 27]。其中，O-和-O-可与摩擦剪切作用下形成的新鲜金属在摩擦热力耦合作用下发生摩擦化学反应，生成氧化铁（Fe_2O_3），而 Si-和-Si-则可与润滑油裂解产生的有机碎片发生化学反应生成含 Si 有机化合物，O-/-O-与 Si-/-Si-之间可发生反应生成 SiO_2[28-30]。两种粉体的晶体结构在摩擦过程中解理断裂，释放的高活性原子或原子团主导着摩擦过程中的所有物理和化学变化，促使磨屑中的 Fe 以及摩擦表面的 Fe 单质被氧化成更高价态的铁氧化物（从 Fe_3O_4 转变为 Fe_2O_3）。在摩擦表界面剪切作用下生成的 Fe_2O_3 和 SiO_2 等形成粒径大小不一的纳米颗粒，众多纳米颗粒紧密堆积在一起构成自修复层结构[6, 31-33]。

合成纳米蛇纹石粉体和天然蛇纹石矿物粉体在摩擦过程中解理释放高活性原子或原子团是磨损表面形成自修复层的关键[34, 35]。润滑油在摩擦化学作用下裂解形成的无定形石墨对摩擦表界面的减摩效应有积极贡献，而在摩擦过程中不断生成自修复层是摩擦副磨损率显著降低的主要原因。如前所述，磨损与自修复在适当的条件下的竞争过程及其动态平衡，是影响蛇纹石改善油润滑条件下钢/钢摩擦副摩擦学性能的关键[12-14, 36, 37]。

纳米蛇纹石粉体的摩擦学性能优于天然蛇纹石粉体的原因可能在于两方面，一是纳米蛇纹石粉体的粒径更细小，表面活性更高，更容易进入并吸附到摩擦表界面，并与摩擦发生摩擦化学反应；二是合成纳米蛇纹石粉体具有晶体结构，与天然蛇纹石矿物粉体相比更不稳定，在摩擦过程中晶体结构更容易解理断裂，释放高活性的原子或原子团，或发生脱水反应，促使摩擦表面的氧化物及 SiO_2 等陶瓷颗粒的形成。

结合摩擦学试验数据分析及摩擦表面表征分析结果，可推导出合成蛇纹石纳米粉体和天然蛇纹石矿物粉体作为润滑油添加剂的减摩润滑机理以及磨损表面自修复层形成过程，如图 5-37 所示。

第一阶段：润滑油裂解、蛇纹石解理、基体塑性变形

■ 润滑油在摩擦化学作用下裂解，生成物为非晶石墨和有机碎片。

■ 天然蛇纹石在摩擦化学作用下解理分解，并释放高活性的-O、-O-、-Si-、-Si-O、OH-、-Mg-OH 等原子或原子团。

■ 基体铁在机械力作用下发生塑性变形，产生大量铁屑。

第二阶段：活性原子团间相互反应

■ -O 和-O-（以及 -OH）等原子或原子团与新鲜表面的铁屑在摩擦化学作用下发生反应，生成 Fe_3O_4。

■ -O、-O-（以及 -OH）和 -Si 和 -Si-O 等原子或原子团在摩擦化学作用下生成 SiO_2。

■ -Si 和 -Si-O 等原子或原子团与有机碎片在摩擦化学作用下生成有机硅化合物。

第三阶段：自修复层的形成

■ 以 Fe_2O_3、非晶石墨为主以及少量 Fe、SiO_2、有机碎片、有机硅化合物等物质在摩擦接触的剪切和挤压应力反复作用下，以纳米颗粒的结构形式紧密结合于基体表面，形成磨损表面的自修复层。

■ 自修复层具有优异的减摩效果，主要归因于成分中含有大量非晶石墨和磨损表面形貌的优化。

■ 自修复层具有优异的抗磨效果，主要归因于摩擦过程中以 Fe_2O_3 和非晶石墨为主的各种物质的不断生成以及自修复层的形成。

■ 自修复层具有较高的硬度，归因于磨损表面的纳米化（自修复层由纳米颗粒紧密堆积构成）。

上述第一阶段涵盖润滑油裂解、蛇纹石解理、基体塑性变形等过程，包括：润滑油在摩擦化学作用下裂解，生成有机物碎片和非晶石墨；天然蛇纹石在摩擦化

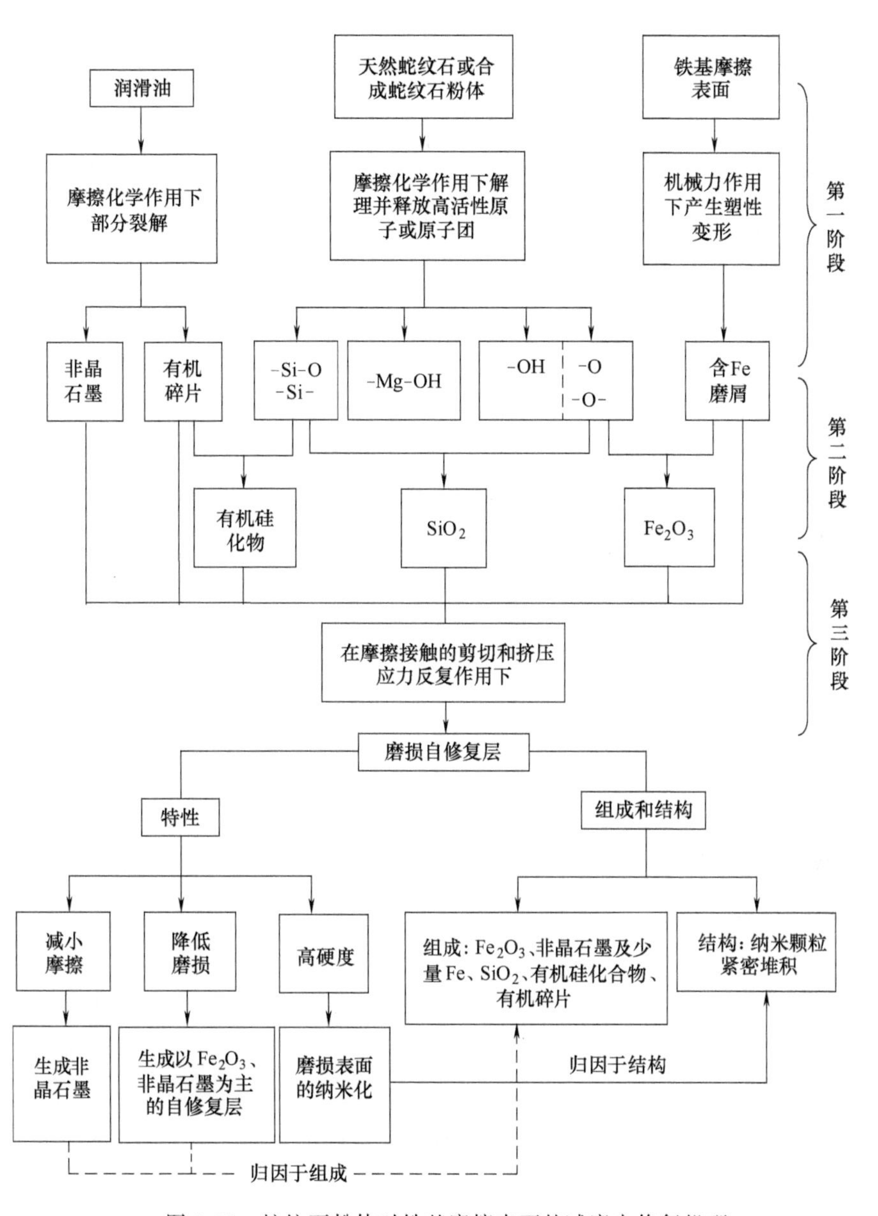

图 5-37　蛇纹石粉体对铁基摩擦表面的减摩自修复机理

学作用下解理分解，并释放高活性的-O、-O-、-Si-、-Si-O、OH-、-Mg-OH 等原子或原子团；基体铁在机械力作用下发生塑性变形，产生大量具有新鲜表面的铁屑。第二阶段涉及活性原子团之间的反应，包括：-O 和-O-（以及 -OH）等原子或原子团与磨损表面的铁屑发生摩擦化学反应，生成 Fe_2O_3；-O、-O-（以及-OH）同 -Si、-Si-O 等原子或原子团发生摩擦化学反应，生成 SiO_2；-Si 和 -Si-O 等原子或原子团与有机物碎片发生摩擦化学反应，生成含硅有机化合物。第三阶段涉及自修复层的形成：大量 Fe_2O_3、非晶石墨以及少量 Fe、SiO_2、有机物碎片、含硅有机化合物等物质可能在摩擦剪切应力和压应力的反复作用下（有待于通过模拟或试验来进一步深入研究和证实），以纳米颗粒的形式紧密结合于基体磨损表面，形成一定厚度的自修复层；在适当条件下磨损与自修复将达到动态平衡。

自修复层含有大量非晶石墨，并对磨损表面具有补偿和修复作用，从而表现出显著的减摩抗磨效果。与此同时，自修复层具有纳米颗粒密堆积结构，且硬度较高，有利于延迟润滑失效。可以认为，蛇纹石在摩擦过程中发生解理并释放出高活性原子或原子团是磨损表面形成自修复层的内在因素，摩擦剪切应力、压应力及摩擦化学作用是形成自修复层的外在诱导因素；二者共同作用，从而使蛇纹石粉体表现出优异的减摩抗磨性能。鉴于磨损表面 EDS 和 XPS 分析均未能检测到 Mg 元素，蛇纹石中 Mg 在摩擦过程中的作用有待于进一步深入研究。

参考文献

[1] Gao F, Xu Y, Xu B S, et al. Synthesis, Characterization and growth mechanism of nanoscale hydroxyl magnesium silicate [J]. Advaced Materials Research, 2010, 92: 263-270.

[2] 高飞，许一，徐滨士，等. 纳米羟基硅酸镁的原位表面修饰和二次表面修饰 [J]. 中国表面工程，2010，23（2）：82-85，94.

[3] 尹艳丽，于鹤龙，周新远，等. 基于正交试验方法的蛇纹石润滑油添加剂摩擦学性能研究 [J]. 材料工程，2020，48（7）：146-153.

[4] 尹艳丽，于鹤龙，王红美，等. 不同结构层状硅酸盐矿物作为润滑油添加剂的摩擦学性能 [J]. 硅酸盐学报，2019，48（2）：299-308.

[5] Yu H L, Xu Y, Shi P J, et al. Tribological behaviors of surface-coated serpentine ultrafine powders as lubricant additive [J]. Tribology International, 2010, 43: 667-675.

[6] Zhang B S, Xu B S, Xu Y, et al. An amorphous Si-O film tribo-induced by natural hydrosilicate powders on ferrous surface [J]. Applied Surface Science, 2013, 285: 759-65.

[7] 张保森，许一，徐滨士，等. 45 钢表面原位摩擦化学反应膜的形成过程及力学性能 [J]. 材料热处理学报，2011，32（1）：87-91.

[8] Qin Y, Wang L B, Yang G, et al. Characterisation of self-repairing layer formed by oleic acid modified magnesium silicate hydroxide [J]. Lubrication Science, 2020, 33 (3): 113-122.

[9] Feng Nan, Yi Xu, Binshi Xu, et al. Tribological behaviors and wear mechanisms of ultrafine magnesium alminum silicate powders as lubricant additive [J]. Tribology Internation-

al, 2015, 81: 199.

[10] Wang K P, Wu H C, Wang H D, et al. Tribological properties of novel palygorskite nanoplatelets used as oil-based lubricant additives [J]. Friction, 2021, 9 (2): 332-343.

[11] Qin Y, Wu M X, Yang G, et al. Tribological performance of magnesium silicate hydroxide/Ni composite as an oil-based additive for steel-steel contact [J]. Tribology Letters, 2021, 69: 19-30.

[12] Yu H L, Wang H M, Yin Y L, et al. Tribological behaviors of natural attapulgite nanofibers as lubricant additives investigated through orthogonal test method [J]. Tribology International, 2020, 151: 106562.

[13] 杨玲玲，于鹤龙，杨红军，等. 摩擦试验条件对凹凸棒石黏土润滑油添加剂摩擦学性能的影响 [J]. 粉末冶金材料科学与工程，2015，20 (2)：273-279.

[14] Zhang Z, Yin Y L, Yu H L, et al. Tribological behaviors and mechanisms of surface-modified sepiolite powders as lubricating oil additives [J]. Tribology International, 2022, 173: 107637.

[15] 高飞，许一，徐滨士，等. 天然蛇纹石粉体润滑油添加剂的自修复性能及自修复层形成机理研究 [J]. 摩擦学学报，2011，31 (5)：431-438.

[16] 张保森，许一，徐滨士，等. 层状硅酸盐润滑材料对铁基摩擦副的自修复效应 [J]. 功能材料，2011，42 (7)：1301-1304，1308.

[17] Zhang B S, Xu Y, Gao F, et al. Sliding friction and wear behaviors of surface-coated natural serpentine mineral powders as lubricant additive [J]. Applied Surface Science, 2011, 257: 2540-2549.

[18] Nan F, Xu Y, Xu B S, et al. Effect of natural attapulgite powders as lubrication additive on the friction and wear performance of a steel tribo-pair [J]. Applied Surface Science, 2014, 307: 86-91.

[19] Zhang B, Xu B S, Xu Y, et al. Tribological characteristics and self-repairing effect of hydroxy-magnesium silicate on various surface roughness friction pairs [J]. Journal of Central South University of Technology, 2011, 18 (5): 1326-1333.

[20] Wagner C D, Riggs W M, Davis L E, et al. Handbook of X-ray photoelectron spectroscopy [M]. Eden Prairie: Perkin-Elmer Corporation, 1979.

[21] Yamashita T, Hayes P. Analysis of XPS spectra of Fe^{2+} and Fe^{3+} ions in oxide materials [J]. Applied Surface Science, 2008, 254: 2441-2449.

[22] Allahdin O, Dehou S C, Wartel M, et al. Performance of FeOOH-brick based composite for Fe (Ⅱ) removal from water in fixed bed column and mechanistic aspects [J]. Chemical Engineering Research & Design, 2013, 91: 2732-2742.

[23] Elissier B, Fontaine H, Beaurain A, et al. HF contamination of 200mm Al wafers: A

parallel angle resolved XPS study. Microelectron [J]. Engineering，2011，88：861-866.

[24] Montesdeoca-Santana A，Jiménez-Rodríguez E，Marrero N，et al. XPS characterization of different thermal treatments in the ITO-Si interface of a carbonate-textured monocrystalline silicon solar cell [J]. Nuclera Instruments and Methods in Physics Research B，2010，268：374-378.

[25] Zhang H，Chang Q Y. Enhanced ability of magnesium silicate hydroxide in transforming base oil into amorphous carbon by annealing heat treatment [J]. Diamond & Related Materials，2021，117：108476.

[26] 刘晴，常秋英，杜永平，等. 羟基硅酸盐作为自修复润滑添加剂的研究进展 [J]. 硅酸盐通报，2011，30 (4)：840-844.

[27] Zhang B，Xu Y，Zhang B S，et al. Tribological performance research of micro-nano serpentine powders addictive to lubricant oil [J]. Advanced materials research，2011，154-155：220-225.

[28] 李桂金，赵平，白志民. 蛇纹石表面特性 [J]. 硅酸盐学报，2017，45 (8)：1204-1210.

[29] 张保森，徐滨士，许一，等. 蛇纹石微粉对类轴-轴瓦摩擦副的自修复效应及作用机理 [J]. 粉末冶金材料科学与工程，2013 (3)：346-352.

[30] 李桂金，白志民，赵平. 蛇纹石对铁基金属摩擦副的减摩修复作用 [J]. 硅酸盐学报，2018，46 (2)：306-312.

[31] 尹艳丽，于鹤龙，王红美，等. 蛇纹石矿物作为润滑油添加剂对锡青铜摩擦学行为的影响 [J]. 摩擦学报，2020，40 (4)：516-525.

[32] Xu Y，Gao F，Zhang B，et al. Technology of self-repairing and reinforcement of metal worn Surface [J]. Advanced Manufacturing，2013，1：102-105.

[33] Yu H L，Xu Y，Shi P J，et al. Microstructure，mechanical properties and tribological behavior of tribofilm generated from natural serpentine mineral powders as lubricant additive [J]. Wear，2013，297：802-810.

[34] Gao K，Chang Q Y，Wang B，et al. The tribological performances of modified magnesium silicate hydroxide as lubricant additive [J]. Tribology International，2018，121：64-70.

[35] Wang B，Chang Q Y，Gao K，et al. The synthesis of magnesium silicate hydroxide with different morphologies and the comparison of their tribological properties [J]. Tribology International，2018，119：672-697.

[36] 于鹤龙，许一，史配京，等. 蛇纹石润滑油添加剂摩擦反应膜的力学特征和摩擦学性能 [J]. 摩擦学学报，2012，32 (5)：500-506.

[37] Yin Y L，Yu H L，Wang H M，et al. Friction and wear behaviors of steel/bronze tribopairs lubricated by oil with serpentine natural mineral additive [J]. Wear，2020，456-457：203387.

第6章 蛇纹石矿物减摩自修复材料性能的摩擦学应用考核

6.1 概述

在实验室条件下，蛇纹石矿物材料对金属摩擦副表面的减摩润滑与自修复作用已经借助各类摩擦磨损试验机得到证实。然而，尽管实验室条件下加速摩擦学试验的条件变化范围宽，试验环境、测试条件和工况参数容易控制，但仍与机械设备实际服役环境和运行工况存在着较大的差异。因此，为进一步验证蛇纹石矿物粉体材料对机械设备及零部件的减摩自修复效果，本章以机械设备轴承、齿轮箱以及火炮身管等为应用对象，借助典型机械零部件模拟台架试验或实车考核试验，进一步考察蛇纹石矿物材料对机械摩擦表面的减摩自修复效应，为该类材料的大规模工程推广与应用提供支撑。

6.2 蛇纹石矿物减摩自修复材料在滚动轴承台架中的应用

6.2.1 材料与方法

轴承是支撑机械旋转体，降低设备零部件运动摩擦，并保证零件回转精度的重要机械零件。轴承滚道与滚子的表面质量及配合间隙的优劣直接决定了轴承寿命及设备运行的安全可靠性。本节以承载力较强的圆柱滚子轴承为台架试验对象，考察了蛇纹石矿物自修复材料对轴承类零件的减摩自修复效果。

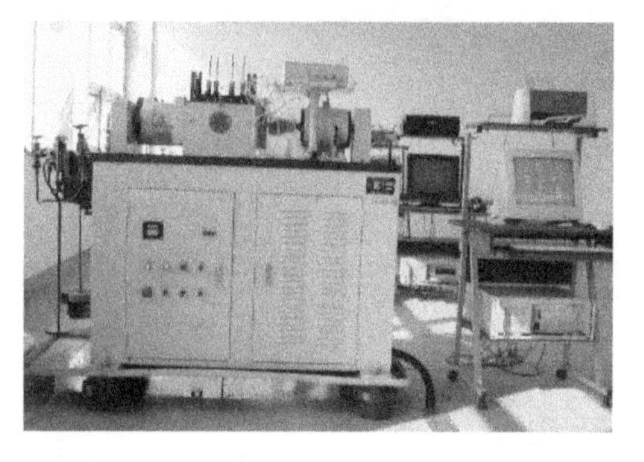

图 6-1 ABLT-1 型轴承台架试验机组成及外观

台架试验在常州光阳轴承有限公司轴承台架实验室完成。所用设备为杭州轴承质检中心研制的 ABLT-1 型轴承寿命台架试验机，其实物图及轴承试样安装示意图分别如图 6-1 和图 6-2 所示。台架系统主要由试样支撑架、加载系统、润滑系统和监测系统构成。

台架试样为 4 副 NUP309NEV 型全填充圆柱滚子轴承，初始状态相近，材料为淬火 GCr15 钢，表面硬度 60～65HRC。将 4 组试样从左至右依次固定于支撑轴上，分别记为 1＃、2＃、3＃和 4＃试样。台架试验基础油为天津日石润滑油脂有限公司提供的 FBK 46＃高级汽轮机油，使用量约 30L。根据 GB/T 6391—2010 对滚动轴承的额定动载荷和额定寿命的测试要求，设置径向应力为 1MPa，转速 3000r/min。

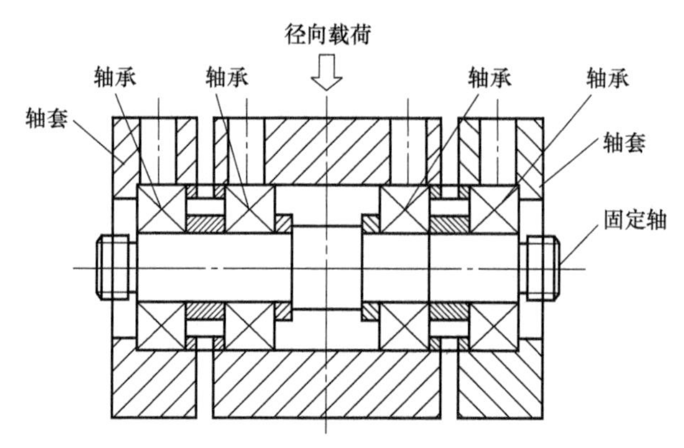

图 6-2 ABLT-1 型轴承台架试验机轴承试样安装示意图

台架试验过程如下：①轴承在基础油润滑下运行 48h，使轴承滚子及内滚道表面产生一定程度的机械损伤；②将油酸改性的蛇纹石矿物粉体、稀土氧化物及少量纳米铜颗粒组成的复合添加剂（质量分数 10％的浓缩液，基础油为 FBK 46＃高级汽轮机油，蛇纹石矿物粉体、稀土氧化物、纳米铜颗粒的质量比为 8∶1∶1）按照 2％的质量分数加入润滑油中，经 30min 的怠速运行后进行负载试验；③每隔 48h 停机，将轴承取下并清洗，鉴于试样的对称性，选取 1＃和 2＃样进行相关参数测量，直至运行 192h 后结束试验。

试验停机检查测量过程中，采用 BVT-5 型轴承振动测量仪分别测量轴承在低频（Low frequency，LF）、中频（Intermediate frequency，IF）和高频（High frequency，HF）下的振动；采用X293和X194型轴承检测仪分别对轴承的径向和轴向游隙进行测量；采用SRM-1型表面粗糙度仪和Hommel tester Form 4003型圆度仪分别对轴承内圈滚道的粗糙度及圆度进行测试；采用数码相机及JSM-6301F型扫描电镜分别对滚子和内圈滚道的宏观和微观形貌进行观察。

6.2.2　蛇纹石矿物材料对轴承振动及游隙的影响

图6-3为不同运行条件下轴承的振动状态监测结果。state0～state4分别对应于轴承原始状态、基础油润滑48h、添加自修复剂后持续运行至96h、144h和192h。对比可见，基础油润滑下的48h内，轴承的振动逐渐增大。其中，1#轴承由于处于固定轴端部，振幅较大，因而表面损伤相对较为严重，振动速度较高。蛇纹石矿物复合添加剂加入后，随着台架试验的持续运行，1#轴承的振动速度下降显著，至144h后基本恢复至原始水平，且低频振动明显低于原始状态；而2#轴承运行状态持续稳定，轴承损伤程度较轻，振动状态得到一定改善的同时，变化幅度相对较小。

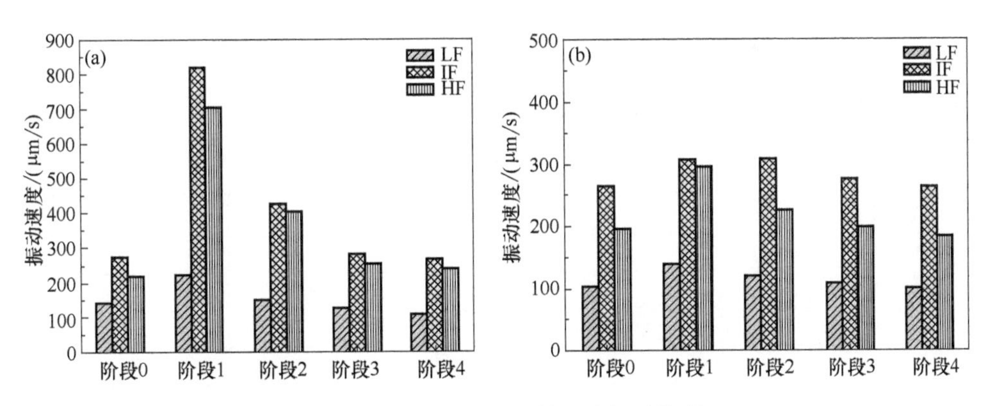

图6-3　不同运行状态下轴承的振动情况

(a) 1#轴承；(b) 2#轴承

图6-4为不同运行状态后轴承径向游隙和轴向游隙的变化。可以发现，1#和2#轴承的原始径向游隙存在一定的差异。基础油润滑下运行48h后，轴承因磨损形成了毛刺，抵消了部分间隙，导致径向游隙的下降；而经蛇纹石矿物添加剂润滑后，径向间隙得到了保持并呈缓慢下降的趋势。由图6-4（b）可见，基础油润滑下台架试验运行48h后，轴承的轴向间隙明显增大，而蛇纹石矿物添加剂的加入，

能够使轴向间隙逐步恢复并略低于原始状态。由此可见，蛇纹石矿物粉体对磨损表面的自修复效应作用下，轴承滚子和滚道表面损伤得到一定程度的修复，二者之间配合间隙得到优化，从而降低冲击和振动，进而减少轴承的机械损伤。

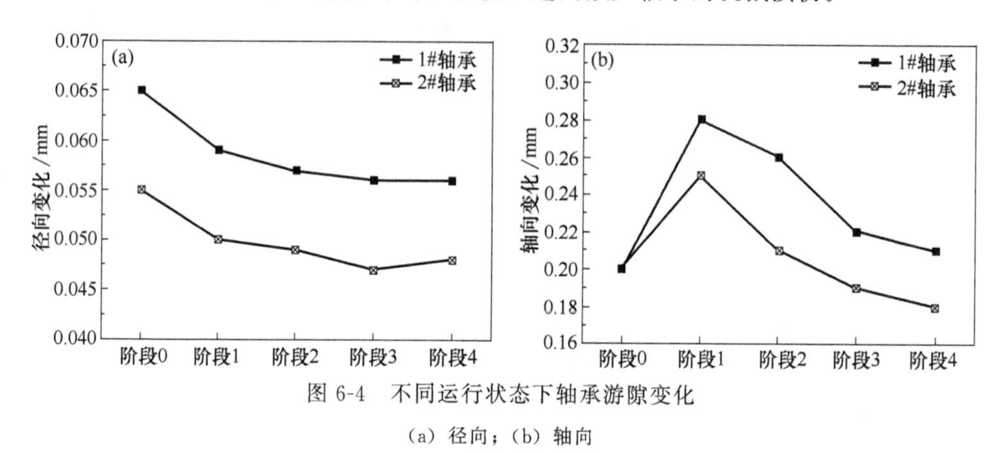

图 6-4　不同运行状态下轴承游隙变化

(a) 径向；(b) 轴向

6.2.3　蛇纹石矿物对轴承内圈滚道粗糙度及圆度的影响

表 6-1 及图 6-5 示出了不同运行状态下轴承内圈滚道的表面粗糙度变化。基础油润滑下台架试验运行 48h 后，滚道的表面损伤明显，粗糙度显著增大。而经 144h 的蛇纹石矿物添加剂修复摩擦处理后，滚道表面状态得到了恢复和优化，表面粗糙度甚至低于原始状态。

表 6-1　不同状态下轴承的表面粗糙度　　单位：μm

轴承编号	运行状态	R_a	R_y	R_z
1#	State 0	0.112	2.117	1.328
	State 1	0.144	1.502	1.315
	State 3	0.109	0.907	0.798
2#	State 0	0.115	1.637	1.433
	State 1	0.134	1.990	1.513
	State 3	0.094	0.996	0.805

图 6-6 为不同状态下轴承内圈滚道的圆度变化情况。合适的滚道圆度是保证滚子在同一环面进行转动的基础，其急剧增加会造成滚子间隙之间冲击增大，配合间隙恶化，摩擦磨损加剧，运行噪声升高，显著降低轴承的使用寿命和设备运行的可靠性。基础油润滑时运行 48h 后，1# 轴承的圆度增幅明显，2# 轴承的圆度略有增大；而经 144h 修复后，1# 轴承的圆度得到显著的改善，但仍略高于原始状态，2# 轴承的圆度则恢复并优于原始值。

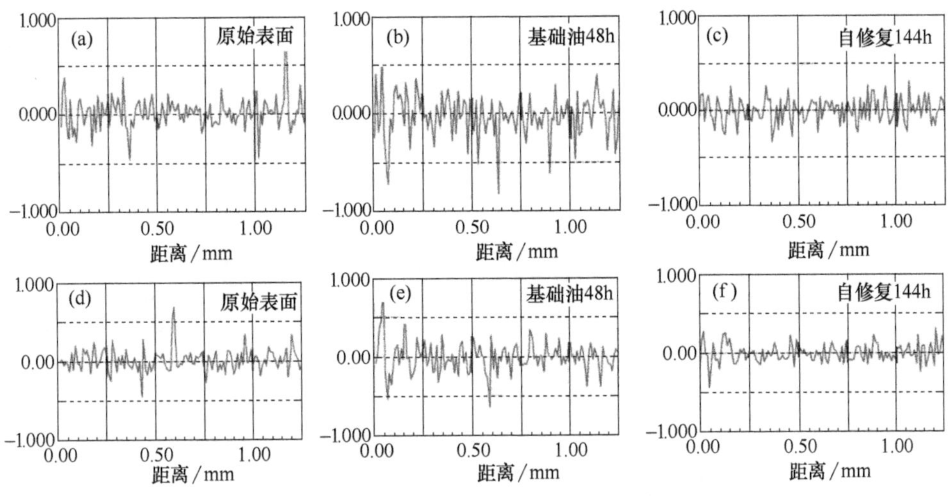

图 6-5　不同状态下内圈滚道的表面轮廓曲线

(a)～(c) 1＃轴承；(d)～(f) 2＃轴承

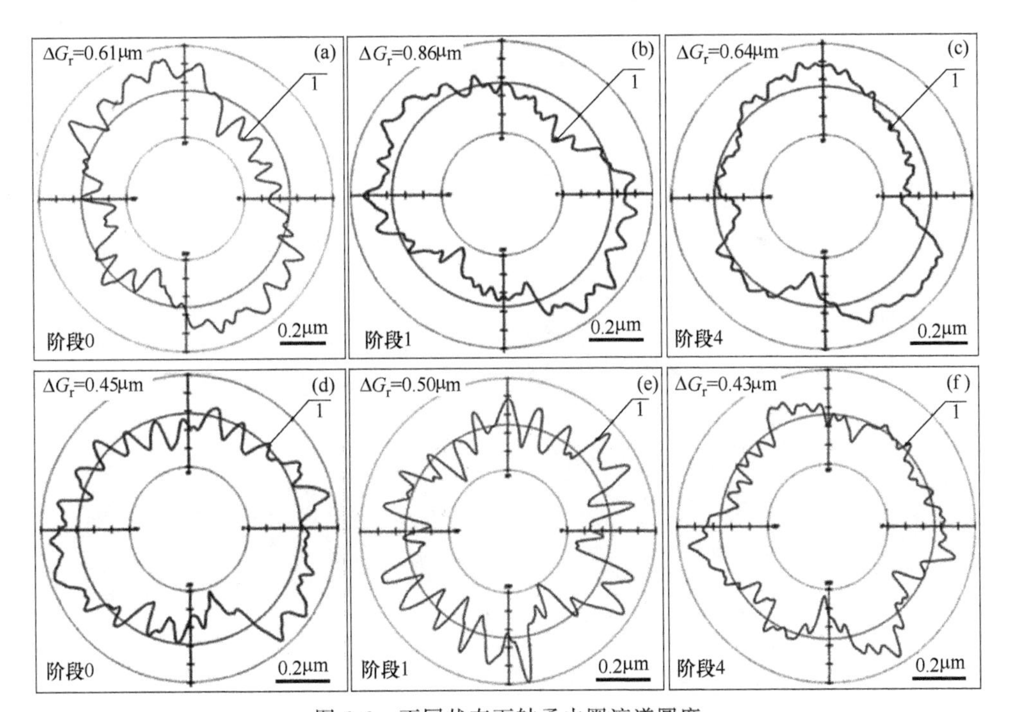

图 6-6　不同状态下轴承内圈滚道圆度

(a)～(c) 1＃轴承；(d)～(f) 2＃轴承

6.2.4　轴承滚子及内圈滚道的宏观形貌

图 6-7 和图 6-8 分别为不同状态下，1＃和 2＃轴承圆柱滚子和内圈滚道宏观

图 6-7　1#轴承滚子及内滚道的数码照片

(a)(b) 初始表面；(c)(d) 基础油 48h；(e)(f) 自修复 144h

形貌的数码照片。1#轴承在基础油润滑下运行 48h 后，滚子表面受损程度较重，在接近密封环的一侧，出现了严重擦伤的痕迹。而经过 144h 的蛇纹石矿物添加剂摩擦修复后，表面的擦伤被修复，滚子及滚道的表面光洁度也明显改善。2#轴承由于处在装配轴的中间位置，受端部弯扭作用影响较小，运行比较稳定，所以整体来看，轴承未出现严重的损伤。经 48h 基础油润滑后，滚子及滚道沿着圆

图 6-8 2＃轴承滚子及内滚道的数码照片

(a)(b)初始表面；(c)(d)基础油 48h；(e)(f)自修复 144h

周方向还是呈现大量的平行划痕，呈磨粒磨损的特征。而经 144h 的修复后，表面呈洁净的镜面状态，虽然仍有平行的划痕存在，但磨损程度较基础油润滑时明显减轻。因此，从宏观形貌观察，蛇纹石矿物的存在，能够在运行过程中原位修复轴承工作表面的微观损伤，提高接触表面的平整度和光洁度[1]。

6.2.5 轴承滚子微观形貌及成分

图6-9和图6-10分别1＃与2＃轴承圆柱滚子在蛇纹石矿物添加剂作用144 h后的表面微观形貌及元素分析结果。可以看出，经蛇纹石摩擦处理后，滚子表面仍呈现大量平行分布的微细划痕和碾压痕迹。相对而言，1＃轴承的表面损伤程度较2＃轴承大。EDS分析结果表明，滚子表面主要由Fe、C、O、Si和Cr元素组成，这一结果与线接触模式下摩擦学性能试验结果一致，蛇纹石矿物在摩擦的过程中，主要起到填充、研磨、抛光和促进摩擦表面化学反应的作用[2-4]。

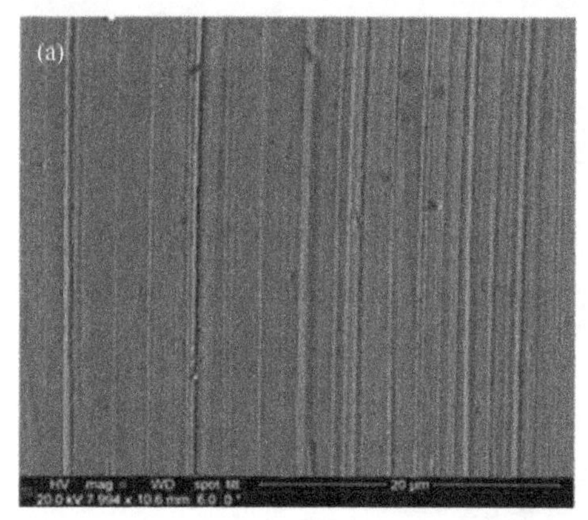

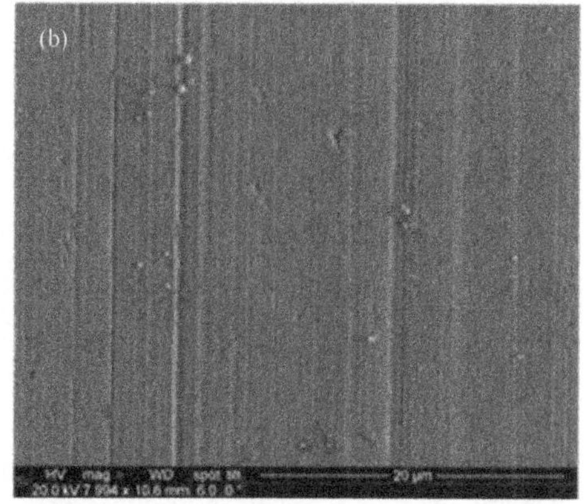

图6-9 蛇纹石矿物添加剂144h摩擦处理后轴承滚子表面形貌的SEM照片

(a) 1＃轴承；(b) 2＃轴承

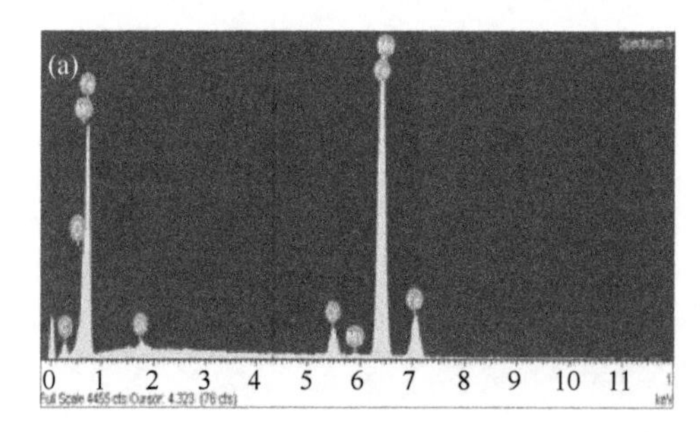

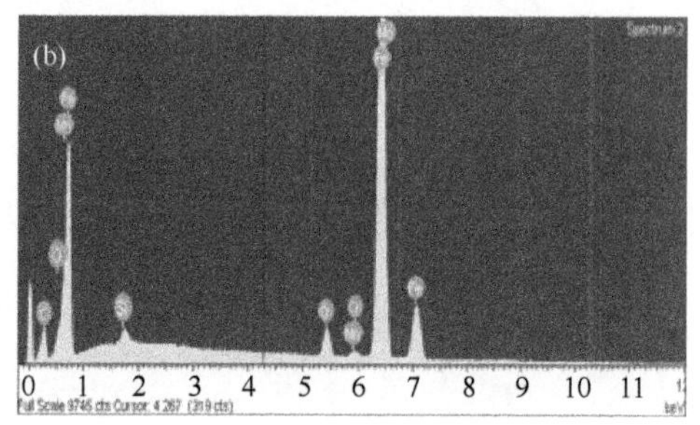

图6-10 蛇纹石矿物添加剂144h摩擦处理后轴承滚子表面元素EDS分析

(a) 1＃轴承；(b) 2＃轴承

图6-11所示为蛇纹石矿物添加剂144h摩擦处理后轴承滚子截面形貌的SEM照片及元素线扫描结果。可以发现，经蛇纹石矿物添加剂摩擦处理后，滚子表面形成了较为连续的自修复膜，膜层与滚子基体无明显界面，结合紧密。1＃轴承的自修复膜厚约为1.46μm，2＃轴承的自修复膜厚约为1.10μm。由元

素的线扫描结果可知，自修复膜的 C、O 元素含量较基体显著增大，结合前期研究结果表明，蛇纹石矿物在摩擦表面形成的自修复膜主要由氧化物构成，其上分布大量石墨润滑相[5-7]。蛇纹石矿物作用下，轴承工作表面损伤得到一定程度的修复，从而提高了其运行平稳性和可靠性，减少振动。

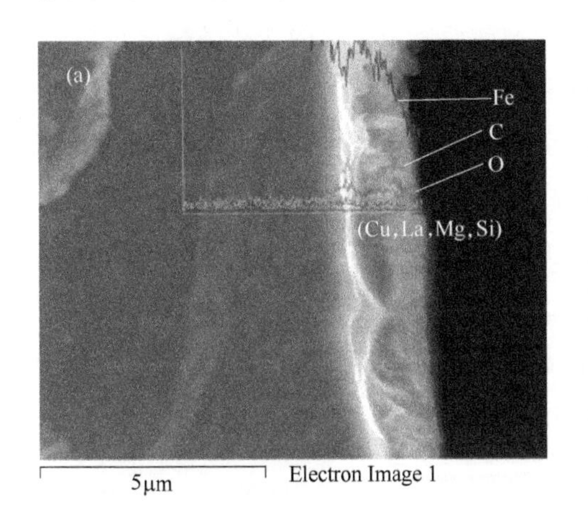

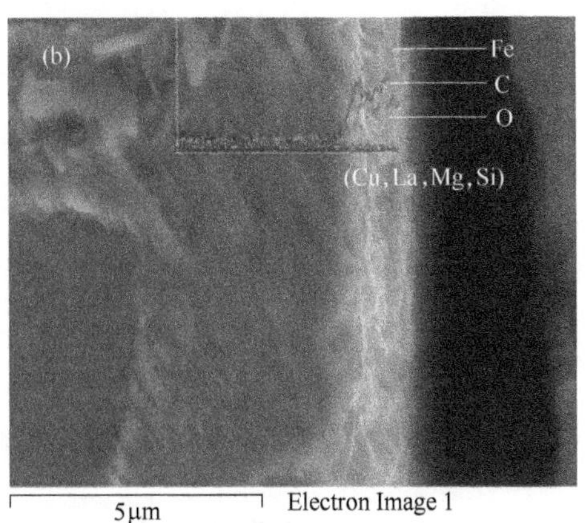

图 6-11　蛇纹石矿物添加剂 144h 摩擦处理后轴承滚子截面形貌的 SEM 照片及元素线扫描结果

(a) 1＃轴承；(b) 2＃轴承

6.3　蛇纹石矿物减摩自修复材料在减速机齿轮箱中的应用

6.3.1　冷床链子减速机齿轮箱中应用

冷床链子减速机是钢铁生产中的关键设备之一，其齿轮箱工作负载大，能耗高，箱体温度高，24 小时连续运转。因此，通过添加蛇纹石矿物自修复材料改善减速机的润滑条件，对齿轮箱关键传动件表面机械微观损伤进行原位自修复，是实现减速机节能降耗，提高工作效率、使用寿命和可靠性的有效途径之一。

选择鞍钢股份有限公司无缝钢管厂热一作业区的冷床链子减速机为蛇纹石矿物减摩自修复材料的实际考核应用对象，设备传动比 $i=1824$，电机功率 22kW，润滑系统使用 320＃重负荷齿轮油，用油量约 300L，换油周期为 24 个月。

应用考核过程为：①在基础油润滑下，利用冷床链子减速机现场轧制 $\phi219\text{mm}\times7\text{mm}$ 规格的无缝钢管，连续不间断运行两周，定期记录设备工作电流和齿轮箱的箱体温度；②将 6.2.1 节所述蛇纹石矿物复合添加剂按照质量分数

2%的比例添至润滑系统，怠速运行1h后，开始同样的钢管轧制作业，持续2周，定期记录设备工作电流和箱体温度，考核蛇纹石矿物材料的节能降温效果；③借助相关设备测试蛇纹石矿物复合添加剂应用前后齿轮箱润滑油黏度、酸值、机械杂质含量、抗乳化度等理化性能的变化。

表6-2示出了应用蛇纹石矿物复合添加剂前后考核指标的变化情况。可以看出，应用蛇纹石矿物复合添加剂后，冷床链子减速机的平均工作电流和齿轮箱体工作温度分别降低18.1%和25.7%，表明复合添加剂能够显著改善减速机润滑状态，降低摩擦消耗，从而减少了能量损耗和设备工作温度[8]。同时，润滑油液的黏度及机械杂质含量略有上升，酸值略有下降，抗乳化性能保持不变。以上结果表明，蛇纹石矿物复合添加剂在改善减速机齿轮箱润滑状态，实现减摩降耗的同时，未对润滑油的理化性能产生负面影响。

表6-2 应用蛇纹石矿物复合添加剂前后减速机主要测试指标的变化

测试指标	添加前	添加后	变化幅度
工作电流/A	27.45	22.48	−18.1%
箱体温度/℃	15.55	11.55	−25.7%
黏度指数/(mm^2/s)	239.6	239.9	+0.1%
油液酸值/(mKOH/g)	0.45	0.40	−11.1%
机械杂质/(g/cm^3)	0.0200	0.0203	+1.5%
抗乳化度(40-40-0)/min	12	12	±0%

6.3.2 皮带减速机齿轮箱中应用

试验在鞍钢股份有限公司化工总厂的C104工段和C105工段，选择2台DCY350型输煤焦皮带减速机和3台SM401型水泵进行实际应用考核试验，减速机和水泵照片如图6-12所示。

图6-12 矿物摩擦修复剂的实际应用试验机

(a) DCY350减速机；(b) SM401水泵

试验用焦皮带减速机功率75kW、工作电压380V，使用工业齿轮油，用油量50L/台，每6个月换油一次，2台减速机齿轮箱均已工作2年以上，工作中伴有异常噪声。SM401水泵齿轮箱使用长城牌抗磨机械油，用油量10L/台，每6个月换油一次。分别在减速机齿轮油和水泵齿轮箱油中添加0.2%的矿物蛇纹石摩擦修复剂，通过记录5天修复试验的工作电流变化情况，考察蛇纹石矿物粉体对齿轮箱的摩擦修复与节能效果。

表6-3为DCY350减速机齿轮箱使用蛇纹石矿物复合添加剂前后的工作电流与油温变化情况。可以看出，经过5天的蛇纹石自修复应用试验，蛇纹石矿物复合添加剂显示出较好的节能效果，可使每台机器平均节约用电10%以上。按此数据统计，每台减速机使用蛇纹石矿物复合添加剂后，每年可节约用电4.3万度。节电量也从侧面反映了机械装备的摩擦耗能情况，说明蛇纹石矿物通过对摩擦表面的自修复效应，可恢复金属摩擦副之间的配合间隙，降低金属零部件的磨损，从而起到节能降耗的作用[9,10]。

表6-3　DCY350减速机使用矿物蛇纹石摩擦修复剂前后的节能数据

减速机	测试项目	添加前	添加后	降低量
C105工段（重载负荷）	工作电流/A	72	64	11.11%
	齿轮箱油温/℃	28.6	20.3	29.1%
C104工段（轻载负荷）	工作电流/A	66	59	10.61%
	齿轮箱油温/℃	30.4	20.2	33.5%

表6-4为自修复剂使用前后节能数据的变化情况。可以看出，应用蛇纹石矿物复合添加剂后，水泵的工作电流下降明显，达到了8.6%；关键部件如电机、轴承、泵轴等工作温度降幅达8.2%～19.0%，表明运行部件之间的摩擦显著降低。同时，由于摩擦损伤得到了及时的自修复，水泵的工作压力得到很好的保持，工作状态稳定。对节能经济效益初步评估可见，每台水泵按照年工作时间90%，可实现节电约19000元，显著节约了设备的运行成本，提高了经济效益。同时，泵体各组成部件之间配合良好，摩擦磨损较低，能够有效提高水泵的工作效率和稳定性，延长使用寿命，降低维修费用。

表6-4　SM401水泵使用矿物蛇纹石摩擦修复剂前后的节能数据

测试项目	添加前	添加后	降低量
工作电流/A	75.5	69.0	−8.6%
电机端轴温/℃	61.3	53.4	−12.9%
轴承箱油温/℃	46.3	42.5	−8.2%
水泵端轴温/℃	55.7	45.1	−19.0%
水泵工作压力/MPa	0.4	0.4	±0%

图 6-13 所示为使用蛇纹石矿物复合添加剂前后的齿轮箱齿轮配合表面形貌的宏观光学照片。由图可见，蛇纹石矿物在齿轮运行过程中，能够对金属表面进行精细磨合与微观损伤自修复，从而显著降低金属表面粗糙度，因此提高配合精度、改善润滑状况、减少磨损，最终实现节能延寿的目的[11, 12]。

图 6-13 摩擦修复前后齿轮箱齿轮配合表面的形貌照片

(a) 修复试验前；(b) 修复试验后

6.4 蛇纹石矿物减摩自修复材料在火炮身管内壁中的应用

6.4.1 材料与方法

俄罗斯军方曾报道，将某陶瓷摩擦修复剂应用于火炮身管的自修复，可使火炮身管的使用寿命延长 1 倍、炮弹射程增加 20%。但是传统的实验室试验手段无法提供如此高的能量和模拟工况。本节设计采用牵引滑膛炮实弹射击考察矿物蛇纹石微粉在高温、高速、重载条件下的摩擦修复效果[13, 14]。

采用口径为 100mm 的牵引滑膛炮进行实弹射击试验，测量摩擦修复前后的火炮身管内膛直径和表面形貌，从而评价摩擦修复材料对火炮身管的修复效果。具体试验步骤如下所述，现场修复试验照片如图 6-14 所示。

首先按照火炮实弹射击前的操作规程清洗炮管，采用火炮身管测径窥膛仪检仪测量两门火炮炮管内径（测量精度为 0.005mm），并对内壁表面形貌进行拍照。

将矿物蛇纹石摩擦修复材料按一定比例添加到炮油中，搅拌均匀并加热至

图 6-14　火炮实弹射击现场照片

(a) 涂抹摩擦修复剂；(b) 实弹射击过程

70～80℃，冷却后配制成待用的蛇纹石矿物摩擦修复剂。采用擦炮机的刷头将修复剂均匀涂抹在炮管内壁，同时将修复剂均匀涂抹在准备发射的炮弹弹带部分。

选择3门火炮进行试验，其中编号为110002、150002的火炮身管及炮弹涂抹摩擦修复剂，编号为150009的火炮不使用摩擦修复剂。实弹射击过程中，编号为110002和150002的两门火炮先连续发射15发涂有自修复材料的炮弹，再连续发射6发未涂有自修复材料的炮弹；然后再发射15发涂有自修复材料的炮弹，再连续发射6发未涂有自修复材料的炮弹；每门火炮共发射30发涂有自修复材料的炮弹，12发未涂有自修复材料的炮弹。编号为150009的火炮连续发射42发未涂抹摩擦修复剂的炮弹。试验过程中如果检测发现火炮身管内表面出现大量的积炭则暂停射击，按火炮现行清洗规程清除积炭，并按照修复材料使用工艺重新涂抹修复剂后继续进行射击。完成实弹射击后，按照相同规程清洗炮管，测量三门火炮炮管内径，并对表面形貌进行拍照观察。

6.4.2　自修复效果

表6-5为试验前后火炮内径的测量值，图6-15为3门火炮试验后炮管内径磨损量的变化曲线。可见使用矿物蛇纹石摩擦修复材料后，150009火炮所有测量部位的炮管内径均有不同程度的磨损，而110002和150002火炮身管的内径在距离膛底120cm处均开始呈现负磨损。说明矿物蛇纹石摩擦修复剂在射击瞬间产生的高温、高速冲击下，在炮膛内壁原位形成了一定厚度的自修复膜，减少了表面磨损，并实现了对磨损表面微损伤的自修复。

图6-16与图6-17为110002火炮实弹射击修复试验前后，距膛底不同距离炮管内壁的表面形貌。对比可以看出，使用矿物蛇纹石摩擦修复材料后，距膛底200cm以后的炮管内壁的鱼鳞状裂纹基本消失。

表 6-5 火炮发射摩擦修复试验前后的炮管内径测量值

测点距膛底距离/cm	110002 火炮内径测量值/mm			150002 火炮内径测量值/mm		
	试验前	试验后	磨损量	试验前	试验后	磨损量
75	100.989	101.099	0.110	100.073	100.110	0.037
80	100.890	100.983	0.093	100.072	100.098	0.026
90	100.708	100.794	0.086	100.070	100.097	0.027
100	100.590	100.638	0.048	100.070	100.084	0.014
110	100.445	100.472	0.027	100.063	100.056	−0.009
120	100.374	100.372	−0.002	100.055	100.046	−0.009
140	100.246	100.237	−0.009	100.051	100.040	−0.011
160	100.161	100.147	−0.014	100.058	100.037	−0.021
180	100.117	100.094	−0.023	100.059	100.037	−0.022
200	100.081	100.065	−0.016	100.058	100.036	−0.022
250	100.110	100.085	−0.015	100.062	100.048	−0.014
300	100.119	100.096	−0.023	100.062	100.053	−0.009
350	100.080	100.073	−0.007	100.056	100.037	−0.019
400	100.048	100.040	−0.008	100.038	100.034	−0.004

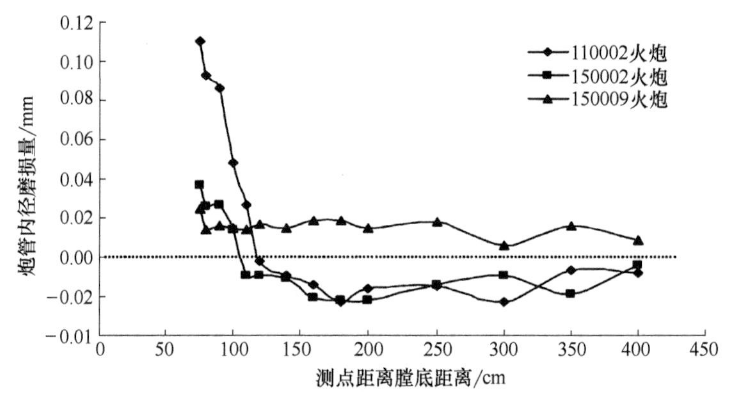

图 6-15 摩擦修复试验后的火炮身管内径磨损量变化曲线

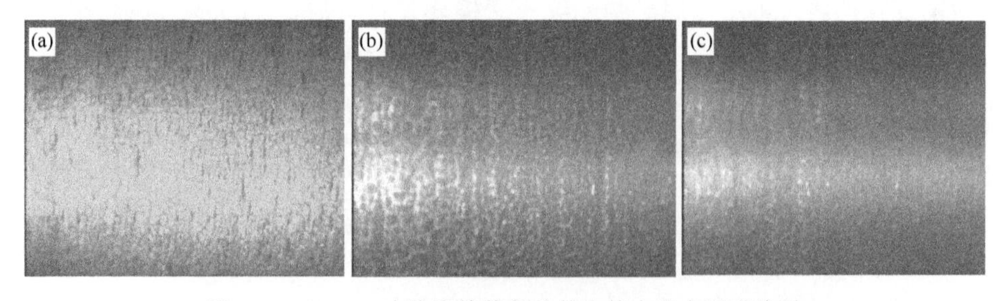

图 6-16 110002 火炮摩擦修复前的炮管内壁表面形貌图

(a) 测点距离膛底 60cm；(b) 测点距离膛底 200cm；(c) 测点距离膛底 300cm

上述研究表明，炮弹发射过程产生的高速冲击和瞬时高温，在炮弹与炮管内壁产生了巨大的摩擦力，矿物蛇纹石摩擦修复微粉经历了活化、相变与摩擦沉积等一系列过程，在炮管内壁形成一定厚度的修复层；但在炮膛内的燃烧室附近，磨损并没有修复，这也说明自修复层形成的重要条件之一是摩擦副之间需要相对的运动与速度，二是要有适当的反应温度，过高的温度也会影响矿物蛇纹石摩擦修复层的形成[4,15]。

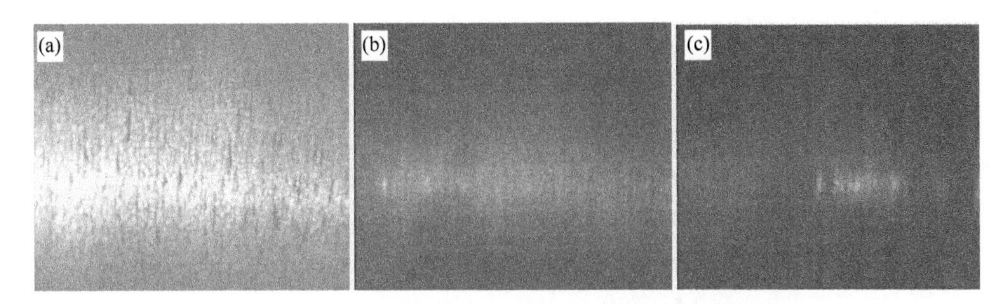

图 6-17　110002 火炮摩擦修复后的炮管内壁表面形貌图

（a）测点距离膛底 60cm；（b）测点距离膛底 200cm；（c）测点距离膛底 300cm

参考文献

[1] 张保森．基于亚稳态蛇纹石矿物的自修复材料制备及摩擦学机理研究［D］．上海：上海交通大学，2011.

[2] 史佩京，于鹤龙，赵阳，等．原位摩擦化学处理对 45 钢力学性能及摩擦学特性的影响［J］．材料热处理学报，2007，(2)：113-117.

[3] 许一，于鹤龙，赵阳，等．层状硅酸盐自修复材料的摩擦学性能研究［J］．中国表面工程，2009，22 (3)：58-61.

[4] 尹艳丽，于鹤龙，周新远，等．基于正交试验方法的蛇纹石润滑油添加剂摩擦学性能研究［J］．材料工程，2020，48 (7)：146-153.

[5] Zhang B S，Xu Y，Gao F，et al. Sliding friction and wear behaviors of surface-coated natural serpentine mineral powders as lubricant additive [J]. Applied Surface Science，2011，257：2540-2549.

[6] Nan F，Xu Y，Xu B S，et al. Effect of natural attapulgite powders as lubrication additive on the friction and wear performance of a steel tribo-pair [J]. Applied Surface Science，2014，307：86-91.

[7] Zhang B，Xu B S，Xu Y，et al. Tribological characteristics and self-repairing effect of hy-

droxy-magnesium silicate on various surface roughness friction pairs [J]. Journal of Central South University of Technology, 2011, 18 (5): 1326-1333.

[8] Yu H L, Xu Y, Shi P J, et al. Tribological behaviors of coated serpentine ultrafine powders as lubricant additive [J]. Tribology International, 2010, 43: 667-675.

[9] 郭延宝，徐滨士，许一，等. 矿物微粉添加剂对内燃机功率损失的影响 [J]. 车用发动机，2004，5：52-54.

[10] 郭延宝，徐滨士，许一，等. 羟基硅酸盐矿物微粉添加剂对内燃机自修复效果的研究 [J]. 中国表面工程，2004，6：19-25.

[11] 杨鹤，金元生，山下一彦. 羟基硅酸镁复剂应用滑动轴承的模拟试验研究 [J]. 润滑与密封，2006，7：144-146.

[12] 杨鹤，金元生. [$Mg_6Si_4O_{10}(OH)_8$] 修复剂应用于滑动轴承的模拟试验研究 [J]. 润滑与密封，2006，7 (27)：145-146.

[13] 史佩京. 摩擦修复材料制备及其表面微损伤自修复作用机理研究 [D]. 北京：中国人民解放军装甲兵工程学院，2010.

[14] 尼基丁·伊戈尔·符拉基米洛维奇. 机械零件摩擦和接触表面之选择补偿磨损保护层生成方法的发明 [P]. RU2135638，1998.

[15] 于鹤龙，许一，史佩京，等. 蛇纹石润滑油添加剂摩擦反应膜的力学特征与摩擦学性能 [J]. 摩擦学学报，2012，32 (5)：500-506.